高等教育"新工科"建设精品教材

嵌入式操作系统设计与实现

——基于STM32微控制器

主　编 ◎ 程　涛

中国轻工业出版社

图书在版编目（CIP）数据

嵌入式操作系统设计与实现：基于 STM32 微控制器 / 程涛主编. --北京：中国轻工业出版社，2025.9.
ISBN 978-7-5184-5252-1

Ⅰ．TP316.2

中国国家版本馆 CIP 数据核字第 20246Y5V50 号

责任编辑：王　淳　　责任终审：简延荣
文字编辑：宋　博　　责任校对：刘小透　晋　洁　　封面设计：锋尚设计
策划编辑：宋　博　　版式设计：致诚图文　　　　　　责任监印：张　可

出版发行：中国轻工业出版社（北京鲁谷东街 5 号，邮编：100040）

印　　刷：北京君升印刷有限公司

经　　销：各地新华书店

版　　次：2025 年 9 月第 1 版第 1 次印刷

开　　本：787×1092　1/16　印张：15.25

字　　数：310 千字

书　　号：ISBN 978-7-5184-5252-1　定价：58.00 元

邮购电话：010-85119873

发行电话：010-85119832　010-85119912

网　　址：http：//www.chlip.com.cn

Email：club@chlip.com.cn

版权所有　侵权必究

如发现图书残缺请与我社邮购联系调换

240191J1X101ZBW

前　言

计算机科学与技术的发展可谓是日新月异，第一个较成熟的编程语言 Fortran 到现在过去了一个甲子，而第一个较成熟的操作系统 Unix 到现在也过去了半个世纪。系统软件的背后，芯片设计及其工艺技术的发展也如火如荼地进行着，国内一些院校已经成立了芯片学院，IBM 也已经在实验 2nm 工艺的芯片。CPU 指令集架构从 Intel X86 到 AMD64，逐渐发展出 Stanford 的 MIPS、IBM 公司的 PPC、ARM 公司的 Cortex 架构，以及如今备受瞩目的 RISC-V 指令集，这是一段从 CISC 指令集到 RISC 指令集的演进史，也是计算机技术发展的重要里程碑。

如今软硬件的协同开发，更多地体现在嵌入式系统领域，如 Android、Apple iOS、Embedded Linux、Smart Phone SoC 以及 AI Chip 等，它们都在工业界产生了巨大影响，深深地改变了人们的生活，即所谓的万物智能互联时代。而本书的主题就是讲述嵌入式操作系统，让读者从技术层面获取嵌入式开发的一些软硬件知识，能够自己实现一个简易版的迷你操作系统。我们使用了深圳野火电子公司的开发板：STM32F4 系列的微控制器芯片，ARM 公司的 Cortex-M4 处理器内核，这是一个在高校计算机教学中广泛使用的微控制器实验平台。

本书实现的这个 mini-OS（MOS）主要参考了 μC/OS-Ⅲ 和 Linux 的源代码，但是会进一步改良设计，增加可读性，使课程的教学难度适宜，软件层次上也会更清晰。本书从介绍嵌入式操作系统开始，逐步讲解 μC/OS-Ⅲ、ARM Cortex-M4 CPU 编程模型、操作系统进程与线程概念、CPU 用于支持 OS 操作的底层汇编指令以及 mini-OS 的代码实现：包括任务定义、任务调度、优先级调度、时间片调度的实现、任务管理以及内核对象，最后是实验部分：包括函数参数、点亮 LED、上下文切换、任务调度算法、软件定时器模块、多任务程序设计以及文件系统与 Shell。

学完本书，希望读者可以掌握嵌入式开发的基础知识，常用数据结构，操作系统的基本原理，以及 CPU 用于支持操作系统的底层汇编指令，从而达到软硬件协同开发，真正对计算机系统有一个较好的理解，为学习计算机高级课程，以及进入智能物联（AIoT）行业，打下坚实的理论和实践基础。

本书受上海建桥学院教材建设基金资助出版。

最后，期望本书能达到抛砖引玉的效果，入门嵌入式软件的读者看完本书，能够进一步学习嵌入式 Linux，能够深入理解计算机系统的构造，能够探索计算机其他领域知识。

编者

目 录

第 1 章 嵌入式操作系统概述 ... 1
1.1 本章目标 ... 1
1.2 操作系统 ... 1
1.3 嵌入式操作系统 ... 3
1.4 嵌入式系统设计方法 ... 6
1.4.1 轮询设计 ... 6
1.4.2 前后台系统 ... 7
1.4.3 多任务系统 ... 8
1.4.4 库函数设计 ... 10
1.4.5 系统调用 ... 12
1.4.6 回调函数 ... 17
1.4.7 状态机 ... 18
1.5 实时操作系统 ... 21
1.6 嵌入式 Linux ... 23
1.7 计算机系统 ... 24
1.7.1 Linux 操作系统 ... 25
1.7.2 Microsoft 公司的操作系统 ... 25
1.7.3 Stretch 超级计算机 ... 25
1.7.4 Wang 王安电脑 ... 25
1.8 小结 ... 25
1.9 思维导图 ... 25

第 2 章 μC/OS-Ⅲ 实时操作系统 ... 27
2.1 本章目标 ... 27
2.2 μC/OS 实时操作系统 ... 27
2.3 μC/OS 的移植要点 ... 29
2.4 μC/OS 的版本历史 ... 30
2.5 μC/OS 的内核对象 ... 32
2.5.1 信号量 ... 32
2.5.2 互斥量 ... 33
2.5.3 事件标志组 ... 33
2.5.4 消息邮箱 ... 34
2.5.5 消息队列 ... 34

	2.5.6	内存管理	35
	2.5.7	时间管理	36
	2.5.8	任务管理	36
	2.5.9	独立模块	37
2.6	μC/OS 的应用开发	38
2.7	如何学习操作系统	42
2.8	小结	42
2.9	思维导图	43

第 3 章　CPU 编程模型与多任务定义 … 44

- 3.1 本章目标 … 44
- 3.2 ARM Cortex-M CPU 介绍 … 44
  - 3.2.1 CPU 特点与基础指令 … 45
  - 3.2.2 CPU 架构与编程模型 … 48
- 3.3 STM32F4 的介绍 … 50
- 3.4 野火开发板的介绍 … 51
- 3.5 中断控制器 … 52
  - 3.5.1 Interrupt … 53
  - 3.5.2 NVIC … 54
  - 3.5.3 SVC … 55
  - 3.5.4 TICK … 55
  - 3.5.5 PENDSV … 56
  - 3.5.6 AAPCS … 56
- 3.6 GPIO 外设 … 56
- 3.7 EXTI 外设 … 58
- 3.8 多任务相关概念 … 60
  - 3.8.1 进程 … 60
  - 3.8.2 线程 … 60
  - 3.8.3 纤程 … 61
  - 3.8.4 函数 … 61
- 3.9 线程 API 示例 … 62
- 3.10 小结 … 67
- 3.11 思维导图 … 67

第 4 章　Project 目录与 IDE 工程构建 … 68

- 4.1 本章目标 … 68
- 4.2 Project 目录 … 68
- 4.3 IDE 工程构建 … 70
  - 4.3.1 使用 μVision 创建工程 … 70
  - 4.3.2 在 IDE 工程中添加分组 … 72
  - 4.3.3 在 IDE 工程中添加文件 … 73

4.3.4　IDE 工程 Options 配置 ··· 75
　4.4　ARM 编译工具链 ··· 77
4.4.1　开发流程 ··· 79
4.4.2　嵌入式开发 ··· 80
4.4.3　调试技巧 ··· 80
4.4.4　硬件调试 ··· 82
　4.5　小结 ·· 84
　4.6　思维导图 ·· 84

第 5 章　任务控制块与上下文切换 ··· 85
　5.1　本章目标 ·· 85
　5.2　任务控制块 ·· 85
　5.3　任务创建函数 ·· 88
　5.4　上下文切换 ·· 92
　5.5　系统初始化 ·· 95
　5.6　系统启动 ·· 97
　5.7　测试代码 ·· 98
　5.8　小结 ·· 100
　5.9　思维导图 ·· 100

第 6 章　操作系统的时钟节拍 ··· 102
　6.1　本章目标 ·· 102
　6.2　什么是时钟节拍 ·· 102
　6.3　SysTick 计数器 ·· 103
　6.4　时钟节拍 ISR ··· 104
　6.5　测试代码 ·· 105
　6.6　小结 ·· 106
　6.7　思维导图 ·· 107

第 7 章　Delay 函数与 Sleep 函数 ··· 108
　7.1　本章目标 ·· 108
　7.2　Delay 函数 ··· 108
　7.3　Sleep 函数 ··· 109
　7.4　空闲任务 ·· 110
　7.5　测试代码 ·· 112
　7.6　小结 ·· 114
　7.7　思维导图 ·· 114

第 8 章　时间戳计数器 ··· 116
　8.1　本章目标 ·· 116

8.2 什么是时间戳 …………………………………………………………………… 116
8.3 时间戳计数器 …………………………………………………………………… 117
8.4 简易计时 API …………………………………………………………………… 120
8.5 测试代码 ………………………………………………………………………… 121
8.6 小结 ……………………………………………………………………………… 122
8.7 思维导图 ………………………………………………………………………… 123

第 9 章　同步原语

9.1 本章目标 ………………………………………………………………………… 124
9.2 临界区 …………………………………………………………………………… 124
9.3 原子操作 ………………………………………………………………………… 126
9.4 位带操作 ………………………………………………………………………… 127
9.5 互斥访问 ………………………………………………………………………… 129
9.6 Patterson 算法 …………………………………………………………………… 130
9.7 开关中断（Interrupt）…………………………………………………………… 131
9.8 开关抢占（Preempt）…………………………………………………………… 132
9.9 测试代码 ………………………………………………………………………… 133
9.10 小结 …………………………………………………………………………… 135
9.11 思维导图 ……………………………………………………………………… 136

第 10 章　任务的状态

10.1 本章目标 ……………………………………………………………………… 137
10.2 任务状态 ……………………………………………………………………… 137
10.3 就绪列表 ……………………………………………………………………… 139
10.4 等待列表 ……………………………………………………………………… 142
10.5 调度实现 ……………………………………………………………………… 146
10.6 测试代码 ……………………………………………………………………… 149
10.7 小结 …………………………………………………………………………… 151
10.8 思维导图 ……………………………………………………………………… 151

第 11 章　优先级调度算法与实现

11.1 本章目标 ……………………………………………………………………… 152
11.2 优先级的概念 ………………………………………………………………… 152
　　11.2.1 Windows 的优先级 …………………………………………………… 152
　　11.2.2 Linux 的优先级 ……………………………………………………… 153
11.3 优先级调度算法 ……………………………………………………………… 154
11.4 优先级调度实现 ……………………………………………………………… 155
11.5 测试代码 ……………………………………………………………………… 156
11.6 小结 …………………………………………………………………………… 158

11.7　思维导图 ·· 158

第12章　时间片调度算法与实现 ·· 159
　　12.1　本章目标 ·· 159
　　12.2　时间片的概念 ·· 159
　　12.3　时间片调度算法 ··· 160
　　12.4　时间片调度实现 ··· 160
　　12.5　测试代码 ·· 163
　　12.6　小结 ·· 165
　　12.7　思维导图 ·· 165

第13章　任务管理的实现 ··· 166
　　13.1　本章目标 ·· 166
　　13.2　任务的管理 ··· 166
　　13.3　任务的删除 ··· 167
　　13.4　任务的挂起 ··· 171
　　13.5　任务的恢复 ··· 173
　　13.6　测试代码 ·· 175
　　13.7　小结 ·· 177
　　13.8　思维导图 ·· 177

第14章　内核对象 ·· 178
　　14.1　本章目标 ·· 178
　　14.2　信号量的实现 ·· 178
　　14.3　互斥量的实现 ·· 181
　　14.4　消息队列的实现 ··· 182
　　14.5　任务信号量的实现 ·· 185
　　14.6　任务消息队列 ·· 185
　　14.7　测试代码 ·· 185
　　14.8　小结 ·· 188
　　14.9　思维导图 ·· 188

第15章　实验部分 ·· 189
　　15.1　本章目标 ·· 189
　　15.2　函数参数 ·· 189
　　15.3　点亮LED ··· 193
　　15.4　上下文切换 ··· 198
　　15.5　任务调度算法 ·· 202
　　　　15.5.1　实现CFS简易调度算法 ·· 203

  15.5.2 实现 Linux CFS 调度算法 ……………………………………………… 207
  15.5.3 时间片轮转调度的变形 …………………………………………… 212
 15.6 软件定时器模块 ……………………………………………………………… 214
 15.7 多任务程序设计 ……………………………………………………………… 216
  15.7.1 UART 接收任务 …………………………………………………… 217
  15.7.2 LED 控制任务 ……………………………………………………… 220
 15.8 文件系统与 Shell …………………………………………………………… 223
 15.9 小结 …………………………………………………………………………… 228
 15.10 思维导图 …………………………………………………………………… 229

附录 A 思考题 ………………………………………………………………………… 230

附录 B 术语表 ………………………………………………………………………… 232

参考文献 …………………………………………………………………………………… 234

第 1 章 嵌入式操作系统概述

计算机学科是一门研究信息处理、计算方法和计算系统的学科,从培养方案,专业课的角度,可以把它分为硬件和软件课程的学习,基础的硬件课程有:数字逻辑电路、计算机组成原理、计算机系统构造(体系结构)、模拟电路、信号与系统等;基础的软件课程有:数据结构与 C 语言、操作系统、编译原理、数据库原理、计算机网络、图形学等。硬件部分的数字逻辑电路课,有的学校甚至会讲解芯片前端设计,使用 FPGA 与 Verilog 来设计 CPU,电路图与电路板的绘制也会略微讲解一部分。国内大部分高校计算机系偏重于软件方向,操作系统是其中必修的一门专业基础课,同样也是比较重要的一门课,Linux 内核和 Windows 内核动辄几千万行代码,初学者如何入门操作系统,普通本科院校如何有效开展操作系统教学,并不是一件简单的事情,既要选择一个合适的操作系统,还要选择一个合适的硬件平台。

显然,万物智能互联时代的到来,选择移动计算平台,或者物联网嵌入式平台是有极大优势的,而操作系统可以直接选择学习商业操作系统,比如 Linux、Android、Windows,也可以选择学院派开发的微内核操作系统,比如 Minix,还可以选择 μC/OS-Ⅲ 这样的简洁型、稳定可靠、教育版本免费、可读性好的实时操作系统,或者自己编写一个实验性的操作系统,以此来探索操作系统的教学。

操作系统是一门理论和实践紧密结合的课程,包含了软硬件协同开发技术,本书选择 STM32F4 系列芯片作为硬件平台,在 ARM Cortex-M4 处理器基础上,参考 μC/OS-Ⅲ,实现了一个迷你操作系统(MOS)。

当然,我们也借鉴了 Linux 内核上面的一些应用技术。读者看完本书,既可以了解到 ARM Cortex-M4 处理器与 STM32 芯片的关键技术,同时还能掌握操作系统的基本理论与最佳实践,尤其任务切换(调度)这一块的代码实现,对提高自己的计算机基本功与 C 语言程序设计能力有很大的帮助。

1.1 本章目标

- ◇ 操作系统
- ◇ 嵌入式操作系统
- ◇ 嵌入式系统设计方法
- ◇ 实时操作系统
- ◇ 嵌入式 Linux

1.2 操作系统

经典的操作系统教科书,都从功能的角度来定义操作系统,即包含两个功能:

① 为上层应用提供通用的编程接口。
② 为计算机底层管理各种硬件资源。

如图 1-1 所示，上层应用接口，我们可以简单理解为标准 C 库，也就是我们通常所说的应用程序编程接口（API，Application Programming Interface），通过系统调用陷入内核执行，完成硬件访问。硬件资源通常包括处理器、内存、硬盘、接口电路、外部器件等各种（集成）电路模块，其中处理器有自己的指令级架构与编程模型，它们会影响到操作系统的移植部分，比如中断的处理、时钟节拍的处理以及时间戳计数器等。

从代码的角度来理解，一个操作系统应该包含如下内容：
- 启动代码（Boot Loader）
- 内核代码（Kernel）
- 文件系统（File System）
- 应用编程接口（Standard C Library）
- 工具链（Assembler/Compiler/Linker/Loader）
- 登录界面（User Login Shell）
- 接口与外设驱动（BSP and Device Driver）
- 其他系统软件（Others）

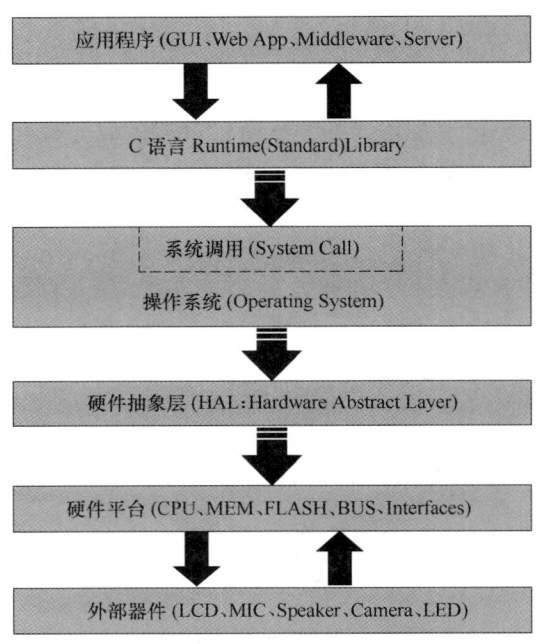

图 1-1　操作系统层级框架

本书会介绍上面部分内容，不同的操作系统实现上虽有区别，但大方向上会趋于一致，我们结合 MOS 操作系统来分别说明一下。

MOS 也有启动代码、需要定义系统堆栈、中断向量表、初始化 CPU 时钟以及操作系统的软件初始化，比如操作系统的时钟节拍 SysTick。

MOS 的内核部分主要实现了任务管理部分，包括：任务的定义、任务的创建、任务的调度、时间片概念、阻塞延迟、多任务切换、任务的状态管理以及内核对象等。

本书使用的 STM32 开发板，包含 16MB 的片外 Nor Flash 存储芯片，还支持插入 SD 存储卡，可以简单使用 FATFS 文件系统，具体示例请参考最后一章实验部分，或查阅相关配套资料。首先移植 FLASH 驱动或 SDIO 驱动；其次移植 FATFS 文件系统模块；接着使用标准文件接口 API 访问，比如 fopen、fread、fwrite、fclose、mkdir、opendir、readdir、rmdir 等。

MOS 的代码实现中，选择不区分用户模式与特权模式，类似 DOS 系统，比较简洁，用户程序可以直接访问所有的硬件资源，但是本书会在系统调用小节 1.4.5 讲述如何使用 SVC 异常指令，实现操作系统的内陷（Trap），即系统调用的底层代码实现。系统调用的原理在各个硬件平台上面基本类似，可能架构手册上面的说明略有不同。上文提到在编写应用程序的时候会使用标准库，同样，我们在使用 MDK ARM 开发环境时也需要选择标准库，这里选择使用了 MicroLib 库，它生成的代码会更小，也能满足嵌入式项目的基本需求。MicroLib 是一个高度优化的轻量级 C 库，用于 ARM 公司的高级嵌入式应用开发，与包含在 ARM 编译器工具链中的标准 C 库相比，MicroLib 生成的代码规模更小，具有显著优势，但要注意两者不能同时使用。

工具链：我们使用了 ARM 公司的 Compiler、Assembler、Linker、Loader、Debugger、FROMELF 等工具，最终生成 HEX 映像文件，通过串口下载工具或者 JTAG 硬件调试器烧写到实验板片上 NOR FLASH 存储芯片中运行。

登入界面：包含一个简易的 Shell，但是结合 OLED 液晶屏与第三方 GUI 开发库，未来我们会在 MOS 中添加，感兴趣的读者，可以去了解：emWin、miniGUI、nanoGUI 以及 Qt for MCUs 等。目前我们还是简单地把串口调试终端理解为交互界面，也会往液晶屏上面输出一些信息，另外，也可观察开发板的 RGB LED 来获取程序的执行状况，或直接使用 MDK ARM 的软件模拟器。

接口与外设驱动：直接使用 ST 公司的固件库来开发，所有驱动统一封装在 BSP 模块下面，暂时没有特别区分接口与外设。

其他系统软件或中间件模块：还未扩展，比如用于远程过程调用（RPC）的第三方库（Facebook 的 Thrift，Google 的 ProtoBuf 等），安装包下载与管理工具 APT（Advanced Packaging Tool），YUM 等，后者可以用于下载其他开发包。

从教学的角度，操作系统课程通常包括任务管理、内存管理、文件系统、I/O 输入/输出等基础部分，再翔实一点，就会包括分布式系统与计算机网络、计算机安全、多处理器系统与性能量化、虚拟化与云技术等。读者可以查阅参考资料，选择性地学习与研究部分主题[1,5]。

1.3 嵌入式操作系统

嵌入式系统是以应用为中心，以计算机技术为基础，软硬件可裁剪，对功能、成本、体积、功耗、可靠性有严格要求的专用计算机系统。

而嵌入式操作系统是运行在嵌入式系统之上的操作系统软件，其代码规模一般比较小，层级结构比较简单，可以生成较小的 ROM 映像文件，从而烧写到 NOR FLASH 等存储芯片中运行。

嵌入式操作系统的核心服务，如图 1-2 所示，包含静态优先级配置、时间片轮转调度、任务间通信、软件定时器、内存管理、输入/输出等基本功能，能够支持简单的多任务程序设计，适用于低成本、低功耗、轻型智能型设备的开发，比如游戏机、智能手环、四轴飞行器、机器人系统、汽车电子、工业控制等。

有时也把 ARM Linux 称为嵌入式操作系统，即运行在 ARM 硬件平台上面的

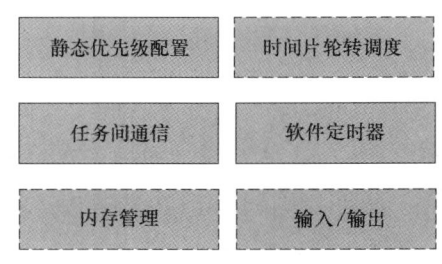

图 1-2 嵌入式操作系统核心服务

Linux 操作系统。这里的 ARM 硬件一般指 ARM Cortex-A 系列多媒体 CPU，其中包含了重要的内存管理硬件单元 MMU，而 MMU 中又包含了 TLB（Translation Lookaside Buffer）等硬件模块，从而快速完成虚拟页（Virtual Page）到物理页（Physical Frame Page）的转换，有时也称为从 Page 到 Frame 的转换。TLB 加上一定的命中率使得虚拟内存的使用，不会太影响计算机的性能，能够达到工业应用的标准，这又是计算机科学中的权衡（Tradeoffs）。

ARM Cortex 系列 CPU，分为 A、R、M 三个系列，即多媒体应用处理器、实时应用处理器、低成本应用微控制器；M 系列微控制器 CPU 的总体介绍我们放在第 3 章，结合 CPU 编程模型讲解。

嵌入式开发工程师可以通过软硬件裁减，构建合适的 Linux 内核版本，并以 U-boot 为引导程序，利用 Busybox、Buildroot、Yocto 等开源工具制定根文件系统（Root File System），再放入适配的驱动程序模块，编写产品相关的应用代码，生成静态设备的拓扑结构（设备树信息），最后将设备树文件、内核映像、文件系统烧写到 Nand Flash 存储芯片中保存，如图 1-3 所示。

ARM Linux 开发包含了应用程序开发、中间件开发、驱动程序开发、系统内核开发以及软件架构设计。中间件的基本思路是把原本属于应用软件层的一些通用的功能模块抽取出来形成独立的一层软件，从而为运行在其上的各个应用软件提供一个灵活、安全、移植性好、相互通信、协同工作的平台。有时候我们也把中间件，称为应用支撑平台，具有承上启下的作用。

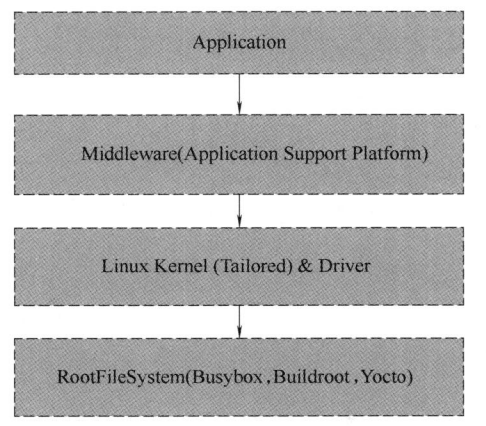

图 1-3 ARM Linux 层级示意图

很多半导体厂商或嵌入式系统供应商，在提供芯片的同时，还提供软硬件一体化解决方案，其中不仅包含了自定义的嵌入式操作系统，还包含了应用支撑平台（ASP），以及一些产品应用的示例代码（Base 或 Demo）。

典型的应用支撑平台有很多，比如 LLVM，可以帮助设计编译器的前端（clang）与后端；Boost 作为预备标准库，提供了非常丰富的 C++ 功能库；Qt 作为非常高效庞大的 C++ GUI 库，也很好地支持了多任务程序设计、数据库编程甚至 3D 游戏开发；这样的例子很多，读者可以结合团队开发的实际情况来选择。

如图 1-4 所示，基于 Linux 内核，添加 Android 系统框架：应用框架、中间层组件、Java 虚拟机、Android 运行环境等构建而成的 Android 手机系统，也可以称为嵌入式操作系统，或者移动计算平台。

国外很多高校的操作系统课程，早先讲授简易型的 RTOS，或者 MINIX 这种教学型微内核系统，再到讲授商业型 Linux 内核，最后到讲授 Android 系统，一直在尝试教学创新与发展，难度是逐步提高的，涉及的操作系统实现细节越来越多，课程的工程实践也更难，无论对学生，还是对教师来讲，都具有一定的挑战。

国内比较常见的教学类嵌入式操作系统有 μCOS-Ⅲ、FreeRTOS、RT-Thread、Minix、Linux、Android 等，其中 μCOS 和 Linux 占比最大。市场中的商业嵌入式操作系统就更多，比如 VxWorks、QNX、ROS、Huawei Lite OS、Ali things OS 等。

这些操作系统从架构上一般可以分为简易型 RTOS、宏内核（Monolithic Kernel）、微内核（Micro Kernel）、外核（Exo Kernel）、分布式系统（Distributed System）以及虚拟机（Virtual Machine）。设计上都会采用模块化、层级化的思想，需要考虑的优点劣点（pros and cons）非常多，比如：

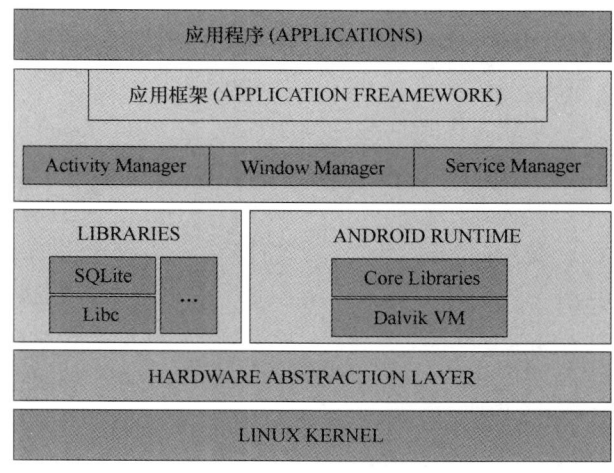

图 1-4　Android 系统层级示意图

- 高性能
- 复杂度
- 移植性
- 可用性
- 扩展性
- 安全性

这里我们简要说明宏内核与微内核的区别，Linux 操作系统是宏内核设计，Minix 操作系统是微内核设计，传闻 Torvalds 与 Tanenbaum 有过一次激烈的在线辩论，讨论的内容是：驱动是否可以放在内核空间，微内核是否是操作系统设计的未来。不管孰胜孰劣，我们大致可以这样认为，宏内核一般性能较好，直接通过函数调用访问内核对象；微内核一般功能较少，仅保留操作系统各模块通信所必需的功能，大部分内核对象都放到了用户空间，安全性和扩展性会更好，内核更容易维护，如图 1-5 所示。

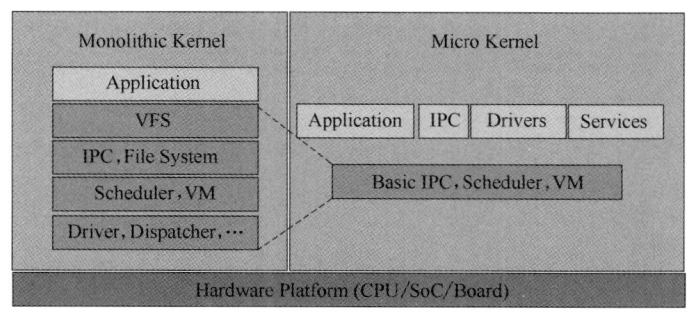

图 1-5　宏内核与微内核区别

宏内核：

① 所有服务模块都放在操作系统内核中。

② 执行效率较高，模块间的通信是通过直接函数调用。

③ 占用内存较大，不适合存储资源较小的系统。

④ 运行时间长，不适合有实时性要求的系统。

⑤ 采用宏内核架构的操作系统：UNIX，MacOS，Linux，Windows98，etc.。

微内核：

① 最为常用的功能模块才放在内核中，其他模块放到用户空间。

② 模块间的通信采用消息传递，有助于模块间的隔离，符合可裁剪性与安全性要求。

③ 当用户任务有服务请求时，通过系统调用接口向内核提出申请，内核则向用户空间的服务进程发送一个消息来启动这个服务，类似 C/S 结构。

④ 微内核的例子：VxWorks，QNX，pSOS，μCOS-Ⅲ，Minix，Harmony OS，etc.。

1.4 嵌入式系统设计方法

本节内容主要描述嵌入式系统的三种设计方法，包括轮询设计、前后台系统、多任务系统，以及四种经典的程序设计方法及其示例，包括库函数设计、系统调用、回调函数、状态机。

1.4.1 轮询设计

许多高校会在低年级讲授单片机原理与接口技术，应用技术类的大学甚至会选择 51 单片机来讲授这门课，即基于 Intel 80C51 系列单片机，属于 MCS-51 单芯片（Single Chip）的一种，内部集成了 CPU、RAM、ROM、中断、时钟、输入/输出（I/O）等，由英特尔公司于 1981 年制造，并且在 20 世纪 90 年代免费开放给其他半导体厂商，从那时候开始 8 位单片机的学习风靡全球。半导体技术飞速发展，如今手机上的 ARM CPU 基本是 64 位的字长，嵌入式领域的 32 位 ARM CPU 也由于成本下降，功能提升，逐步取代了 8 位单片机的市场地位，比如意法半导体公司的 STM32F4 系列芯片性价比较高，很适合低成本、低功耗的嵌入式产品开发。如代码片段 1-1 所示，我们给出了一段典型 51 单片机的主函数代码（main）。

代码片段 1-1　典型 51 单片机的主函数

```
1    #include <reg52.h>
2    #include <intrins.h>
3    void main()
4    {
5        while (1) {
6            if (condition_01)
7                action_01();
8            else if (condition_02);
9                action_02();
10           else if (condition_03);
11               action_03();
12       }
13   }
14   // 在轮询中检查条件，并执行相应的动作
```

轮询设计接口比较简洁，即使在 STM32 微控制器开发中也有使用，对于学习编程，业务场景简单的情况下，是一种实效的设计方法。

1.4.2 前后台系统

嵌入式软件开发，一般都要了解 CPU 中断控制器的基本原理，当中断的数目达到一定数量，应用场景中具有较多的输入/输出（I/O）需求，即 IO-Bound 型业务较多，前后台系统设计就产生了，比如 STM32F407 芯片就有 92 个中断，其中 82 个外部中断，10 个内部异常，程序设计上需要考虑后台系统的 main 主函数，以及前台系统的中断服务函数 ISR（Interrupt Service Routines）。

如代码片段 1-2 所示，前后台接口设计，需要规范好全局变量的管理，以及中断服务函数的编写。一般可以把所有的全局变量放入一个上下文结构体之中，便于统一管理，中断服务函数采用类似 Linux 的上下两部分：如果够简单就在中断服务函数中处理完成，也称为上半部；如果稍显复杂，影响实时性，就设置标志位，在主函数 main 中完成，即中断下半部。

代码片段 1-2 前后台接口设计

```
1   #include "stm32f4xx.h" // STM32 standard interface
2   #include "utilities.h" // Utility procedures
3   typedef struct {
4       int button_flag;
5       int uart_flag;
6   } app_ctx_t;
7   app_ctx_t app_ctx;
8
9   void main()
10  {
11      while (1) {
12          if (app_ctx.button_flag) {
13              process_button();
14              app_ctx.button_flag = 0;
15          }
16          if (app_ctx.uart_flag) {
17              process_uart();
18              app_ctx.uart_flag = 0;
19          }
20          if (app_ctx.other_flag) {
21              process_other();
22              app_ctx.other_flag = 0;
23          }
24      }
25  }
26  // 在轮询中检查条件并执行相应的动作，中断服务程序调用频繁
```

中断处理函数的编写要足够简洁，处理得越快越好，尤其在实时操作系统 RTOS 中，硬实时的指标就包含中断的响应时间与中断的完成时间。中断处理函数如代码片段 1-3 所示，来源于 STM32F4 系列工程代码。

代码片段 1-3　中断处理函数

```
1   #include "stm32f4xx.h"       // STM32 library interface
2   extern app_ctx_t app_ctx;    // Usage declaration
3   void SVC_Handler(void)
4   { // SVCall exception handler
5   }
6   void PendSV_Handler(void)
7   { // PendSV exception handler
8   }
9   void SysTick_Handler(void)
10  { // SysTick exception handler
11  }
12
13  void USART1_IRQHandler(void)
14  {
15      process_uart();
16      if (need_bottom_half)
17          app_ctx.uart_flag = 1;
18  }
19  void EXTI0_IRQHandler(void)
20  {
21      process_button();
22      if (need_bottom_half)
23          app_ctx.button_flag = 1;
24      // ClearITPendingBit();
25  }
26  // 前面三个函数是内部异常，后面两个分别是串口与按键中断
27  // 通常需要在中断处理函数中清除中断挂起位，从而使能下一次中断
28  // 上述伪代码，读者需结合实际情况稍作修改
```

STM32F4 系列芯片使用的处理器是 ARM Cortex-M4，CPU 核心自带一个嵌套向量中断控制器（NVIC），支持 255 个中断，经过了 ST 公司的裁减，仅支持 92 个中断。而像手机中使用的 ARM Cortex-A 系列的 CPU，一般选择通用中断控制器（GIC），集成于 SoC 之上，属于 CPU 核外器件，或核内核外分布式器件，支持上千的中断，可以采用重映射级联方式。GIC 目前有 4 个架构版本，ARM 公司设计了对应的 GIC IP，其中 GIC400 属于 GICv2 架构，GIC500 与 GIC600 属于 GICv3 架构，GIC700 属于 GICv4 架构。

1.4.3　多任务系统

现代操作系统一般都支持多任务程序设计，使用抢占式调度，优先级高的任务优先获

得 CPU 的使用权。任务被调度执行时，从内存加载指令到 CPU 寄存器，CPU 控制单元再进行译码，加载需要的操作数，执行相应的计算，最后写回结果。

现代处理器也基本是多核处理器，四个内核、八个内核的嵌入式处理器设计也很常见了。因此，多线程编程（Multi-thread Programming）或多任务程序设计，已经变成了计算机专业学生必须掌握的一项基础专业技能。

本书设计实现的 MOS 操作系统就是一个支持抢占的多任务操作系统，为了简化学习，去除了一部分实现细节，没有区分 CPU 的两种运行模式（用户模式与特权模式），代码都在特权模式下运行，重点关注多任务程序的设计与实现。

首先，如代码片段 1-4 所示，使用 μC/OS-Ⅲ，我们给出了一个用户任务的创建示例。任务的数据结构主要包含三个部分：任务控制块（TCB）、任务入口函数（Routine）、任务堆栈（Stack）。从任务创建函数（OSTaskCreate）的 13 个参数来看，对初学者似乎并不友好，尽管 μC/OS-Ⅲ 的代码可读性已经非常高。

代码片段 1-4　多任务程序设计（μC/OS-Ⅲ）

```
1   #include "stm32f4xx.h"
2   #include <includes>
3   static OS_TCB    AppTaskStartTCB;
4   static CPU_STK   AppTaskStartStk[TASK_START_STK_SIZE];
5   static void AppTaskStart(void *p_arg);
6
7   OSTaskCreate((OS_TCB *)          &AppTaskStartTCB,
8                (CPU_CHAR *)        "App Task Start",
9                (OS_TASK_PTR)       AppTaskStart,
10               (void *)            0,
11               (OS_PRIO)           APP_CFG_TASK_START_PRIO,
12               (CPU_STK *)         &AppTaskStartStk[0],
13               (CPU_STK_SIZE)TASK_START_STK_SIZE/10,
14               (CPU_STK_SIZE)TASK_START_STK_SIZE,
15               (OS_MSG_QTY)5u,
16               (OS_TICK)0u,
17               (void *)0,
18               (OS_OP)(OS_OPT_TASK_STK_CHK | OS_OPT_TASK_STK_CLR),
19               (OS_ERR *)&err
20              );
21  // 三个核心参数分别是任务控制块、任务入口函数、任务堆栈
```

其次，我们来看一下 MOS 的多任务代码，MOS 的任务创建函数有两个：task_create 与 clone，都是从系统堆（Heap）空间中分配用户堆栈（Stack）与用户任务控制块（TCB）结构体，如代码片段 1-5 所示，调用 clone 创建了三个用户任务。

代码片段 1-5　多任务程序设计（MOS）

```
1   #include "app.h"
2   #include "os.h"
```

续表

3	//
4	void routine_01(void *p_arg);
5	void routine_02(void *p_arg);
6	void routine_03(void *p_arg);
7	
8	int main()
9	{
10	systick_init(OS_PER_TICK);
11	timestamp_init();
12	
13	os_init();
14	
15	clone(routine_01);
16	clone(routine_02);
17	clone(routine_03);
18	
19	os_start();
20	}
21	...
22	// clone 函数只需要传递任务入口函数，其他参数默认
23	// 使用时间片轮转调度器，适用于简易型业务场景

总结：多任务程序设计是一项比较基础，比较复杂，比较抽象，也比较强大的编程技能，学生需要体会并发的概念，多个任务同时执行，彼此间还有数据交互动作。多任务程序设计的相关概念放在本书第 3 章（包含了 CPU 的编程模型与多任务定义，即与操作系统实现相关的 ARM Cortex-M4 CPU 特性，以及多任务相关的几个术语，如进程、线程以及纤程）。

任务间的通信，比如信号量、互斥量、消息队列等，MOS 中也有简易实现，另外本书 2.5 节会先介绍 μC/OS-Ⅲ 的内核对象，偏重于接口的应用与理解，感兴趣的读者可以查阅相关资料，或者参考 μC/OS-Ⅲ 内核手册。

1.4.4　库函数设计

从本小节开始，将介绍四种经典的程序设计方法：库函数的设计与实现、系统调用的原理、回调函数的应用以及状态机的实例。这四个知识点的讲述结合了工程实践，以及学生的教学反馈，是学生不太好掌握，又非常基础，非常重要的知识点。

那么库函数是什么呢，我们知道计算机的主要功能是数学运算，给计算机输入一些参数，可以得到一个运算结果，这一过程的代码表现形式就是函数调用。C 语言中，函数（Function）可以拥有多个输入参数（Parameter），一个返回结果（Result）。函数原型中的参数称为形参，函数调用时传递的参数称为实参，函数可以递归，也可以嵌套，函数 A 调用函数 B，函数 B 调用函数 C，参数既可以放在寄存器中，也可以放到堆栈中（过程调用在堆栈中占用的空间称为栈帧），编译器一般优先考虑寄存器存储，从而提高执行性能，这里涉及编译器的优化与代码生成。库函数（Library function）就是将常用函数封装入库，供用户使用的一种编码方式。函数库是包含多个函数定义的库文件，C 语言里面就是一个头文件，通过 include 预处理指令包含，再加上一个静态库，或动态库文件：比如 Windows 上面的 DLL 文件，COFF 格式；Linux 上面的 SO 文件，ELF 格式。

  C 语言的库函数，并不是 C 语言本身的一部分，它是由编译工具根据一般用户的需要编制并提供给用户使用的一组标准函数。C 语言的库函数极大地方便了用户，同时也补充了 C 语言本身的不足。事实上，在编写 C 语言程序时，应当尽可能多地使用库函数，可以提高程序的运行效率、编程质量以及可移植性。

  我们在编写函数库的时候，需要设计好头文件与源文件，如代码片段 1-6 与代码片段 1-7 所示，它们分别为头文件与源文件的写法示例。代码中设计了一个简单循环队列，该队列有一个数据结构体（包含头尾两个指针，容量大小，五个成员函数指针），以及两个外部调用接口。

  队列是一个先进先出（FIFO，First Input First Output）的数据结构，队列中的循环 FIFO 在程序中使用的非常广泛，比如 Linux 内核的日志缓冲区，音频读写操作的数据缓冲区等。日常生活中，食堂排队打饭、银行排队办卡、景区排队购票等，都是队列的应用。读者可以根据写好的 FIFO 库头文件、源文件生成静态库，或者动态库，MDK 开发环境也可以设置生成 LIB 库。如果代码够简洁，也可以直接将源文件放入工程目录中一起编译，比如放在固定的 utility、facility 或者 library 源代码目录下，使整个工程的目录更加清晰，便于理解和维护。

代码片段 1-6   循环队列 FIFO 的头文件

```
1   struct fifo_t;
2   typedef int(*fifo_func_t)(struct fifo_t *);
3   typedef int(*fifo_put_t)(struct fifo_t *, int val);
4   typdef struct fifo_t {
5       int head, tail, capacity;
6       fifo_func_t empty;
7       fifo_func_t full;
8       fifo_func_t get;
9       fifo_func_t peer;
10      fifo_put_t put;
11      int *buff;
12  } fifo_t;
13  fifo_t *fifo_create(int cap);
14  void fifo_destroy(fifo_t *fifo);
15  // 这里的整数循环 FIFO 仅做示例，读者需适当修改再用于实际工程中
16  // 我们会在 3.9 节线程 API 示例中给出完整的实现代码
17  // 使用两个线程来读写测试 FIFO
```

代码片段 1-7　循环队列 FIFO 的源文件

```
1   #include <fifo.h>
2   static int empty(struct fifo_t *fifo)
3   {
4       return (fifo->head == fifo->tail)? 1:0;
5   }
6   fifo_t *fifo_create(int cap)
7   {
8       fifo_t *fifo = (fifo_t *)
9           malloc(sizeof(fifo_t) + sizeof(int)*cap);
10      fifo->capacity = cap;
11      fifo->buff = (int *)(fifo + 1);
12      fifo->head = fifo->tail = 0;
13      fifo->empty = empty;
14      // Other functions init...
15  }
16  void fifo_destroy(fifo_t *fifo)
17  {
18      free(fifo);
19  }
20  // 这里实现了 empty 成员函数指针，外部 create 与 destroy 接口
21  // 其他成员函数指针的实现，我们放在后面章节再给出
22  // 另外内存分配，以及指针的运算，读者也要稍加小心
```

1.4.5　系统调用

系统调用（System Call）是个老生常谈的话题，但是很多应用程序开发人员可能没有深入了解，因为它涉及 CPU 的内陷指令、CPU 的编程模型、LibC 的实现以及操作系统的部分代码。

发生系统调用时，用户任务通过特殊指令内陷到内核态，操作系统在用户任务上下文中完成系统调用，比如文件的读写，设备的访问等，这个时候保存了当前用户任务的状态，即上文，但还不需要切换下文。

如代码片段 1-8 所示，我们在 ARM Cortex-M4 CPU 上面利用 SVCall 异常指令来实现一个系统调用，返回两个整数的最大公约数。第 15 章的实验部分我们另外实现一个系统调用，用来控制实验板上面的 RGB LED 发光二极管，原理类似。

首先，需要了解 ARM Cortex-M4 内核的特殊指令 SVC 的写法，调查是否有 ARMCC 编译器扩展的宏，方便直接调用。其次，要自己编写异常处理程序，即 SVC_Handler 函数。在 ARM Cortex-M4 内核中，这些异常处理程序的符号名都有固定格式，比如 SVC 异常的处理函数就是 SVC_Handler，且都在 startup_[device].s 汇编代码中硬编码写好了，其中 device 代表芯片器件的名称。最后一步就是从堆栈中读取需要的输入参数，调用对应的系统函数来完成处理，并将结果返回到 R0 寄存器。

代码片段 1-8　使用 SVCall 异常指令实现系统调用

```
1   #include "app.h"
2   void routine(void *arg);
3   int result; // watch variable
4
5   int main()
6   {
7       systick_init(OS_PER_TICK);
8       os_init();
9       clone(routine);
10      os_start();
11  }
12  void routine(void *arg)
13  { // call syscall_gcd
14      result = mos_gcd(4, 6);
15      while (1);
16  }
17  // mos_gcd 就是 CallSvc3, 会将参数写入 R0~R3, 并执行 SVC 0x03
18  // SVC 异常发生时, CPU 内核将 R0~R3 保存到用户堆栈
```

如代码片段 1-9 所示，系统调用接口放入 os_svc.h 头文件中，然后被 os.h 头文件包含。这里我们使用宏函数做了一个伪装，让用户暂时看不到底层实现。

代码片段 1-9　mos_gcd 的实现

```
1   // #include "os_svc.h"
2   //
3   unsigned long __svc(0x03) CallSvc3(unsigned long svc_r0, unsigned
4   long svc_r1, unsigned long svc_r2, unsigned long svc_r3);
5   #define mos_gcd(x, y) CallSvc3(x, y, 0, 0)
6
7   // svc_handler 从 PSP 堆栈上面获取传入的参数, 执行相应的系统调用
8   // 暂时用 3 号系统服务作为 GCD 函数的系统调用号
```

下面，我们来看一下底层代码，如代码片段 1-10 所示，SVC_Handler 异常处理函数会做一些特殊操作，将用户的堆栈指针写入 R0，这里是特殊寄存器 PSP，然后调用函数 svc_handler 来获取输入参数，完成计算并返回结果。

这里我们单独解释一下 ITE 指令，IF-THEN 语句块的一种用法，它可以提高指令流水线的效率，避免了在出现条件分支时，对指令的清洗与重新预取，特别适合小型分支复合语句。

ARMASM 语法中规定，如果是无条件分支指令 B，可以直接在后面连接任意的条件标志，形成更多的条件分支指令，比如 BEQ Label，相等则跳转到 Label 地址处。而其他指令的后缀语法形式必须放在 IF-THEN 语句块中才行，其中 T 代表 Then，E 代表 Else。代码片段 1-10 中的 ITE 语句块可以解释如下：

① TST 测试 LR [2] 是否为 0，若为 0，则 EQ（条件标志 Z 等于 1）成立。
② ITE 指令中的 TE 代表后面条件指令的个数，分别对应 Then 和 Else。
③ LR [2] 为 0 时，说明任务使用 MSP 作为堆栈。
④ LR [2] 为 1 时，说明任务使用 PSP 作为堆栈。
⑤ MRSEQ 将 MSP 主堆栈指针读入 R0 通用寄存器。
⑥ MRSNE 将 PSP 进程堆栈指针读入 R0 通用寄存器。

所以，如果 mos_gcd 放在 main 函数中调用，由于系统启动时默认使用的是 MSP，R0 会等于 MSP；如果放在任务函数中调用，那么使用的就是 PSP，R0 会等于 PSP。读者可以实际验证一下。

另外，本节末尾我们给出了汇编代码中条件标志的更多描述。

代码片段 1-10　系统调用的内部实现

```
1    // os_svc.c
2    //
3    #include "os.h"
4
5    __asm void SVC_Handler(void)
6    {
7        IMPORT svc_handler
8        TST LR, #4
9        ITE EQ
10       MRSEQ R0, MSP
11       MRSNE R0, PSP
12       B svc_handler
13   }
14
15   static int syscall_gcd(int x, int y)
16   {
17       if (y)
18           return syscall_gcd(y, x % y);
19       else
20           return x;
21   }
22
23   u32 svc_handler(u32 *sp)
24   {
25       u32 svc_num;
26       u32 svc_r0, svc_r1;
27
28       svc_num = ((char *)sp[6])[-2];
29       svc_r0 = sp[0];
30       svc_r1 = sp[1];
31
```

```
32      if (svc_num == 3)
33          sp[0] = syscall_gcd(svc_r0, svc_r1);
34      else
35          sp[0] = 0;
36
37      return 0;
38  }
```

读者肯定会问 svc_num 怎么来的，第一时间不太好想明白，按道理 SVC 内陷指令的使用，就是传递好参数，然后进入 SVC_Handler，执行系统调用返回结果。如代码片段 1-11 所示，使用反汇编技术可以进一步了解到，sp[6] 的值就是用户任务的 PC 寄存器，由于 SVC 异常指令发生，用户任务被中断，返回地址需保存在 PC 寄存器中，即 SVC 0x03 的下一条指令地址，第 6 行语句。

代码片段 1-11   CallSvc3 的反汇编代码

```
1   0x08000624 2300    MOVS    r3, #0x00
2   0x08000626 2106    MOVS    r1, #0x06
3   0x08000628 461A    MOV     r2, r3
4   0x0800062A 2004    MOVS    r0, #0x04
5   0x0800062C DF03    SVC     0x03
6   0x0800062E 4903    LDR     r1, [pc, #12]   ;@ 0x0800063C
7   0x08000630 6008    STR     r0, [r1, #0x00]
8   ...
9   0x0800063C 0018    DCW     0x0018
10  0x0800063E 2000    DCW     0x2000
11  ...
12  // 前面讲到 sp[6]等于 0x0800062E，设 char *p = (char*)0x0800062C
13  // 那么((char *)sp[6])[-2]等于 p[0]，即 SVC 指令编码中的立即数 0x03
14  // 第 9/10 行，为全局变量 result 的地址，第 6/7 行，会保存 R0 到 result
15  // 读者可以结合 MDK ARM 的软件模拟器来进一步学习
```

X86 CPU 与 ARM CPU 类似，也有类似的 SVC 硬件指令，比如 int 0x80 与 syscall，通过编写一定规则的汇编代码，传递好参数，内陷到系统内部，执行异常处理，再根据系统调用号，执行相应的系统调用函数，返回结果到 EAX 寄存器。

下面，我们补充一个小概念，标志位与条件标志组合，如表 1-1 所示，PSR 寄存器中有 5 个标志位属于 APSR（Application Program State Register），其中 4 个标志位可以作为条件分支指令，或者条件执行指令的后缀。

表 1-1   APSR 中的 5 个标志位

标志位	PSR 位序号	功能描述
N	31	如果上一次操作的结果为负数，置位 N
Z	30	如果上一次操作的结果为零，置位 Z

续表

标志位	PSR 位序号	功能描述
C	29	如果上一次操作的结果需要进位或借位，置位 C，用于无符号整数的计算（unsigned data）
V	28	如果上一次操作的结果有溢出，置位 V，用于有符号整数的计算（signed data）
Q	27	饱和标志，某些乘法指令溢出，或者饱和算术指令执行时出现了饱和（结果超过了最大值或最小值） 饱和指令（SSAT/USAT）一般用于 DSP 信号处理，当出现饱和现象时，会使用类似放大电路中的"饱和削顶失真"方法，以防止奇点的产生

在 ARM Cortex-M 系列 CPU 中，数据操作指令可以更新 APSR 中的标志位。比如下列指令会更新 APSR 中的标志位：
- 16 位算术逻辑指令
- 32 位带 S 后缀的算术逻辑指令
- 比较指令（如 CMP/CMN）和测试指令（如 TST/TEQ）
- 直接写 PSR/APSR（MSR 指令）

这些标志位可以适当组合，应用于不同的数据操作指令中，如表 1-2 所示，通过组合产生了 15 种条件标志（后缀）。

它们通常用于无条件分支指令（B）中，构成条件分支指令，也可以结合 IF-THEN 语句块来使用，构成条件执行指令。

表 1-2 15 种条件标志（后缀）

符号	条件	标志位的值（C 语言描述）
EQ	相等（Equal）	Z==1
NE	不相等（Not Equal）	Z==0
CS/HS	进位（Carry Set） 无符号数高于或相同（High/Same）	C==1
CC/LO	未进位（Carry Clear） 无符号数低于（Low）	C==0
MI	负数（Minus）	N==1
PL	非负数（Plus）	N==0
VS	溢出（Overflow Set）	V==1
VC	未溢出（Overflow Clear）	V==0
HI	无符号数大于（High）	C==1 && Z==0
LS	无符号数小于等于（Low/Same）	C==0 || Z==1
GE	有符号数大于等于（Great/Equal）	N==V
LT	有符号数小于（Less Than）	N!=V
GT	有符号数大于（Great Than）	N==V && Z==0
LE	有符号数小于等于（Less/Equal）	Z==1 || N!=V
AL	总是，此后缀忽略	N/A

这里我们再举个例子说明一下 IF-THEN 语句块的使用，如代码片段 1-12 所示，我

们添加了 C 语言伪代码来描述，通过比较来加深理解。

代码片段 1-12　IF-THEN 语句块与条件标志后缀

```
1    ;IF-THEN BLOCK                    14   // C pseudo code
2    ;                                 15   //
3    CMP     R0, R1                    16   if ((R0-R1)> 0)
4    ;                                 17       GT = 1;
5    ;                                 18   else
6    ;At most 4 commands               19       GT = 0;
7    ;IT<x><y><z> <cond>               20
8    ITTET   GT                        21   if (GT)
9    MOVGT   R2, R0                    22       R2 = R0;
10   MOVGT   R3, R1                    23       R3 = R1;
11   MOVLE   R4, R0                    24       R5 = R1;
12   MOVGT   R5, R1                    25   else
13                                     26       R4 = R0;
27   // CMP 指令比较 R0 与 R1，内部会做减法 R0-R1，并设置标志位
28   // IT 语句块，最多支持 4 条语句
```

1.4.6　回调函数

什么是回调函数（callback function，简称 callback）呢？不同的场景，可能会有不同的回答，即使上层应用程序调用的普通 API 函数，也可以称为回调函数，传入参数，返回结果。本小节讨论的回调函数，需要结合实际工程来阐述，做产品的时候，工程师可能需要给客户提供一些 SDK 动态库。

这些 SDK 动态库，可以理解为函数或者 API。设计函数接口时，经常需要用户注册一些关联的回调函数，一旦事件发生时，底层 SDK 会执行相应的回调函数。本节讨论的 callback 一般不能是阻塞型（Blocking）的，它主要是用户注册的用于底层 SDK 向上层用户通知一些发生的事件，比如软件定时器就是非常经典的 callback 方法实践，后面实验部分会有讲解。

C 语言中 callback 函数的注册，需要定义触发事件的基本类型，以及对应的处理函数原型，一般可以简单使用整数枚举与函数指针来实现，如代码片段 1-13 所示，我们定义了一个中间层或适配层，它实现了一些事件的定义，以及两个外部函数接口，一个用于注册 callback，另一个用于初始化中间层。

代码片段 1-13　中间层 callback 注册接口

```
1    enum {
2        Event_Network_Disconnected,
3        Event_Uart_Data_Received,
4        Event_CPU_Temp_Warnning,
5        Event_Softtimer_Expired,
6        Event_Recognize_Finish,
```

续表

7	...
8	};
9	typedef int(*callback_t)(void *arg);
10	
11	int system_init(void);
12	int register_callback(int event, callback_t callbck);
13	// 定义了一些事件的整数枚举
14	// 定义了 callback 的类型，使用函数指针类型 callback_t
15	// 给出了系统初始化调用函数 system_init
16	// 给出了回调函数的注册函数 register_callback

具体使用的时候，读者需结合实际工程情况来分析，一般先实现一个能运行业务的版本，然后迭代开发。另外，如果能复用以往工程的代码，也应该优先考虑，既能节省代码量，也能减少测试量，何乐而不为。

1.4.7 状态机

状态机用于模拟对象、用例甚至整个系统的行为，尤其对于响应系统，它们必须响应来自系统外部的参与者的信号。

状态是对象生命期间的 condition，是执行某些活动（activity）时需要满足的先决条件（pre-condition），或者等待接收某些事件（event），一般状态的转换，发生在指定事件发生并执行相应动作之后。

一个状态可以有五个部分：

① 名称，状态名称。
② 进入，进入状态时的动作。
③ 中间，在状态之中执行的动作。
④ 退出，离开状态时执行的动作。
⑤ Deferrable Trigger，事件被推迟并排队，等待状态转换时再处理。

统一建模语言 UML 中有定义，状态机图是对一个单独对象的行为建模，指明对象在它的整个生命周期里，响应不同事件时，执行相关动作的顺序。

举个例子，如图 1-6 所示，通用中断控制器（GIC v3）的中断处理有四个状态，五

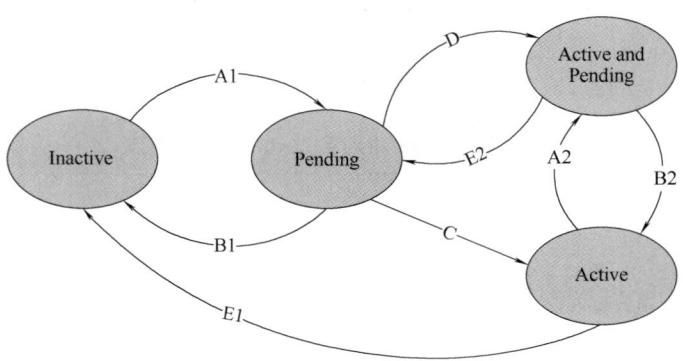

图 1-6 GIC 中断处理状态图

种状态迁移（读者可以查阅 GIC v3 的芯片手册）。

包含的状态变化解释如下：

① A1 或 A2 转换，添加 Pending 状态。

② B1 或 B2 转换，移除 Pending 状态。

③ C 转换，由 Pending 状态到 Active 状态。

④ D 转换，由 Pending 到 Active and Pending 状态。

⑤ E1 或 E2 转换，移除 Active 状态。

另外，Inactive 为无效状态，Pending 为未响应状态，Active 为响应状态，Active and Pending 为响应中且接收到新的中断信号。

实际工程应用中，使用上述简单状态机图就可以了，相比 UML 里面状态机的复杂定义，这种画法更加实用。我们再举一个例子，如图 1-7 所示，一个简单的烤面包机的操作状态。

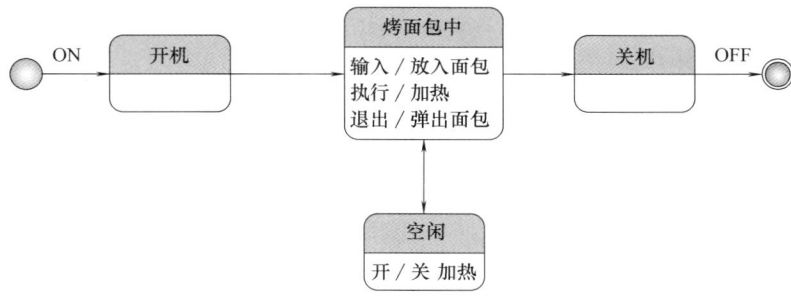

图 1-7　烤面包的状态机图

读者朋友如果对状态机感兴趣，可以查阅 UML 的状态机定义资料，以及下载类似的开源代码库，如 Github 或者 Gitee 上面查找，可以先阅读简单状态机的代码，然后阅读稍微复杂一点的状态机实现代码，比如 C++ 预备标准库 Boost 中就有几个有限状态机的实现代码库（FSM 等）。

最后，我们列举两个实际工程中使用的简单状态机用例：在人工智能语音的对话 Dialog 的实现中，会出现状态机的使用场景，需要根据当前的状态（State），产生的不同事件（Event），来执行对应的动作（Action），并进行必要的状态迁移。

如代码片段 1-14 所示，我们给出了基本的状态机数据结构定义，其中包含了事件、状态、动作函数的类型以及状态机的定义。这里代码上做了进一步的裁剪，但也能把状态机的涵义表达出来。

代码片段 1-14　简易有限状态机头文件

```
1   enum {
2       Event_Chat_start,
3       Event_Audio_End,
4       Event_Chat_End,
5       Event_Demand_End
6   };
7   enum {
```

续表

8	State_Idle,
9	State_Audio_Playing
10	};
11	
12	typedef int(*acton_t)(void *arg);
13	
14	typedef struct {
15	int state;
16	int event;
17	action_t action;
18	} sim_fsm_t;
19	
20	// 定义了一些事件与状态的整数枚举
21	// 定义了 action 的类型，使用函数指针类型 action_t
22	// 给出了 simple FSM 的结构体类型 sim_fsm_t

在头文件中给出了简易状态机的定义后，下一步就是实现状态机，如代码片段 1-15 所示，这里我们定义一个静态数组，分别处理每个小的 Dialog 会话状态机，每当智能语音识别后，就播报相应的音频 Audio，会产生事件，执行动作。

代码片段 1-15　简易有限状态机的实现

1	static sim_fsm_t chat_fsm[] = {
2	{ State_Idle, Event_Chat_Start, action_chat_start },
3	{ State_Audio_Playing, Event_Audio_End, action_audio_end },
4	{ State_Audio_Playing, Event_Chat_End, action_chat_end },
5	{ State_Audio_Playing, Event_Demand_End, action_demand_end },
6	};
7	
8	int action_chat_start(void *arg) { // playing audio for dialog }
9	...
10	// action 动作函数需要实现，且在其中进行状态的迁移
11	// 实际工程中会有更多的细节

第二个例子是 4.4BSD-Lite2 TCP/IP Stacks，查阅源代码/sys/netinet/tcp_fsm.h，如代码片段 1-16 所示。

代码片段 1-16　TCP 协议状态机

1	/*
2	* TCP FSM state definitions.
3	* Per RFC793, September, 1981.
4	*/
5	#define TCP_NSTATES 11
6	

续表

7	#define TCPS_CLOSED	0	/* closed */
8	#define TCPS_LISTEN	1	/* listening for connection */
9	#define TCPS_SYN_SENT	2	/* active, have sent syn */
10	#define TCPS_SYN_RECEIVED	3	/* have send and received syn */
11	#define TCPS_ESTABLISHED	4	/* established */
12	#define TCPS_CLOSE_WAIT	5	/* rcvd fin, waiting for close */
13	#define TCPS_FIN_WAIT_1	6	/* have closed, sent fin */
14	#define TCPS_CLOSING	7	/* closed xchd FIN; await FIN ACK */
15	#define TCPS_LAST_ACK	8	/* fin and close; await FIN ACK */
16	#define TCPS_FIN_WAIT_2	9	/* have closed, fin is acked */
17	#define TCPS_TIME_WAIT	10	/* quiet wait after close */
18			
19	#define TCPS_HAVERCVDSYN(s)		((s) >= TCPS_SYN_RECEIVED)
20	#define TCPS_HAVERCVDFIN(s)		((s) >= TCPS_TIME_WAIT)
21			
22	#ifdef KPROF		
23	int tcp_acounts[TCP_NSTATES][PRU_NREQ];		
24	#endif		
25			
26	#ifdef TCPSTATES		
27	char *tcpstates[] = {		
28	"CLOSED", "LISTEN", "SYN_SENT", "SYN_RCVD",		
29	"ESTABLISHED", "CLOSE_WAIT", "FIN_WAIT_1", "CLOSING",		
30	"LAST_ACK", "FIN_WAIT_2", "TIME_WAIT",		
31	};		
32	#endif		
33	// 上面定义了 11 个 states，根据外部输入进行相应的状态迁移并执行动作		
34	// 笔者在多个量产项目中使用了状态机设计，读者朋友可以尝试实践一下		

1.5 实时操作系统

实时操作系统，也称为 RTOS（Real Time Operating System），是建立在嵌入式操作系统之上，对时序要求比较严格的系统。最大的特点就是"实时性"，如果有一个任务需要执行，实时操作系统会马上（在较短时间内）执行该任务，不会有较长的延时，这种特性保证了各个任务的及时执行。

实时操作系统分为硬实时与软实时，关注各项任务的启动时间与完成时间，一般具有时限（Deadline）指标，即有较严格的时序要求，比如针对军工领域、航空航天器那样的关键任务系统中，实时性的要求非常高，在这样的应用环境中，非实时性的操作系统肯定无法胜任，往往需要硬实时特性的实时操作系统，比如美国军方开发的实时系统（RTEMS，Real Time Executive for Military Systems）。

智能控制、医疗器械、无人机设备或消费类电子产品等，虽然不需要硬实时特性，但也会有一定程度的时序性要求，这时可选择具有软实时特性的操作系统，比如 ARM Linux 就具有一定的软实时特性。

实时操作系统设计中，要特别注意中断的响应时间，以及系统调用的时间。下面罗列了一些实时性设计指标：

① 减少粗粒度的锁，减少关中断的时间。
② 消息与事件处理机制具有实时性。
③ 互斥锁带有优先级翻转处理。
④ 系统服务具有实时性。
⑤ 使用实时任务调度。

典型的实时操作系统有 VxWorks、eCos、FreeRTOS、ThreadX、RT-Thread、μC/OS-Ⅲ、QNX、WinCE 等，ARM Linux 的实时特性也有较大的提高，读者可以结合实际情况选择。系统实时性的测试，建议可以观察最大中断关闭时间，最大抢占关闭时间，消息与事件的发送等待时间，内核对象的发送等待时间，系统服务的完成时间，以及任务的切换时间等。

本书实现的 MOS 操作系统，参考了 μC/OS-Ⅲ 实时操作系统，一个非常经典的实时操作系统，可以使用官方提供的 μC/Probe 工具来测试系统的各项指标。μC/OS-Ⅲ 的具体内容见第 2 章。

另外我们在第 8 章讲述时间戳计数器，它是测试实时性的好帮手，一个 32 位的递增计数器，计数频率与处理器时钟相同，时间上可以精确到纳秒。

最后我们列举两个具有代表性的实时操作系统，一个是 VxWorks，代表了国外的商业 RTOS，早期的很多路由器交换机都使用 VxWorks，后来大部分被 Linux 系统所取代。VxWorks 属于 Wind River 公司，中文名是风河系统公司，创立于 1981 年，总部设在美国加利福尼亚的 Alameda，在世界主要市场设有办事机构，于 2009 年 6 月以 8.84 亿美元被 INTEL 收购，是全球领先的嵌入式软件开发与服务商，他们的官网上面有许多嵌入式系统的技术资讯，读者可以上网了解一下。

另一个是 RT-Thread，代表了当前国内的商业 RTOS，由上海张江高科技园区的一个公司开发，如图 1-8 所示。

近年来，物联网（Internet Of Things，IoT）概念广为普及，物联网市场发展迅猛，嵌入式设备的联网已是大势所趋。终端联网使得软件复杂性大幅增加，传统的 RTOS 内核已经越来越难满足市场的需求，在这种情况下，物联网操作系统（IoT OS）的概念应运而生。

物联网操作系统是指以操作系统内核（可以是 RTOS、Linux 等）为基础，包括如文件系统、图形库等较为完整的中间件组件，具备低功耗、安全、通信协议支持和云端连接能力的软件平台，RT-Thread 就是一个 IoT OS。

RT-Thread 与其他很多 RTOS 如 FreeRTOS、uC/OS 的主要区别之一是，它不仅仅是一个实时内核，还具备丰富的中间层组件。读者可以查看 RT-Thread 的官方地址，获取更多内容，支持国产。

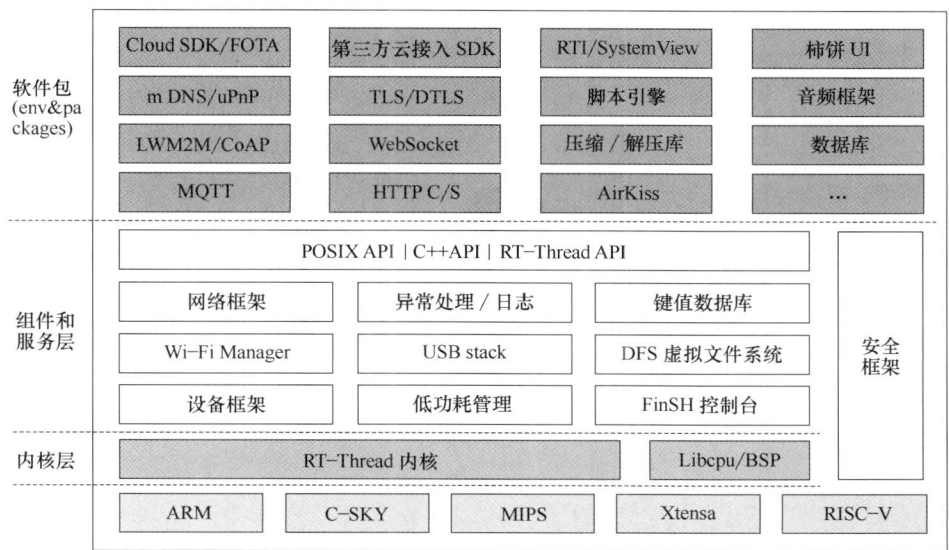

图 1-8 RT-Thread 的架构设计

1.6 嵌入式 Linux

Linux 操作系统，全称 GNU/Linux，是一种可以免费使用与自由传播的类 UNIX 操作系统，其内核由 Linus Torvalds 于 1991 年 10 月 5 日首次发布，它主要受到 Minix 和 Unix 思想的启发，是一个基于 POSIX 的多用户、多任务、支持多线程和多处理器（SMP）的操作系统。它能运行主要的 Unix 工具软件、应用程序和网络协议、支持 32 位和 64 位硬件平台、继承了 Unix 以网络为核心的设计思想，是一个性能稳定的多用户网络操作系统。

Linux 一般指操作系统的内核，而 Linux 操作系统却有上百种不同的发行版，基于社区开发的如 Ubuntu、Debian、Archlinux、Centos，以及国内的 Ubuntu Kylin，基于商业开发的如 Red Hat Enterprise Linux、SUSE、Oracle Linux 等。

Linux 内核的版本历史与特点如表 1-3 所示，先后出现 Linux 0.1、Linux 1.0、Linux 1.2、Linux 2.0、Linux 2.2、Linux 2.4、Linux 2.6、Linux 3.0、Linux 4.19、Linux 5.10、Linux 6.1，以及版本 6.9，风雨兼程，已经有了 30 年的历史。

表 1-3　　　　　　　　　　　Linux 内核的版本历史与特点

版本	时间	特点
Linux 0.1	1991 年 10 月	最初版本
Linux 1.0	1994 年 3 月	包含了 386 的官方支持,仅支持单 CPU 系统
Linux 1.2	1995 年 3 月	支持多个 CPU 指令集架构（MIPS 等）
Linux 2.0	1996 年 6 月	支持 SMP 对称多处理器架构
Linux 2.2	1999 年 1 月	完善 SMP 的支持
Linux 2.4	2001 年 1 月	集成了 USB、PCMCIA、内置即插即用等

续表

版本	时间	特点
Linux 2.6.0~2.6.39	2003年12月~2011年5月	支持NUMA内存架构、性能优化、实时特性、音频与多媒体驱动程序
Linux 3.0~Linux 3.19	2011年7月~2015年4月	虚拟化技术、新文件系统、Android、性能优化、支持新的体系架构
Linux 4.0~Linux 4.19	2015年4月~2018年10月	虚拟化技术、文件系统、Loop设备、新的异步I/O轮询接口
Linux 5.0~Linux 5.19	2019年3月~2022年7月	XFS/NTFS的更新、USB4的支持、性能优化、支持更多硬件
Linux 6.0~Linux 6.9	2022年10月~2024年10月	支持Rust、Btrfs性能改进、功耗节能改进等支持更多硬件

嵌入式Linux，一般指运行在嵌入式设备上面的Linux系统，包括Android操作系统。智能手机也是一个嵌入式设备，所以各大手机品牌公司都算售卖嵌入式设备的公司。

前面1.3节嵌入式操作系统中，我们简述了ARM Linux与Android操作系统的基础设施架构图，Android系统运行在Linux内核之上，添加了一些应用框架、中间层组件、Java虚拟机、Android运行环境等技术，并形成了良好的应用生态圈，参与者包括谷歌、半导体厂商、移动通信运营商、Android App开发者、手机用户以及系统研究人员。

大多数的嵌入式Linux，运行在ARM处理器平台之上，虽然伯克利的RISC-V指令集架构正逐步流行，但Linux社区还未有广泛的使用。RISC-V硬件平台上运行的操作系统还是以简洁型RTOS为主，比如FreeRTOS、RT-Thread、μC/OS等。

嵌入式Linux中的U-boot、Busybox、Buildroot、Yocto等软件工具的使用，读者可直接登入官网，查阅参考手册，它们分别对应嵌入式系统的引导程序，与根文件系统。而Linux内核开发、驱动开发，则需要了解Linux的内核子系统，包括任务管理、内存管理、文件系统、各个输入/输出子系统的代码实现等。

Bootlin是一家在法国成立的工作室，提供嵌入式Linux开发培训服务与Linux开源项目的咨询，网站上有一些有用的资讯（比如对Linux社区的贡献、培训的讲义、Linux/LLVM/QEMU/Zephyr的交叉引用LXR等）。

1.7 计算机系统

计算机系统应该包含软件与硬件，软件就是操作系统，编译器等，硬件就是处理器，集成电路芯片等。本节给出几个有代表性的历史故事。

计算机学科的发展，假设以1950年起始，到现在也就70多年的历史，但是却产生了翻天覆地的变化，计算机编程语言就有成百上千种，计算机科学已经渗透到了人们生活的方方面面。未来随着人工智能、智慧城市的发展，可能身边到处都是智能机器人，另外智能家居、智能交通也会得到相当的普及。

1.7.1 Linux 操作系统

Linux 是一款应用广泛的开源操作系统,历时 30 载,由全世界的内核工程师一起合作开发。

1.7.2 Microsoft 公司的操作系统

微软(Microsoft),成立于 1975 年,由 Bill Gates 与 Paul Allen 共同创办,是一家位于美国的跨国科技企业,是世界个人计算机(Personal Computer,PC)软件开发的先导。据说早期的 DOS(Disk Operating System)系统都是购买的,然后外包一下卖给 IBM 公司,但就是靠这种方式起步,后来开发出了举世闻名的 Windows 系统与 Office 办公软件,而 Bill Gates 多年来蝉联世界首富。

1.7.3 Stretch 超级计算机

1961 年,IBM 推出了 IBM 7030 Stretch 超级计算机,这款超级计算机所搭载的技术仍然被沿用至今,也是 1961 年至 1964 年间,全世界运行速度最快的计算机,既有执行定点操作与字符处理的串行运算器,又有执行快速浮点运算的并行运算器,也是第一台流水线计算机。

1.7.4 Wang 王安电脑

谈起 PC 主机,大家首先想到的可能就是 IBM、DELL、Apple 等科技公司,再多一点可能会想到联想 Lenovo 公司。但是有一个人,王安(Wang an)应该被大家记住。

1948 年王安获哈佛大学应用物理学博士学位,同年加入霍华德艾肯的"哈佛计算机实验室",参与"马克 4 型"电脑的研制。不久,他发明"磁芯记忆体"(即磁芯存储器),大大提高了电脑的储存能力。1949 年 10 月 21 日,王安向专利局申请了"磁芯存储器"的专利。

1964 年创办了王安电脑公司,巅峰时期可以与 IBM 公司一较高下。

1984 年美国电子协会授予王安"电子及信息技术最高荣誉成就奖"。

1988 年,王安再获殊荣,被列入美国发明家名人堂。

1.8 小结

本章从整体上介绍了嵌入式系统研发方向所包含的知识点。首先介绍了操作系统、嵌入式操作系统、嵌入式系统的设计方法。在嵌入式操作系统的基础上引申了两个概念:实时操作系统和嵌入式 Linux,最后给出了计算机系统几个有代表性的早期历史故事,包含操作系统和计算机硬件。

1.9 思维导图

思维导图,如图 1-9 所示,通过图形化的方式来帮助记忆知识点。

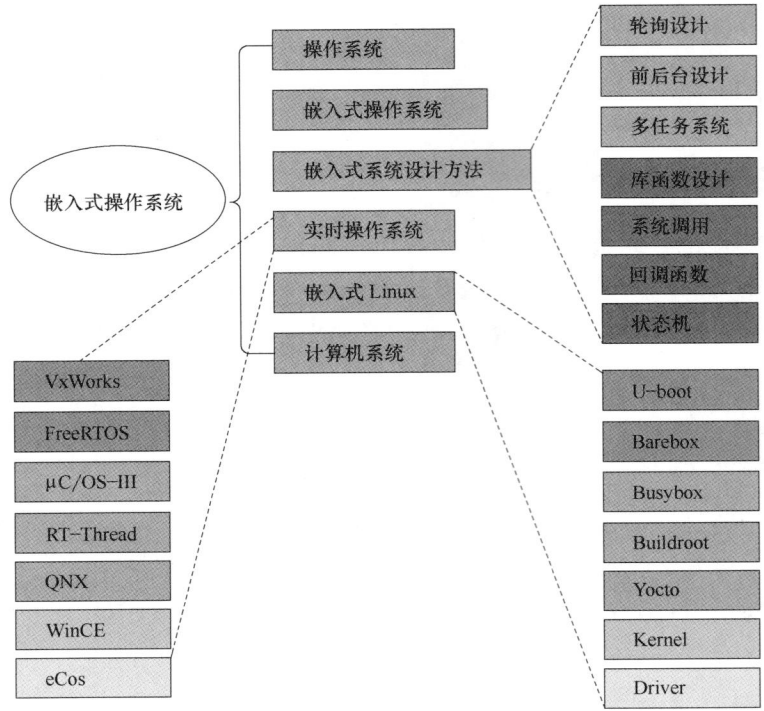

图 1-9　思维导图

第 2 章 μC/OS-Ⅲ 实时操作系统

国内高校在嵌入式操作系统教学中广泛使用了 μC/OS-Ⅱ实时操作系统，大概从 2002 年开始，国内才有了 μC/OS-Ⅱ中文版翻译书籍，较国外晚了将近十年。最近几年，部分应用型技术大学开设了鸿蒙操作系统课程，主讲鸿蒙应用开发或设备开发，鸿蒙内核包括 Linux 与华为 LiteOS，这部分内容我们将在电子资料中提供，读者朋友可以多方比较，取长补短。

本书实现的 MOS 操作系统主要参考了 μC/OS-Ⅲ和部分 Linux 的设计，去掉了部分商用繁缛细节，提高了可读性，降低了学习难度，但操作系统原理，程序设计方法与技巧，并未减少，甚至还有所增加，加入了笔者的开发经验，以及实际教学中学生的反馈。

本章从整体上介绍了 μC/OS 实时操作系统的发展历史、移植要点、版本比较、内核对象（内核服务），并且给出了基于 μC/OS-Ⅲ的应用开发实例，最后，探讨了如何学习操作系统。

2.1 本章目标

- ◇ μC/OS 实时操作系统
- ◇ μC/OS 的移植要点
- ◇ μC/OS 的版本历史
- ◇ μC/OS 的内核对象
- ◇ μC/OS 的应用开发
- ◇ 如何学习操作系统

2.2 μC/OS 实时操作系统

μC/OS（Micro Controller Operating System）微控制器操作系统，归 Micrium 公司所有，于 1992 年由美国嵌入式系统专家 Jean Labrosse 开发完成，应用面覆盖了诸多领域，如照相机、医疗器械、音响设备、消费电子、无人机、发动机控制、高速公路电话系统、自动提款机、智能语音、航空航天等。

① 1998 年 μC/OS-Ⅱ完成，目前的版本有 μC/OS-Ⅱ v2.61，v2.72，v2.93。
② 2000 年，得到美国航空管理局（FAA）的认证，可以用于飞行器中。
③ 2009 年 μC/OS-Ⅲ完成。

μC/OS-Ⅱ是专门为计算机的嵌入式应用设计的，绝大部分代码是用 C 语言编写的。CPU 硬件相关部分是用汇编语言编写的，总量约 200 行的汇编语言部分被压缩到最低限度，为的是便于移植到任何一种其他的 CPU 上。用户只要有标准的 ANSI 的 C 语言交叉编译器、汇编器、链接器等基础构建工具，就可以将 μC/OS-Ⅱ 嵌入到开发的产品中。μC/OS-Ⅱ 具有执行效率高、占用空间小、实时性能优良、可扩展性强以及可移植性好等特点。最小内核可编译至 2KB，并且 μC/OS-Ⅱ 已经移植到了几乎所有知名的 CPU 上。

严格地说 μC/OS-Ⅱ 只是一个实时操作系统内核，它仅仅包含了任务调度、任务管理、时间管理、内存管理以及任务间的通信和同步等基本功能。没有提供输入/输出管理，文件系统，网络等额外的服务。但由于 μC/OS-Ⅱ 良好的可扩展性和源代码开放，这些非必需的功能完全可以由用户自己根据需要分别实现。

μC/OS-Ⅱ 目标是实现一个基于优先级调度的抢占式的实时内核，并在这个内核之上提供最基本的系统服务，如信号量、事件组、邮箱、消息队列、内存管理、中断管理等。μC/OS-Ⅱ 以源代码的形式发布，是开源软件，但并不意味着它是免费软件。你可以将其用于教学和私下研究（Peaceful Research），但是如果你将其用于商业用途，那么你必须通过 Micrium 公司获得商用许可。

读者可以上网登录 Micrium 公司官方网站。Micrium 公司在嵌入式系统软件方面处于世界领导地位，该公司的旗舰产品 μC/OS 系列具有无可比拟的可靠性，稳定性，完美的源代码，以及大量的文档。此外，Micrium 公司的一些组件包也符合行业标准，包括医疗电子，航空电子设备与工业产品所要求的严格的安全关键标准认证。

Micrium 公司曾经发表过一篇文章，详细地讲解了如何选择可靠的 RTOS，这篇文章值得一读，中文翻译的部分内容来自网络博客，笔者稍微作了些整理与修改，读者有时间可以查阅一下英文原版。

如何选择可靠的 RTOS：

现在的 RTOS 供应商很少提及他们的 OS 在安全可靠性方面做的努力，对于这些方面也是支支吾吾，所以对于开发人员来说选择 RTOS 具有一定的风险，很多时候大家都会选择有关键安全认证的 OS。

RTOS 的评估：

① 源码的重要性，有源码才能很好地评估这个 RTOS，远比在文档里面吹嘘我们的 RTOS 多好多好更有说服力。

② 现在的一些 RTOS 厂家会提供在 PC 主机上面运行的环境，这个用于了解 API 就行，不能用于测试任务实际的执行。

③ 特别是一些复杂的应用，测试 RTOS 的安全性非常麻烦，而且耗时间。

历史和声誉：

① 一个 RTOS 发展的过程当中，会有一个 Release Notes 记录着这个 OS 所修改的历史 BUG，和各个版本添加的新功能。

② RTOS 供应商的口碑也非常重要，大家肯定喜欢用口碑好的 OS。

认证：

关于认证，这个文章里面讲了很多认证的过程以及需要做的事情，感觉比较详细（可能也很烦琐），感兴趣的读者可以看看：How to Select a Reliable RTOS，主页上面还有很多有用的资讯，可以浏览一下。

μC/OS-Ⅲ 的官方书籍和译本：《μC/OS-Ⅲ-The Real-Time Kernel》《μC/OS-Ⅲ 嵌入式实时操作系统》。

μC/OS 的一些新的资讯，读者上网搜索 weston-embedded 或者 Micrium，可以获得两个网站地址，它们分别是 μC/OS 的相关公司网址，以及 Github 上面的开放源代码。

2.3 μC/OS 的移植要点

嵌入式操作系统与通用操作系统的最显著的区别就是它的可移植性，一款嵌入式操作系统通常可以运行在不同体系结构的处理器与开发板上，比如，μC/OS 与 Linux 都支持几乎所有知名的处理器平台。

为了使嵌入式操作系统可以在某款具体的目标设备上运行，嵌入式操作系统的开发者通常无法一次性完成整个操作系统的代码，而必须把一部分与具体硬件设备相关的代码作为抽象的接口保留出来，让提供硬件的原始设备制造商（OEM，Original Equipment Manufacturer）来完成。这样才可以保证整个操作系统的可移植性。这些代码通常是板级支持包（BSP，Board Support Package）的一部分，例如：不同处理器与开发板通常都会提供实时时钟（RTC，Realtime Clock）支持，用来获取当前的时间日期，但是实时时钟的实现方式却不胜枚举。如何告诉嵌入式操作系统当前的时间，就是操作系统移植者要完成的任务了。

在 ARM Cortex-M4 处理器上面，需要注意操作系统时钟节拍 SYSTICK 与时间戳 DWT 外设的初始化。系统移植人员不但要对嵌入式操作系统提供的接口非常清楚，还要对操作系统运行的底层硬件有极为深入的了解，此类开发人员可能同时会身兼软件工程师与硬件工程师的双重身份，即负责部分底层代码 BSP 开发，也参与硬件平台的设计，让嵌入式操作系统在自己设计的硬件平台上运行起来。

操作系统移植（porting）涉及软硬件协同开发，那么如何移植 μC/OS-Ⅲ 到 STM32 芯片上呢，首先，要确认 ARM Cortex-M4 CPU 能否运行 μC/OS-Ⅲ，CPU 架构必须满足以下要求：

① 处理器有可用的 ANSI C 语言编译器，能生成可重入性代码。
② 处理器支持中断，并能产生定时中断（10 到 1000Hz）。
③ 处理器有开关中断的指令，用于临界区保护。
④ 处理器支持能够容纳足够多的数据（数千字节）的硬件堆栈。
⑤ 处理器有将堆栈指针 SP 和其他 CPU 寄存器读出，并存储到堆栈或内存中的指令。
⑥ 处理器有足够的 RAM 空间用来存储 μC/OS 的变量、结构体和系统任务堆栈 MSP。
⑦ 编译器应该支持 32 位数据类型。

μC/OS-Ⅱ 已经被成功的移植到所有知名的 CPU 上，所以参考 μC/OS-Ⅱ 来移植 μC/OS-Ⅲ 到目标平台是个好办法。根据 CPU 的不同，移植工作需要编写或修改 100 到 400 行代码，需要花费几小时到几天的时间，当然如果目标平台已经有了 μC/OS-Ⅱ，那移植 μC/OS-Ⅲ 会简单许多。

其次，如图 2-1 所示，给出了 μC/OS-Ⅱ 内核的软件体系结构，看上去似乎很简单，源代码文件也很少，大概几万行代码，主要分为三个部分：与 CPU 无关的通用操作系统代码、与 CPU 相关的移植代码以及与应用相关的代码。本书实现的 MOS 内核代码量也很少，大概 20 几个源文件，具体内容后面章节再分析。

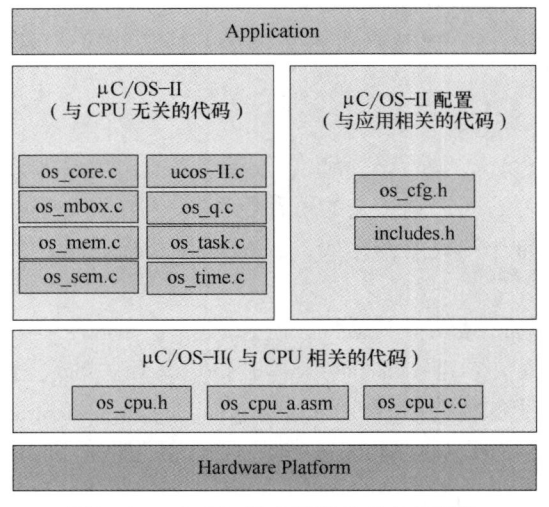

图 2-1　μC/OS-Ⅱ 内核的软件体系结构

从图 2-1 可以看出，内核移植的关键代码是 os_cpu_a.asm 与 os_cpu_c.c 两个源文件，尤其 os_cpu_a.asm 汇编文件，必然涉及 CPU 的编程模型，以及特殊指令的调用。

本节我们先给出软件移植要点，后面内容会详细分析：

① 定义函数 OS_ENTER_CRITICAL 和 OS_EXIT_CRITICAL。

② 定义函数 OSStartHighRdy、OS_TASK_SW 产生 PendSV 异常。

③ 定义函数 OS_CPU_PendSVHandler 执行任务上下文切换。

④ 定义函数 OSCtxSw 实现用户任务上下文切换。

⑤ 定义函数 OSIntCtxSw 实现中断处理时任务下文切换。

⑥ 定义函数 OSTickISR 实现时钟节拍中断处理。

⑦ 定义函数 OSTaskStkInit 来初始化任务的堆栈。

以上函数除了 OSTickISR 与 OSTaskStkInit 由 C 语言实现，其他都是汇编代码，但是 OSTaskStkInit 函数的实现需要理解 CPU 编程模型。

2.4　μC/OS 的版本历史

前面几节已经阐述了 μC/OS 的三个版本，分别是 1992 年的 μC/OS，2002 年的 μC/OS-Ⅱ，以及 2009 年的 μC/OS-Ⅲ，以下内容将分析一下各个版本的实现区别，此部分内容主要来自 μC/OS 官方手册[1]、官方网站，另外参考了中文译作。

三个版本的特性对比，如表 2-1 所示。

表 2-1　μC/OS、μC/OS-Ⅱ、μC/OS-Ⅲ 特性对比

特性	μC/OS	μC/OS-Ⅱ	μC/OS-Ⅲ
年份	1992	1998	2009
配套教材	√	√	√
源代码	√	√	√
可抢占式任务调度	√	√	√
最大任务数	64	255	无限制
优先级相同的任务数目	1	1	无限制
时间片轮转调度	×	×	√
信号量	√	√	√

续表

特性	μC/OS	μC/OS-Ⅱ	μC/OS-Ⅲ
互斥型信号量	×	√	√（可嵌套）
事件标志	×	√	√
消息邮箱	√	√	不再需要
消息队列	√	√	√
固定大小的内存管理	×	√	√
直接向任务发送信号	×	×	√
Option to post without scheduling	无	无	可选
直接向任务发送消息	×	×	√
软件定时器	×	√	√
任务挂起/恢复	×	√	√
防止死锁	√	√	√
可裁剪	√	√	√
代码量	3k~8k	6k~26k	6k~24k
数据量	1k+	1k+	1k+
代码可固化	√	√	√
运行时可配置	×	×	√
编译时可配置	√	√	√
支持内核对象的 ASCⅡ 命名	×	√	√
同时等待多个内核对象	×	√	√
任务寄存器	×	√	√
内置性能测试	×	√	√
用户可定义的钩子函数	×	×	√
"POST"操作可加时间戳	×	√	√
内置内核感知支持	×	√	√
用汇编语言优化的调试器	×	×	√
捕获退出的任务	×	×	√
在任务级别处理时钟节拍	×	√	√
系统服务函数的数目	~20	~90	~70
MISRA-C:1998	×	√（仅10条违例）	不再适用
MISRA-C:2012	×	×	√（except 8 advisory and 8 required guidelines）
DO178B Level A and EUROCAE ED-12B	×	√	√
Medical FDA pre-market notification (510(k)) and pre-market approval (PMA)	×	√	√
SIL3/SIL4 IEC for transportation and nuclear systems	×	√	√
IEC-61508	×	√	√

μC/OS-Ⅱ与μC/OS-Ⅲ中逐步添加了一些新功能，每个版本间隔近10年，读者可查看带底纹的表项，这里稍微解释几项比较重要的功能，比如：

① 软件定时器：粗粒度的递减计数器，包含单次与周期定时两种模式。
② 内存管理：一系列固定大小的内存池，可提高内存的使用效率。
③ 直接向任务发信号：多个任务可以直接向一个任务发送信号。
④ 直接向任务发消息：多个任务可以直接向一个任务发送消息。
⑤ 时间片的轮转调度：同优先级的任务按照时间片轮转调度。
⑥ 用户可定义的钩子函数：回调函数 callback 的使用。

其他每一项特性的具体描述，读者若感兴趣，可查阅官方手册及参考资料，选择性深入了解与实践。

2.5 μC/OS 的内核对象

本节介绍 μC/OS 的内核对象与系统组件，重点放在函数接口的应用上面。实时操作系统除了包含一个实时多任务内核外，还提供了其他的高层系统服务，如文件系统、TCP/IP 协议栈、图形用户界面 GUI 等。大多数服务都是针对输入/输出设备的，用户可以根据实际产品需要选择特定的系统组件。访问 Micrium 公司的网站可以了解更多细节。

2.5.1 信号量

信号量（Semaphore），有时候也称为信号灯，在软件上用来实现互斥访问，最早是由荷兰计算机科学家 Edsger Dijkstra 于 1959 年提出来的。

信号量是在多任务编程中使用的一种原语（Primitive），可以用来保证两个或多个关键代码段（临界区，Critical Section）不被同时调用。在进入一个关键代码段之前，任务必须获取一个信号量，一旦关键代码段的执行完成了，那么该任务必须释放信号量。其他想进入关键代码段的任务必须等待（Sleep/Blocking），直到第一个任务释放信号量。

信号量类似锁（Lock），代码必须获取这把锁，才能访问共享资源，就像一个公寓只有一个淋浴房，进去的人都要查看里面有没有人，尝试获取锁，一旦进去之后，立马上锁，用完之后开锁出来，外面等待的人才能获取锁，进去再上锁。

信号量通常分为两种，二进制信号量（Binary Semaphore）与计数型信号量（Counting Semaphore）。正如名字所描述的，二进制信号量只能取 0 或 1 值，即只有一把锁，关联一个共享资源。而计数型信号量可以为任意值，代表一组共享资源，就像食堂打饭有 N 个窗口，可以同时服务 N 个人。

由于中断服务程序不能睡眠，所以不要在中断服务程序中通过信号量等原语来访问共享资源，通常使用多核自旋锁，一种死循环短时间内等待锁的机制。μC/OS-Ⅲ中信号量的创建函数原型如代码片段 2-1 所示。

代码片段 2-1　信号量的创建函数

```
1    void OSSemCreate(OS_SEM      *p_sem,
2                     CPU_CHAR    *p_name,
```

续表			
3		OS_SEM_CTR	cnt,
4		OS_ERR	*p_err)
5	// cnt 即共享资源的个数		

2.5.2 互斥量

互斥量（Mutex，Mutually Exclusive）一般也称为互斥锁，用于给共享资源加锁，以保证共享资源的原子性（Atomic）操作，类似于二进制信号量，用于单个资源，在使用场景简单的情况下，可以使用原子变量替代。

μC/OS-Ⅲ中互斥量的相关操作函数原型，如代码片段2-2所示。

代码片段2-2 互斥量的操作函数

```
1   void OSMutexCreate(OS_MUTEX  *p_mutex,
2                     CPU_CHAR  *p_name,
3                     OS_ERR    *p_err)
4
5   void OSMutexPend(OS_MUTEX   *p_mutex,
6                    OS_TICK    timeout,
7                    OS_OPT     opt,
8                    CPU_TS     *p_ts,
9                    OS_ERR     *p_err)
10
11  void OSMutexPost(OS_MUTEX   *p_mutex,
12                   OS_OPT     opt,
13                   OS_ERR     *p_err)
14  // OSMutexCreate 为互斥量的创建函数
15  // OSMutexPend 为互斥量的获取函数
16  // OSMutexPost 为互斥量的释放函数
```

2.5.3 事件标志组

当任务需要与多个事件的发生同步时，可以使用事件标志组。有两种使用模式：或模式、与模式。

等待多个事件时，任何一个事件发生，任务都被同步，这种同步机制被称为"或"同步，即当任何事件的发生都可以唤醒等待任务。

当所有事件都发生时，任务才被同步，这种同步机制被称为"与"同步，即当所有事件都发生了才可以唤醒等待任务。

μC/OS-Ⅲ中事件标志组（Flag Group）的相关操作函数原型，如代码片段2-3所示，其中比较关键的参数 OS_OPT，可设置为如下值：

① OS_OPT_PEND_FLAG_CLR_ALL，wait for ALL bits in 'flags' to be clear （0）。

② OS_OPT_PEND_FLAG_SET_ALL, wait for ALL bits in 'flags' to be set   (1)。
③ OS_OPT_PEND_FLAG_CLR_ANY, wait for ANY bit in 'flags' to be clear   (0)。
④ OS_OPT_PEND_FLAG_SET_ANY, wait for ANY bit in 'flags' to be set   (1)。
⑤ OS_OPT_POST_FLAG_SET, set。
⑥ OS_OPT_POST_FLAG_CLR, cleared。

代码片段 2-3 事件标志组的操作函数

```
1   void OSFlagCreate(OS_FLAG_GRP      *p_grp,
2                     CPU_CHAR         *p_name,
3                     OS_FLAGS          flags,
4                     OS_ERR           *p_err)
5
6   OS_FLAGS OSFlagPend(OS_FLAG_GRP    *p_grp,
7                       OS_FLAGS        flags,
8                       OS_TICK         timeout,
9                       OS_OPT          opt,
10                      CPU_TS         *p_ts,
11                      OS_ERR         *p_err)
12
13  OS_FLAGS OSFlagPost(OS_FLAG_GRP    *p_grp,
14                      OS_FLAGS        flags,
15                      OS_OPT          opt,
16                      OS_ERR         *p_err)
17  // OS_OPT 比较特殊，Pend 和 Post 调用的时候要对应
18  // 前面四个为事件标志等待的两种模式 ALL/ANY
19  // 后面两个为事件标志发布的两种方式 SET/CLEAR
```

2.5.4 消息邮箱

消息邮箱在 μC/OS-Ⅲ 中已经不再需要了（Deprecated）。消息邮箱代表简单的消息队列，消息邮件就是一个整数大小的消息，这个功能显然已经包含在消息队列的实现中。

2.5.5 消息队列

在 μC/OS-Ⅲ 中，一个消息包含三个部分：指向数据的指针，表明数据长度的变量，以及记录消息发布时刻的时间戳。指针指向的可以是一块数据区，一个函数，甚至一个函数指针数组，而数据长度变量也可以灵活使用，比如用作函数指针数组的下标。

消息队列是一种由用户程序分配的内核对象。用户可以分配任意数量的消息队列，唯一的限制就是可用的 SRAM 区的容量。

μC/OS-Ⅲ 中消息队列的相关操作函数原型，如代码片段 2-4 所示，这里只列出了 Init、Get、Put 三个操作函数。

代码片段 2-4　消息队列的操作函数

```
1   void OS_MsgQInit(OS_MSG_Q    *p_msg_q,
2                    OS_MSG_QTY   size)
3
4   void *OS_MsgQGet(OS_MSG_Q    *p_msg_q,
5                    OS_MSG_SIZE *p_msg_size,
6                    CPU_TS      *p_ts,
7                    OS_ERR      *p_err)
8
9   void  OS_MsgQPut(OS_MSG_Q    *p_msg_q,
10                   void        *p_void,
11                   OS_MSG_SIZE  msg_size,
12                   OS_OPT       opt,
13                   CPU_TS       ts,
14                   OS_ERR      *p_err)
15  // Get/Put 函数的使用，可以通过实践来加深理解
```

2.5.6　内存管理

内存管理部分一直是操作系统的复杂主题，软件开发中都会涉及，但是，轻量级的嵌入式开发，建议直接使用全局预分配的数据结构，从而避免使用堆，一则提高效率，二则提高安全。内存碎片与内存泄漏，都是比较难察觉的 Bug，比如不加思考直接使用 malloc 与 free 来分配释放内存。

μC/OS-Ⅲ提供了一种替代 malloc 与 free 函数的通用方法，内存块大小固定的内存池，即将连续的大块存储空间进行分区管理，每个分区中包含整数个大小相同的存储块。这样一来，分配与释放存储块的时间都是常数，通常情况下分区本身是被静态全局分配的，如同一个连续数组，如果不需要释放，那么使用 malloc 来动态分配也是可以的。

如图 2-2 所示，一个系统中可以有多个内存分区，每个内存分区中有不同大小、不同数量的空闲内存块，Linux 中也有这种内存分配方法，称为伙伴系统，一个伙伴块可以分裂为下一级的两个伙伴块。

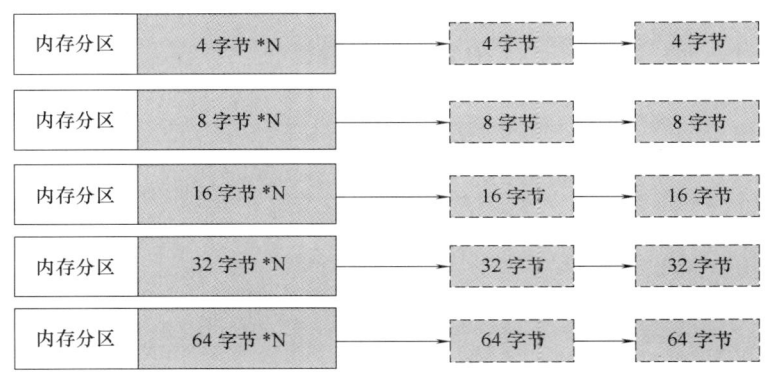

图 2-2　不同内存区中的内存块

内存管理的进一步设计，就是预分配一系列的内存分区，每个内存分区，仅用于某一类数据结构，比如任务的 TCB，其大小相同，按需分配，用完则回收到空闲链表。读者可查阅 Linux 的 SLAB 内存分配器来加深理解。如果用面向对象设计模式来理解，那就是 Factory 工厂模式。

如表 2-2 所示，我们给出了 μC/OS-Ⅲ 中内存块分区管理的函数接口，分别是创建内存分区，获取与释放内存块。

表 2-2　　　　　　　　　　　　内存管理函数接口

函数名	说明
OSMemCreate	创建指定内存块大小、指定数量的内存区
OSMemGet	获取一个内存块（从内存区）
OSMemPut	释放一个内存块（到内存区）

2.5.7　时间管理

μC/OS-Ⅲ 给用户提供了一系列时间管理的函数接口，归纳如表 2-3 所示，这些函数的代码见文件 os_time.c，读者可以通过实践来加深理解。

表 2-3　　　　　　　　　　　　时间管理函数接口

函数名	说明
OSTimeDly	任务延时 N 个时钟节拍
OSTimeDlyHMSM	任务延时指定的时间，采用时分秒/毫秒
OSTimeDlyResume	恢复被延时的任务
OSTimeGet	获取当前时钟节拍计数器的值
OSTimeSet	设置时钟节拍计数器的值

2.5.8　任务管理

μC/OS-Ⅲ 给用户提供了一系列任务管理的函数接口，这些函数的代码见 os_task.c，函数名称全部以 OSTask 作为前缀。与任务相关的服务函数，根据它们所实现的服务类型可分为三个函数组，如表 2-4 所示。

表 2-4　　　　　　　　　　　　任务管理函数接口

函数组	函数
通用功能	OSTaskCreate
	OSTaskDel
	OSTaskChangePrio
	OSTaskRegSet
	OSTaskRegGet
	OSTaskSuspend
	OSTaskResume
	OSTaskTimeQuantaSet

续表

函数组	函数
给任务发信号量	OSTaskSemPend
	OSTaskSemPost
	OSTaskSemPendAbort
给任务发消息	OSTaskQPend
	OSTaskQPost
	OSTaskQPendAbort
	OSTaskQFlush

具体每个函数接口的功能，读者可结合 μC/OS-Ⅲ 的源代码与手册来理解，代码注释部分很详细。

2.5.9 独立模块

μC/OS-Ⅲ 其实已经发展成了 IoT OS，拥有完整的 RTOS 与 Stacks，是功能齐全的嵌入式操作系统，支持 GUI、TCP/IP、File System 以及 USB。

μC/GUI 图形软件模块：运行于操作系统之上的高层软件，既需要与操作系统协调，又需要与各种输入/输出设备协调，实现用户与应用程序的连接。通过输入设备接收用户请求、通过输出设备反映处理器的响应。因此在这一过程中 GUI 至少要与 3 个对象打交道：输入设备、输出设备和操作系统。因此 μC/GUI 功能接口主要包括：与操作系统的接口以及与输入/输出设备的接口，这也正是在移植 μC/GUI 所要解决的关键问题。作为操作系统的一个显示任务，μC/GUI 接受操作系统的调度，提供了操作系统的接口支持，解决了系统实时性的要求。对于用户输入，μC/GUI 提供了键盘、鼠标以及触摸屏等支持，对于用户的响应，通过 LCD 输出图像来完成，对于不同型号和显示原理的 LCD 接口，要编制相应的驱动程序。读者还可以使用 emWin、miniGUI、nanoGUI、Qt 等第三方图形界面库。

μC/TCP-IP 网络协议栈模块：紧凑、可靠、高性能的 TCP/IP 协议栈。具有双重 IPv4 和 IPv6 支持，SSL/TLS 套接字选项以及对以太网、Wi-Fi 和 PHY 控制器的支持。读者还可以使用开源的轻量级 TCP/IP 网络协议栈 LwIP。

μC/FS 文件系统模块：目前的介绍资料主要是基于 FAT16，FAT32 文件系统。用于微处理器、微控制器以及 DSP。紧凑、可靠、高性能以及线程安全的嵌入式文件系统。可选的日志记录组件在保持 FAT 兼容性的同时提供了故障安全操作。读者还可以使用开源的 FATFS。

μC/USB 协议栈模块：高效的 USB 主机堆栈，用于配备有 USB 主机或 OTG 控制器的嵌入式系统，包括多种类别的驱动程序，例如 MSC、HID、CDC-ACM 和 USB2Ser。高效的 USB 设备堆栈，专门为嵌入式系统设计，包括对 Audio、CDC-ACM、CDC-EEM、HID、MSC 和供应商类别的支持。开发板可以用 USB 接口，该接口支持热插拔，通常分为 Host 端接口、Device 端接口，包含四根线，红白绿黑，从左到右，红色 USB 电源 VCC，白色

USB 数据线（负），绿色 USB 数据线（正），黑色地线 GND。另外 USB OTG 设备既可以充当 Host，也可以充当 Device。

2.6 μC/OS 的应用开发

本节介绍 μC/OS 的应用开发，笔者认为最重要的是了解多任务程序设计，软件定时器的使用，这些是最常用的功能。在企业里面，稍微严谨一点的团队都会有自己的应用支撑平台，也可以称之为中间件模块，或者应用框架，实际的业务逻辑代码应建立在这些框架之上，就有点类似 Android 系统的软件架构。同样，如果做嵌入式软件开发，驱动工程师一般也会建立一层硬件抽象层（HAL），方便底层硬件的访问与接口统一，对代码的可维护性也有改善。

下面直接以简单的示例代码来解释 μC/OS-Ⅲ 的应用开发：

代码片段 2-5 起始任务创建函数

```
1    void  AppTaskCreate(void)
2    {
3        OS_ERR   err;
4        OSInit(&err);
5        OSTaskCreate((OS_TCB       *)&AppTaskStartTCB,
6                     (CPU_CHAR     *)"App Task Start",
7                     (OS_TASK_PTR  )AppTaskStart,
8                     (void         *)0,
9                     (OS_PRIO      )APP_TASK_START_PRIO,
10                    (CPU_STK      *)&AppTaskStartStk[0],
11                    (CPU_STK_SIZE )APP_TASK_START_STK_SIZE/10,
12                    (CPU_STK_SIZE )APP_TASK_START_STK_SIZE,
13                    (OS_MSG_QTY   )5u,
14                    (OS_TICK      )0u,
15                    (void         *)0,
16                    (OS_OPT       )(TASK_STK_CHK |TASK_STK_CLR),
17                    (OS_ERR       *)&err);
18       OSStart(&err);
19   }
20   // 程序设计分三个部分：初始化 OS、创建起始任务、启动 OS
```

如代码片段 2-5 所示，给出了 μC/OS-Ⅲ 中任务创建的实例，建议先创建一个起始任务，然后在此任务中创建其他的工作者任务，即 Worker Tasks。读者需要注意 μC/OS-Ⅲ 中没有进程的概念，任务即线程，多任务即多线程，可以访问所有的资源，如代码空间、数据空间、所有的 I/O 等。

代码片段2-6 起始任务入口函数

```c
1   static void AppTaskStart(void *p_arg)
2   {
3       OS_ERR      err;
4       CPU_INT32U  cpu_clk_freq;
5       CPU_INT32U  cnts;
6       (void)p_arg;
7
8       CPU_Init();
9       BSP_Init();
10      cpu_clk_freq = BSP_CPU_ClkFreq();
11      cnts = cpu_clk_freq/(CPU_INT32U)OSCfg_TickRate_Hz;
12      OS_CPU_SysTickInit(cnts);
13      Mem_Init();
14
15      OSTaskCreate((OS_TCB     *)&AppTaskHeartbeatTCB,
16                   (CPU_CHAR   *)"App Task Heartbeat",
17                   (OS_TASK_PTR )AppHeartbeatTask,
18                   (void       *)0,
19                   (OS_PRIO    )APP_TASK_HEARTBEAT_PRIO,
20                   (CPU_STK    *)&AppTaskHeartbeatStk[0],
21                   (CPU_STK_SIZE)HEARTBEAT_STK_SIZE/10,
22                   (CPU_STK_SIZE)HEARTBEAT_STK_SIZE,
23                   (OS_MSG_QTY )5u,
24                   (OS_TICK    )0u,
25                   (void       *)0,
26                   (OS_OPT     )(TASK_STK_CHK |TASK_STK_CLR),
27                   (OS_ERR     *)&err);
28
29      OSTaskCreate((OS_TCB     *)&AppTaskKeyboardTCB,
30                   (CPU_CHAR   *)"App Task Keyboard",
31                   (OS_TASK_PTR )AppKeyboardTask,
32                   (void       *)0,
33                   (OS_PRIO    )APP_TASK_KEYBOARD_PRIO,
34                   (CPU_STK    *)&AppTaskKeyboardStk[0],
35                   (CPU_STK_SIZE)KEYBOARD_STK_SIZE/10,
36                   (CPU_STK_SIZE)KEYBOARD_STK_SIZE,
37                   (OS_MSG_QTY )5u,
38                   (OS_TICK    )0u,
39                   (void       *)0,
```

续表

```
40                  (OS_OPT       )(TASK_STK_CHK|TASK_STK_CLR),
41                  (OS_ERR      *)&err);
42
43   OSTaskCreate((OS_TCB       *)&AppTaskSensorTCB,
44                  (CPU_CHAR     *)"App Task Sensor",
45                  (OS_TASK_PTR  )AppSensorTask,
46                  (void         *)0,
47                  (OS_PRIO      )APP_TASK_SENSOR_PRIO,
48                  (CPU_STK      *)&AppTaskSensorStk[0],
49                  (CPU_STK_SIZE)SENSOR_STK_SIZE/10,
50                  (CPU_STK_SIZE)SENSOR_STK_SIZE,
51                  (OS_MSG_QTY   )5u,
52                  (OS_TICK      )0u,
53                  (void         *)0,
54                  (OS_OPT       )(TASK_STK_CHK|TASK_STK_CLR),
55                  (OS_ERR      *)&err);
56
57   OSTaskCreate((OS_TCB       *)&AppTaskUartTCB,
58                  (CPU_CHAR     *)"App Task Uart",
59                  (OS_TASK_PTR  )AppUartTask,
60                  (void         *)0,
61                  (OS_PRIO      )APP_TASK_KEYBOARD_PRIO,
62                  (CPU_STK      *)&AppTaskUartStk[0],
63                  (CPU_STK_SIZE)KEYBOARD_STK_SIZE/10,
64                  (CPU_STK_SIZE)KEYBOARD_STK_SIZE,
65                  (OS_MSG_QTY   )5u,
66                  (OS_TICK      )0u,
67                  (void         *)0,
68                  (OS_OPT       )(TASK_STK_CHK|TASK_STK_CLR),
69                  (OS_ERR      *)&err);
70
71   OSTaskDel(&AppTaskStartTCB, &err);
72   }
73   // 我们对部分内容做了删减，仅使用了四个任务，分别为：
74   // 心跳包发送任务、按键处理任务、传感器处理任务、串口通信任务
75   // 起始部分主要是CPU时钟频率与操作系统时钟节拍的设置
```

如代码片段 2-6 所示，给出了 μC/OS-Ⅲ 中工作者任务创建的示例，都是在启动任务

中完成的。读者可以参考上述设计，将工程需求模块化，每个模块一个任务。既有利于复杂问题的细化，也有利于代码的开发与维护。

如代码片段 2-7 所示，我们给出了 main 函数的写法：

代码片段 2-7　main 函数

```
1   #include "main.h"
2   //
3   AppCtxType AppCtx;
4
5   int main(void)
6   {
7       sys_init();
8       sys_up();
9   }
10  // 比较简洁，全局变量统一放在 AppCtx 中
11  // 初始化函数 sys_init，启动函数 sys_up
```

最后，我们再给出一个任务间通信的示例，使用了任务消息队列，多个任务可以直接向某一个任务发送消息，如代码片段 2-8 所示，按键任务正等待接收消息，阻塞在自己的任务消息队列上面。实际代码中，可以在按键的中断服务程序中向按键任务发送任务消息。

代码片段 2-8　任务间通信示例

```
1   #include <includes.h>
2
3   void AppKeyboardTask(void *p_arg)
4   {
5       OS_ERR err;
6       OS_MSG_SIZE size;
7       CPU_TS ts;
8       char *msg;
9
10      while (1) {
11          msg = OSTaskQPend((OS_TICK)0,
12                           (OS_OPT)OS_OPT_PEND_BLOCKING,
13                           (OS_MSG_SIZE*)&size, (CPU_TS*)&ts,
14                           (OS_ERR*)&err);
15          app_send_msg(APP_KEYBOARD_MSG_ID, msg);
16      }
17  }
```

2.7 如何学习操作系统

前文有描述，操作系统的教学，主要包括进程管理、存储管理、基本 I/O 管理、计算机网络、计算机安全、虚拟化技术等，本节再分别简述一下。

（1）进程管理

主要包含任务的创建与删除，任务状态的管理，以及任务调度算法的实现。

（2）存储管理

STM32F4 系列芯片没有 MMU，所以也就没有虚拟内存的概念，因此也不需要了解虚拟内存到物理内存的转换（比如快表 TLB，它是 MMU 不可分割的模块）。这一部分，读者可以重点了解存储器层级，以及内存的分配，比如分区分块算法。当然，对 MPU 感兴趣的读者也可以尝试实验一下，支持最多 8 个保护分区。

（3）基本 I/O 管理

文件系统，数据库，硬件接口驱动，中断控制，以及外围设备驱动。这一部分，需要了解驱动框架与芯片手册（比如 ARM 的 GICv3、SMMUv3 等）。

（4）计算机网络

TCP/UDP Socket 编程，分布式系统，RPC 远程过程调用，云计算。这一部分，需要编写 Socket 程序，熟悉 Client/Server 设计模式，以及 TCP/IP 协议族。

（5）计算机安全

最小用户权限的控制，RSA 加密方法，经典 AES 对称加密，Hash 算法。

（6）虚拟化技术

虚拟化技术与云服务器紧密结合，比如基础设置即服务（IaaS，Infrastructure as a Service）就是一种重要的云计算模式，用户可以使用付费方式租用云端虚拟机，来部署自己的应用程序。系统虚拟化技术包括：CPU 虚拟化、内存虚拟化、中断虚拟化、I/O 虚拟化。

如何学习：

建议动手写一个简易的操作系统，结合教程，步步推进。基本功扎实之后，再开始学习 Linux 内核代码及驱动开发。本书要描述的 MOS 操作系统，就是一个迷你操作系统（Mini-OS），可用于操作系统的教学与实践。

2.8 小结

μC/OS 是一种微控制器操作系统，也是一种嵌入式实时操作系统，教育版本免费，代码开源，在国内的嵌入式系统课程中被广泛使用。

本章从多方面对 μC/OS 进行了介绍，包括整体概述、移植要点、版本历史、内核对象等，最后还介绍了 μC/OS 的应用开发以及如何学习操作系统。

μC/OS 的内核对象是操作系统对外呈现的关键 API，包括信号量、互斥量、事件标志组、消息邮箱、消息队列、内存管理、时间管理、任务管理、独立模块，读者可以结合

MOS 的代码实现一起比较学习。

2.9 思维导图

思维导图，如图 2-3 所示，通过图形化的方式来帮助记忆知识点。

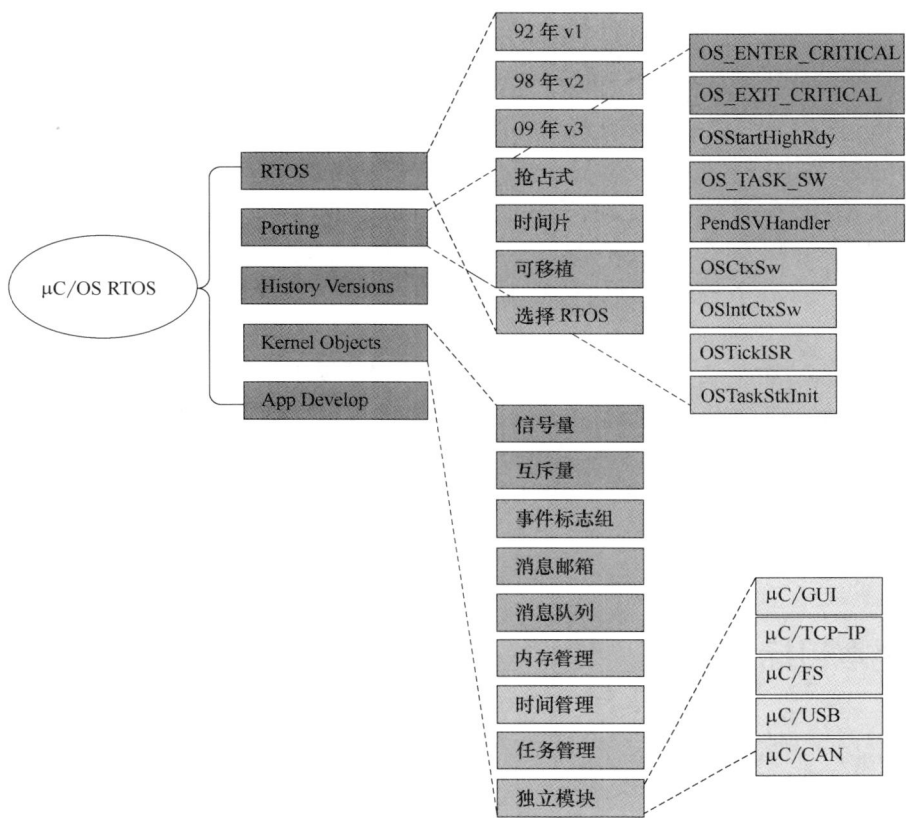

图 2-3 思维导图

第 3 章　CPU 编程模型与多任务定义

前文有说明 MOS 参考了 μC/OS-Ⅲ 来开发，另外添加了 Linux 的双向链表 struct list_head，因此第 2 章我们从总体上讲述了 μC/OS-Ⅲ 的重点内容。

读者既可以参考 MOS，也可以结合 μC/OS-Ⅲ 来学习嵌入式操作系统，它们都能够在野火的 STM32F4xx 开发板上运行。

本章讲述 CPU 编程模型与多任务定义，让读者了解 ARM Cortex-M4 CPU 是如何支持操作系统实现的，比如 CPU 的寄存器组，任务上下文的切换，NVIC 可嵌套向量中断控制器等，同时介绍多任务程序设计的相关概念。

编程模型（Programming Model）的概念来自 ARMv7-M 架构参考手册，读者可以查阅 About the manual，其中有解释，Part A：包含应用程序级编程模型、内存模型信息以及对应用程序员可见的指令集，Part B：包含为系统正确性所需的系统级编程模型和支持的系统级指令。

另外，由于实验部分可能需要控制按键（Keys）与发光二极管（RGB LED），我们也将这两个知识点放入本章来讲述，涉及三个外设：NVIC、GPIO、EXTI，属于嵌入式课程的重点内容，难度中等。

3.1　本章目标

- ARM Cortex-M CPU 架构
- STM32F4 系列芯片
- 野火开发板
- 中断控制器
- GPIO 外设
- EXTI 外设
- 多任务相关概念
- 线程 API

3.2　ARM Cortex-M CPU 介绍

ARM 公司成立于 1981 年，最初与英国广播公司合作为英国教育界设计小型计算机，当时采用的是美国的 6502 芯片。取得成功后，他们开始考虑设计自己的芯片。受当时美国加州大学伯克利分校提出的精简指令集（RISC，Reduced Instruction Set Computer）思想的影响，他们设计的芯片也采用 RISC 体系结构，并命名为"Acorn RISC Machine"。

1985 年 4 月 26 日，第一个 ARM 原型在英国剑桥的 Acorn 计算机有限公司诞生，由美国加州 San Jose VLSI 技术公司制造。20 世纪 80 年代后期，ARM 很快开发成 Acorn 的台式机产品，形成英国的计算机教育基础。1990 年成立了 Advanced RISC Machines（ARM）Limited。20 世纪 90 年代，32 位 ARM 嵌入式 RISC 处理器扩展到世界范围，取得了低功耗、低成本以及高性能的嵌入式系统应用领域的领先地位。

ARM 公司几乎垄断了手机市场的应用 CPU。ARM 公司不自己生产 CPU，而是设计 CPU 的基础架构，同时提供基于 ARM CPU 的成套解决方案，包括开发工具、SoC 系统 IP、物理 IP、Mbed OS 以及其他衍生产品。

如图 3-1 所示，处理器内核是整个芯片的核心，占整个硅片的面积约 10%，结构上可简单理解为包含三大部分：控制单元，算术逻辑单元、寄存器。

通常也可以把 CPU 内部操作数据，保存数据的部分称为数据通路（Data Path），包含了指令与数据存储器、寄存器文件、ALU 算术逻辑单元以及加法器[6]。而控制单元包含多路复用器（Multiplexers）与各种控制线（Control lines）。

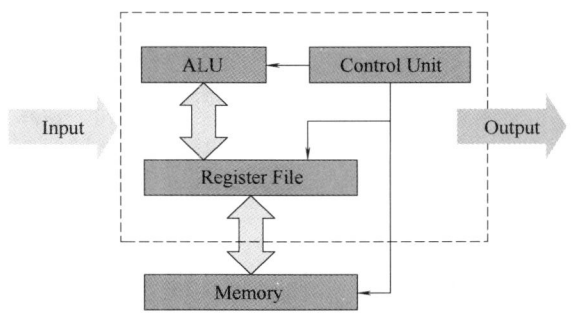

图 3-1　CPU 内核简易结构

ARM Cortex-M 系列 CPU，是 ARM 公司设计的低功耗、低成本处理器内核，是 Cortex 系列的开山之作，采用了许多新的技术，目标就是让 32 位处理器占领单片机市场。该系列 CPU 包含：Cortex-M0、M0+、M1、M3、M4，其中 Cortex-M3 为第一个 Cortex-M 处理器，于 2005 年发布，2006 年有芯片出现，Cortex-M4 则于 2010 年发布，芯片产品也始于 2010 年。市面上比较流行的 STM32 芯片有 STM32F103 与 STM32F407，后文会有更多说明。

Cortex-M3 与 Cortex-M4 都使用 32 位处理器架构，寄存器组中的内部寄存器、数据通路以及总线接口都是 32 位的字长。Cortex-M 处理器使用的指令集架构（ISA，Instruction Set Architecture）为 Thumb ISA，其基于 Thumb-2 技术并同时支持 16 位与 32 位指令混合编程，不再支持 32 位 ARM ISA。

本节内容主要参考了 Cortex-M3 与 Cortex-M4 权威指南[7]，感兴趣的读者可以进一步查阅，对了解微控制器编程以及 ARM Cortex-M 系列的 CPU 内核有极大的帮助，尤其英文原版。

如图 3-2 所示，我们给出一张 Cortex-M4 与 Cortex-M3 的架构混合图，虚线框部分为 Cortex-M4 新添加的硬件模块，比如硬件浮点单元（FPU）、数字信号处理（DSP）扩展指令、唤醒中断控制器（WIC）等，另外调试与跟踪（Debug and Trace）系统进一步增强。总线矩阵（Bus Matrix）变化不大，以 ARM 公司主推的 AHB、APB 高级总线接口为主，尽管现在高性能的 SoC 中使用的是 AXI 总线。

3.2.1　CPU 特点与基础指令

Cortex-M3 与 Cortex-M4 处理器和以往的 ARM7TDMI 相比，有了很大的改变与创新，具有以下特点：

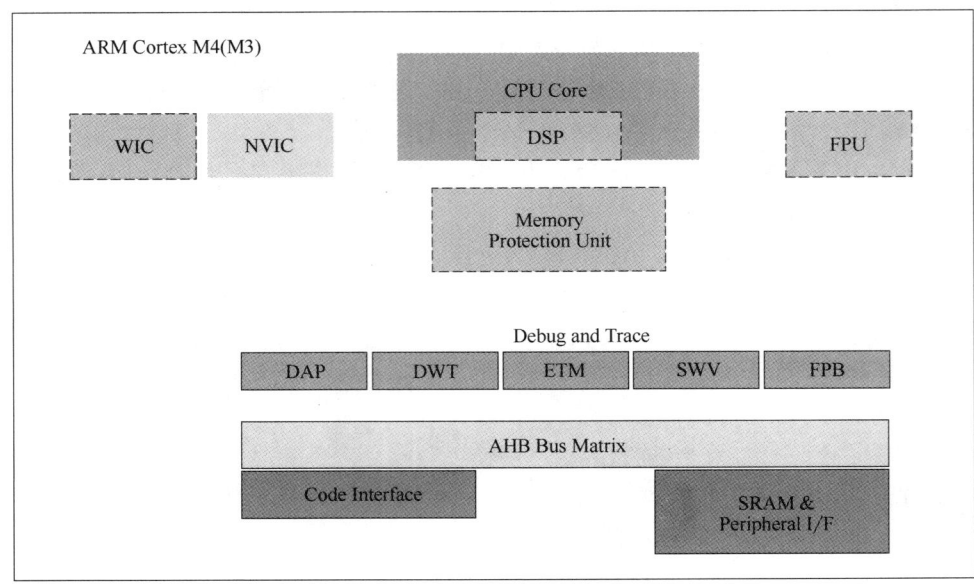

图 3-2 Cortex-M4/M3 架构混合图

① 三级指令流水线设计。

② 哈佛总线结构，指令与数据总线分开，可以并发访问，具有统一的存储器空间：指令和数据总线使用相同的地址空间。

③ 32 位寻址，支持 4GB 存储器空间。

④ 使用 AHB 与 APB 总线，是 ARM AMBA（高级微控制器总线架构）2.0 协议中的重要组成部分，支持高吞吐量的流水线总线操作。

⑤ CPU 内含嵌套向量中断控制器 NVIC，支持最多 240 个外部中断请求，8~256 个中断优先级（取决于实际的芯片设计）。

⑥ 支持多种 OS 特性，如操作系统时钟节拍定时器，以及影子堆栈指针等。

⑦ 支持休眠模式与多种低功耗特性。

⑧ 支持可选的 MPU（内存保护单元），提供了可编程存储器与区域访问权限控制等存储器保护特性。

⑨ 通过 Bit Band Alias 特性支持两个特定存储区域的位数据访问，实现了单一比特的原子操作。

⑩ 可以选择使用单个或多个处理器。

Cortex-M3 与 Cortex-M4 处理器提供了多种指令：

① ALU 数据运算处理，包括硬件除法指令。

② 存储器访问指令，支持 8 位、16 位、32 位和 64 位数据，以及其他可以传输多个 32 位数据的指令（LDM、STM）。

③ 特殊的存储器互斥访问指令（LDREX、STREX）。

④ Bit Band Alias "位带"处理指令。

⑤ 用于跳转、条件跳转以及函数调用的指令。

⑥ 用于系统控制、支持 OS 的特殊指令等。

另外，Cortex-M4 处理器还支持：

① 单指令多数据（SIMD）操作，类似向量指令。
② 其他快速 MAC 和乘除法指令。
③ DSP 饱和运算指令。
④ 可选的浮点指令（单精度 FLOAT）。

Cortex-M3 与 Cortex-M4 被广泛应用于现代微控制器产品、片上系统（SoC）以及专用标准产品（ASSP）等特殊芯片的设计。

通常来说，ARM Cortex-M 可以被归为精简指令集（RISC）处理器，有些人可能会认为 Cortex-M3 与 Cortex-M4 的某些特性与复杂指令集（CISC）相近，比如丰富的指令集、多种指令宽度、复杂的存储器访问指令等。不过随着处理器技术的发展，多数 RISC 处理器的指令集同样越来越复杂，因此，RISC 和 CISC 处理器定义间的界限也变得模糊了。

近年来比较流行的 RISC-V 架构，强调处理器设计的简洁性、一致性以及模块化。比如不再使用 PSR 中的条件标志，也不再支持 LDM/STM，存储器访问指令一次只能访问一个元素，运算指令的结果不产生异常等。

Cortex-M3 与 Cortex-M4 处理器有很多类似的地方，两个处理器的多数指令都一样，而且 NVIC、MPU 等的编程模型也相同。不过，它们的内部设计存在一些不同，Cortex-M4 支持更多的指令，这样就使得 Cortex-M4 处理器在 DSP 应用方面具有更高性能，并且支持硬件浮点运算。因此，有些在两个处理器上都适用的指令可能在 Cortex-M4 上的执行周期更短，当然许多指令都是单周期的。

最后，如图 3-3 所示，我们给出了 Cortex-M4 微处理器框架图，其中很多高级组件是可选的，比如 WIC、ETM 以及 MPU 等。

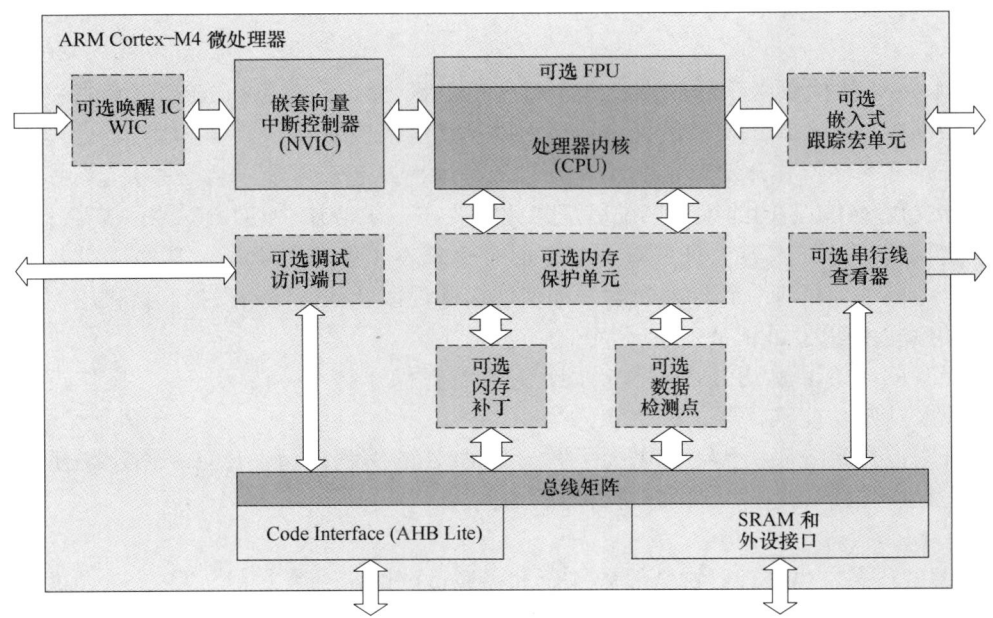

图 3-3　Cortex-M4 微处理器框架图

3.2.2　CPU 架构与编程模型

ARM 公司的 CPU 指令集架构从 ARMv4 到较新的 ARMv8，先后经历了 30 多年发展，与 Linux 类似。如图 3-4 所示，第九代架构 ARMv9 已发布，ARMv9 架构的初代版本增强了安全性、机器学习、数字信号处理。ARMv9 架构未来将持续增强这些性能，并添加更多新特性。

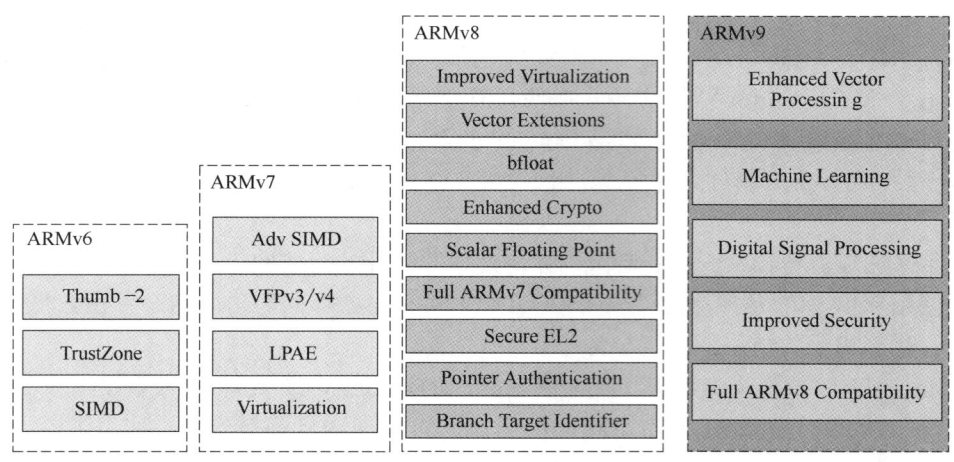

图 3-4　ARM 指令集架构

Cortex-M3 与 Cortex-M4 处理器都基于 ARMv7-M 架构。最初的 ARMv7-M 架构是随着 Cortex-M3 处理器一同引入的，而在 Cortex-M4 发布时，架构中又额外增加了新的指令和特性，改进后的架构有时也被称为 ARMv7E-M。要深入了解 ARMv7-M 与 ARMv7E-M 的特性，可以阅读 ARMv7 架构说明文档：ARMv7-M 架构参考手册，登录 ARM 的网站有更多资讯。

ARMv7-M 架构参考手册非常庞大，超过了 1000 页，其中包括 CPU 指令集、存储器系统、中断控制器、调试支持的处理器行为以及其他架构细节。参考手册对于处理器设计人员、C 语言编译器和开发工具设计人员非常有用，读起来可能不会是一件容易的事情，对刚开始接触 ARM 架构的读者来说更是如此。要在一般应用中使用 Cortex-M 微控制器，无须了解架构的详细内容。只需对一些方面有个基本了解就可以了，其中，包括编程模型、异常中断如何处理、存储器映射、如何使用外设以及如何使用微控制器供应商提供的软件驱动库文件等（如 STM32 标准固件库）。

下面我们开始讲述 CPU 的编程模型，它涉及：操作状态、访问等级、操作模式、寄存器组以及特殊功能寄存器。

在编写操作系统底层代码时需要了解清楚 CPU 的编程模型，比如，创建新任务的时候如何在任务堆栈 SP 上初始化好寄存器的初值。

（1）操作状态

① 调试状态：当处理器被暂停后（例如，通过调试器或触发断点后），就会进入调试状态，并停止指令执行。另外，调试操作也可能进入调试监视器模式，此时处理器会执行相应的调试监视器异常服务程序，由它来完成调试任务。

② Thumb-2 状态：若处理器在执行代码，它就会处于 Thumb-2 状态，与 ARM7TDMI 等经典的 ARM 处理器不同，Cortex-M4 处理器不支持 ARM 指令集，因为不存在 ARM 状态，只有 Thumb 状态。

（2）访问等级

① 用户等级：有些存储区域不能访问。

② 特权等级：可以访问处理器中的所有资源。需要注意的是，几乎所有的 NVIC 寄存器都只支持特权等级（Privileged Level）访问。

（3）操作模式

① 处理模式（Handler Mode）：用于执行中断服务程序（ISR）等异常处理。在处理模式下，CPU 总是具有特权访问等级。

② 线程模式（Thread Mode）：在执行普通的应用程序代码时，处理器可以处于特权等级或者用户等级。实际的访问等级由特殊寄存器 CONTROL 控制，另外异常请求时进入处理模式，异常返回时进入线程模式，读者可查阅参考手册深入理解。

（4）寄存器组

① Cortex-M4 处理器的寄存器组中有 16 个寄存器，其中 13 个通用目的寄存器：R0~R12，另外 3 个控制寄存器为 R13、R14、R15，如图 3-5 所示。

② 其中主堆栈指针 MSP 与进程堆栈指针 PSP 为影子寄存器，即 R13 堆栈指针 SP 指向两者之一，可通过特殊寄存器 CONTROL 的第 2 位来控制，0 使用 MSP，1 使用 PSP。R14 为连接寄存器 LR，保存函数调用的返回地址，或者在异常进入时保存 EXC_RETURN 的值，当异常需要返回时，把这个值送往 PC 就可以。R15 为程序计数器 PC，保存下一条要执行的指令（或者要预取的指令），中断或异常返回的时候需要。

（5）特殊功能寄存器

如图 3-5 所示，xPSR 为程序状态寄存器，包括 APSR、EPSR

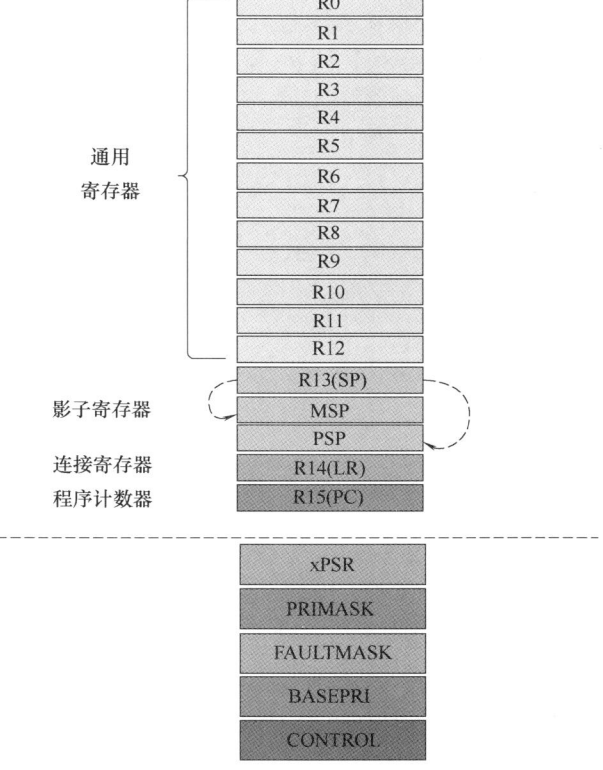

图 3-5　Cortex-M4 寄存器组

以及 IPSR。PRIMASK 与 FAULTMASK 主要用于开关中断，BASEPRI 用于屏蔽某些中断，OS 中我们会使用 PRIMASK 来开关中断。CONTROL 用于控制使用哪个堆栈：MSP 还是 PSP。这些寄存器了解即可，不影响本书其他内容的理解，感兴趣的读者，可查阅参考资料进一步学习。

3.3 STM32F4 的介绍

STM32 系列芯片主要针对高性能、低成本、低功耗的嵌入式应用，由意法半导体公司设计，芯片 CPU 包含 ARM Cortex-M0、M0+、M3、M4 以及 M7 内核。本节主要介绍实验板使用的 STM32F4xx 系列芯片，以 STM32F407ZGT6 为代表，包含 ARM Cortex-M4 内核。

首先，了解一下 STM32 芯片的命名方式，如图 3-6 所示，STM32 代表 32 位的微控制器，F 代表基础系列，051 代表入门级别，407 代表高性能，同时支持 DSP 与硬浮点功能，R 代表引脚数量为 64，实验板的 Z 代表引脚数量为 144，数字 8 代表 Nor Flash 的大小为 64KB，实验板的 G 代表 1MB，T 代表封装为 QFP，数字 6 代表工业级温度范围是-40 到+85，其他几位可选。

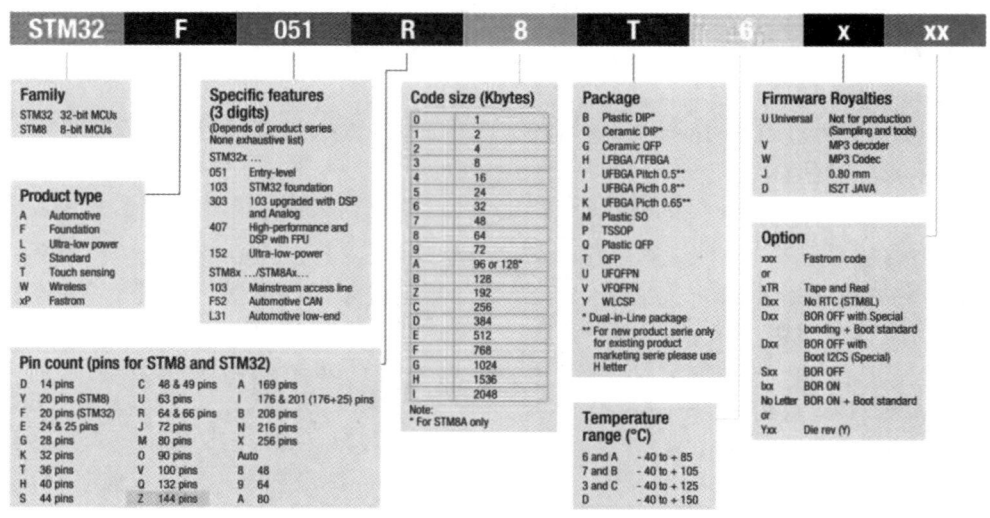

图 3-6　STM32 芯片的命名方式

其次，描述 STM32 的选型思路。可以根据项目的具体需求来选择哪一类的 MCU，一般建议选择 F1 或者 F4 系列芯片，当然合适的就是最好的。

普通应用，不需要接大屏幕的项目，建议选择 Cortex-M3 内核的 F1 系列，比如简单的电源控制，温湿度采集，A/D 模数转换。如果要追求高性能，需要大量的数据运算，要做图形界面，或者需要浮点运算，建议选择 Cortex-M4 内核的 F4 系列，比如 F407，F429 等。

明确了大方向之后，接下来就是细分选型，先确定引脚数目，再选择 NOR FLASH 大小，并明确 SRAM 的大小，使用评估板来验证。

最后，介绍一下 STM32F407 的基础特性，图 3-7 给出了芯片示意图：

① ARM Cortex-M4 内核。
② 增强的 DSP 处理指令。
③ 高达 1M 字节的片上 Nor Flash。

④ 高达 192K 字节的片上 SRAM。
⑤ FSMC（Flexible Static Memory Controller）灵活的静态存储控制器。
⑥ 以 168MHz 高速运行时可达到 210DMIPS 的处理能力。
⑦ 许多灵活复用的外设接口（如 USB OTG，以及带 FIFO 的 DMA）。

图 3-7　STM32F407ZGT6 示意图

3.4　野火开发板的介绍

我们给学生提供的实验板由深圳野火电子公司设计，表 3-1 为主要功能模块，图 3-8 为开发板的硬件图，感兴趣的读者可以去野火电子公司购买，也可以使用 QEMU、MDK ARM 以及 Proteus 等软件提供的仿真器来学习和实验。

表 3-1　野火开发板主要功能

特性一	特性二	特性三
STM32F407ZGT6	全彩 LED 灯	喇叭接口
复位按键	RTC 电池座	三合一光照传感器
JTAG 调试接口	功能按键 K1/K2	SWD 调试接口
SPI_FLASH 16MB	BOOT 跳帽	EBF Module 接口
SRAM 1MB	ATMLH904	USB Device
蜂鸣器	电位器	MAX232 两路
LCD 接口	音频 WM8978	电源输入
摄像头接口	MPU6050	电源开关
CAN 接口	DHT11 温湿度接口	引出所有可用 IO
485 接口	Wi-Fi	——
TF 卡座	EEPROM	——
USB HOST	电容按键 K3	——
USB 转串口	红外接收头	——

图 3-8　野火 STM32F407ZGT6 开发板硬件图

3.5　中断控制器

前文有提到 ARM Cortex-M4 CPU 使用了 NVIC 中断控制器。当多个外部中断源共享中断线时，必须解决相应的一些问题。比如 STM32F407 有 114 个 GPIO 引脚，但实际只有 7 根中断线连接到 NVIC，即 7 个中断号，需要区分到底哪根线产生了中断，是哪个 GPIO 引脚产生的。

Cortex-M4 支持 256 个中断优先级，需要判断好中断源的优先级，多个中断同时发生时，通过中断仲裁来选择优先级最高的中断。

通常一个中断正在处理时，会屏蔽掉小于等于它优先级的其他中断，即只会被高优先级的中断抢占，并产生中断嵌套。

所以，中断控制器至少需要支持如下功能：

① 保存好中断发生时的中断号，这样 CPU 才能找到对应的中断服务程序。
② 区分好中断的优先级，这样才能响应优先级高的紧急中断。
③ 能够屏蔽部分中断，甚至除了 NMI 之外的所有中断。

另外，Cortex-M4 中发生中断时，CPU 硬件会自动保存部分寄存器，并在中断返回时，恢复保存的寄存器。如表 3-2 所示，我们给出了这 8 个寄存器的入栈顺序与入栈位置：

表 3-2　　　　　　　　　　CPU 硬件自动保存的寄存器

寄存器	堆栈 SP	入栈顺序
xPSR	SP-0x04	2
PC	SP-0x08	1

续表

寄存器	堆栈 SP	入栈顺序
LR	SP-0x0C	8
R12	SP-0x10	7
R3	SP-0x14	6
R2	SP-0x18	5
R1	SP-0x1C	4
R0	SP-0x20	3

上面列出的顺序是按照堆栈中地址，由高到低，向下增长。实际保存的顺序是：先保存 PC，这样就可以尽快去取中断服务程序的指令，其次是 xPSR，这样就可以早点更新 IPSR 的内容，最后就是 R0~R3，以及 R12、LR。

3.5.1 Interrupt

中断（Interrupt），是指 CPU 正在执行某个任务的程序指令，却被别的请求打断，转而去为别的请求服务，这个请求称之为中断请求（Interrupt Request）。中断是 CPU 指令集架构非常重要的组成部分，这里面有几个概念：

中断源：发出中断请求的外设，或者产生中断请求的内部操作。

中断号：外设或指令产生中断之后，会反映到中断线（Interrupt line），有时候也称为中断请求信号，但不是所有外设引脚都分配有中断线，它们通常会共用中断线，比如实验板 GPIO 外设 114 个引脚却只有 7 根中断线最终连接到 NVIC。编写中断服务程序的时候，需要判断到底是共享中断线上面的哪个外设真正产生了中断请求。

中断服务：CPU 收到中断请求（IRQ）之后，转而去执行中断服务程序（ISR，Interrupt Service Routine）的行为。

中断上下文：CPU 去执行中断服务程序之前，需要保存好当前任务的 CPU 状态，称之为中断上文的保存。当 CPU 执行完中断服务程序时，需要恢复之前保存的中断上文，也称之为中断上文的恢复。这里面需要注意，中断处理结束时不一定返回到被打断的任务，有可能这时候有更高优先级的就绪任务，那么中断控制器会选择恢复这个任务。

中断优先级：中断控制器会根据中断优先级来仲裁，优先级高的中断，优先得到响应，进入 Active 状态，优先级低的中断保持 Pending 状态。另外，Cortex-M 处理中，同优先级的中断，优先响应中断号小的。

中断嵌套：CPU 在执行中断服务程序，如果此时产生了优先级更高的中断，那么 CPU 会保存中断现场，转而去执行优先级更高的中断服务程序，这就是中断嵌套。如果不希望发生中断嵌套，可以将所有中断的抢占优先级设置为相同。这时候仍然支持中断优先级，只是没有中断嵌套了。就像 Linux 操作系统现在默认不支持中断嵌套，并不代表ARM 处理器不支持。

中断，通常指外部外设产生的中断，CPU 内部产生的中断称为异常，比如非法指令等。Cortex-M4 CPU 中有如下异常：

- 复位（Reset）

- 不可屏蔽中断（NMI）
- 硬错误（Hard Fault）
- 存储器管理错误（Memory Fault）
- 总线错误（Bus Fault）
- 用法错误（Usage Fault）
- 系统服务调用（SVCall）
- 调试监视器（Debug Monitor）
- 可挂起系统服务（PendSV）
- 系统时钟节拍（SysTick）

通常而言，外部中断是异步的，它的发生和某条指令的执行没有直接的联系。但是异常是同步的，它的发生一般是由于执行了某条特殊指令（它的发生和指令的执行保持了同步）。后面若没有特别说明，我们就暂时不区分中断和异常。

3.5.2 NVIC

可嵌套向量中断控制器（NVIC，Nested Vectored Interrupt Controller），就是 ARM Cortex-M 系列 CPU 中使用的中断控制器。嵌套表示支持中断嵌套，向量是 NVIC 的一个新特性，即支持中断向量。中断向量中按顺序存放好中断服务程序的函数地址，当发生中断时，NVIC 会自动保存好现场，然后计算 ISR 的地址，并设置好 PC 指针，CPU 会跳转到正确的中断服务程序去执行，这些都是由硬件自动完成的，提高了中断的响应速度。

Cortex-M4 支持 255 个中断，其中 15 个异常、240 个外部中断，但是 ST 公司对其进行了裁减，在 STM32F407 芯片中，只有 10 个异常、82 个外部中断。Cortex-M4 默认支持 256 个中断优先级，优先级位数为 8 位，但是 ST 公司同样对其进行了裁减，只支持了 4 个比特，为了兼容性，一般使用高 4 位。所以 STM32F407 中支持的中断优先级可以是：0x00、0x10、0x20、0x30、0x40、0x50、0x60、0x70、0x80、0x90、0xA0、0xB0、0xC0、0xD0、0xE0、0xF0。其中 0x00 为最高优先级，0xF0 为最低优先级，共 16 个优先级。

如果没有设置中断的优先级，那么默认的优先级就是 0x00。另外，NVIC 中对优先级再次进行了分组规定，即将优先级位数再划分为抢占优先级与子优先级，且子优先级至少为 1 位。所以，默认情况下，STM32F407 芯片应该没有抢占优先级，4 位全是子优先级。当抢占优先级相同时，优先子优先级小的中断，如果子优先级也相同，那么优先中断号小的中断。如图 3-9 所示，我们给出了芯片的中断架构示意图。

最后，我们比较一下 NVIC 和 GIC，它们都是 ARM 架构中用于分配和管理中断的标准中断控制器，一般来说 NVIC 用于 Cortex-M 系列处理器，GIC 用于 Cortex-A 系列处理器（GICv2、GICv3、GICv4）。它们的差异点总结如下：

① NVIC 是嵌套向量中断控制器，GIC 是非向量中断控制器，虽然 GIC 有中断向量表，但是所有的非向量中断（IRQ）都共享同一个中断向量，即同一个中断服务程序，需要读取 IAR 寄存器来响应中断，响应时间相对较长，处理完成时需要写 EOI 寄存器。

② NVIC 的中断优先级配置更简易，普通中断的优先级分两个部分：抢占优先级、子优先级。内核异常与外部中断不一样，内核异常没有抢占优先级。

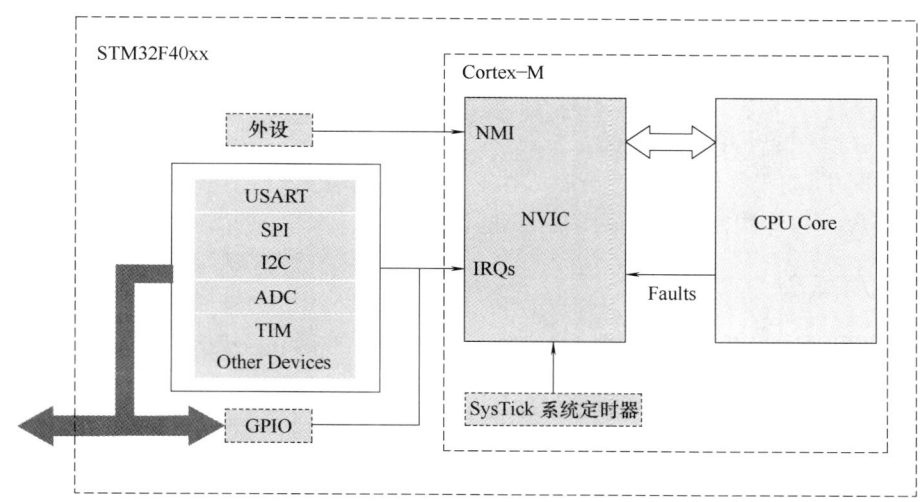

图 3-9 STM32F40xx 中断架构示意图

③ NVIC 一般来说具有更低的功耗、更小的面积以及更简单的设计，是 CPU 内核内部的标准组件。

④ GICv3 是通用中断控制器，它的硬件架构是分布式的，设计上更加复杂，包括核上的 CPU 接口，也包括 SoC 上 GIC 内部的分发器等组件。GICv2 最多支持 8 个 ARM 内核，主要用于 ARM32 架构，GICv3 和 GICv4 支持更多的 ARM 内核，主要用于 ARM64 架构。

⑤ GICv3 支持 PPI（私有）、SPI（共享）、SGI（核间）、LPI（消息）四类中断，面向多核与虚拟化等复杂应用场景，另外中断分为两组：Group0 和 Group1。注意，Group0 是提供给 EL3 使用的安全中断，Group1 分为两组，secure 中断和 non-secure 中断，分别提供给 secure world 和 non-secure world 访问。

⑥ GICv3 需要配置的寄存器更多，包括 GICC、GICD、GICH、GICR、GICV、GITS、ICC、ICV、ICH 等。详细描述请参考 ARM GICv3 的芯片手册。

⑦ STM32F4 系列微控制器使用 NVIC 中断控制器。

3.5.3 SVC

本小节开始，我们补充几个小知识点，它们和中断有一定的关系。

SVC 就是 SVCall，系统调用服务指令引发的异常，属于第 11 号异常。当发生系统调用时，就会产生 SVC 异常，然后内陷到操作系统内部。SVC 指令的格式为 SVC #0x00，其中指令编码为 0xDF，操作数为立即数，代表系统调用的编号。

详细描述请参考 1.4.5 节系统调用，以及后面实验部分。

3.5.4 TICK

节拍（TICK），这里指代 SysTick，操作系统的时钟节拍计数器，属于第 15 号异常。当我们实现 RTOS 时，需要这个核内计数器外设来产生固定的时钟节拍。

它是一个 24 位的向下递减的计数器，当递减到 0 时，就会产生时钟节拍中断，通知操作系统，执行中断服务程序。第 6 章操作系统的时钟节拍会再讨论。

3.5.5 PENDSV

可挂起系统服务（PENDSV），这是一个支持 Pending 的异常，属于第 14 号异常，可以在任何中断中调用，不像 SVC 异常那样必须立刻响应。PENDSV 非常适合于任务上下文切换的实现。具体用法可以查阅第 5 章上下文切换。

3.5.6 AAPCS

ARM 体系结构过程调用标准（AAPCS，ARM Architecture Procedure Call Standard），是 ARM 公司定义的一个标准，为了更好地兼容 EABI 接口，此处描述 32 位处理器，简单概括为 6 个要点：

① 寄存器参数最多支持 4 个，即 R0~R3，多余 4 个的参数放到堆栈上。
② 使用 R0 返回 32 位的值，若需要 64 位，可以接着使用 R1。
③ 调用者 Caller 需要保存好 R0~R3，以及 R12，如果有必要。
④ 被调用者 Callee 需要保存好 R4~R11、R13、R14，如果有必要。
⑤ R14 即 LR 寄存器，用于保存子函数调用的返回地址。
⑥ 任务的堆栈帧（Stack frame）需要双字（8 字节）对齐。

读者如果感兴趣，可以进一步查阅 ARM 的官方说明手册。

3.6 GPIO 外设

通用目的输入/输出（GPIO，General Purpose Input and Output），是芯片的片上外设，最典型的用法就是操作芯片引脚的电平，比如读取输入的电平，以及控制输出的电平。STM32F407 有 8 个 GPIO 外设，从 GPIOA 到 GPIOH，每个 GPIO 外设有 16 个引脚，GPIOH 只有 2 个引脚，总共 114 个 GPIO 引脚。这些引脚和其他片上外设接口是复用的，可以查阅芯片规格说明手册来了解引脚的复用信息。

如果需要使能某个外设接口，那么就要配置 GPIO 让出对应的引脚控制权。比如 USART1 接口可以使用 PA9 与 PA10 作为 TX 与 RX 的引脚，那我们可以配置 PA9 与 PA10 给到 USART1，同时设置好正确的工作模式、输出类型以及电气特性。如表 3-3 所示，我们给出了 GPIO 外设的配置说明。

表 3-3　　　　　　　　　　　GPIO 外设配置说明

配置类别	说明	备注
工作模式	输入	GPIO_Mode_IN
	输出	GPIO_Mode_OUT
	复用	GPIO_Mode_AF
	模拟	GPIO_Mode_AN
输出类型	推挽输出	GPIO_OType_PP
	开漏输出	GPIO_OType_OD

续表

配置类别	说明	备注
上下拉	既不上拉也不下拉	GPIO_PuPd_NOPULL
	上拉到 VDD	GPIO_PuPd_UP
	下拉到 VSS	GPIO_PuPd_DOWN
反转速率	Low	GPIO_Speed_2MHz
	Medium	GPIO_Speed_5MHz
	Fast	GPIO_Speed_25MHz
	High	GPIO_Speed_100MHz

从字面上来看,唯一不好理解的是推挽输出(Push and Pull),和开漏输出(Open Drain),它们是针对 CMOS(Complementary Metal Oxide Semiconductor)结构来定义的,根据两个 MOS 管的工作方式来命名。CMOS 是电压控制的一种放大器件,是组成 CMOS 数字集成电路的基本单元。

晶体管分为两类:双极型晶体管(Bipolar Junction Transistor,分为 NPN 型、PNP 型)、单极型晶体管(Field Effect Transistor,也称场效应管)。其中场效应管还分为 JFET 和 MOSFET,就是结型管和金属氧化物管,它们都有 N 沟道和 P 沟道之分。从符号看,晶体管可以有 8 种,双极型 2 种,单极型 6 种。

晶体管的详细内容这里不展开,感兴趣的读者可以查阅模拟电路的相关资料来进一步学习。如图 3-10 所示,我们给出了 CMOS 管的结构示意图,结合 PMOS 和 NMOS 的工作方式来分析一下推挽输出 PP,开漏输出 OD 的定义。

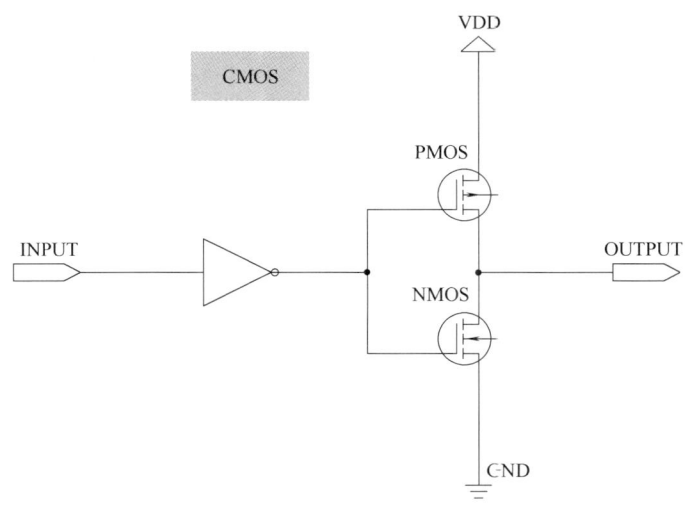

图 3-10 CMOS 管的结构示意图

推挽输出模式,就是指两个 MOS 管都工作的情况。

① INPUT 为高电平时,经过反向后,上方的 PMOS 导通,下方的 NMOS 关闭,OUTPUT 为高电平。

② INPUT 为低电平时,经过反向后,NMOS 导通,PMOS 关闭,OUTPUT 为低电平。

③ 当引脚高低电平切换时，两个管子轮流导通，PMOS 负责灌电流，NMOS 负责拉电流，使其负载能力、开关速度都比普通的方式有很大的提高。推挽输出的低电平为 0 伏，高电平为 3.3 伏。

开漏输出模式，就是指上面的 PMOS 不工作的情况。

① INPUT 为低电平时，经过反向后，NMOS 导通，PMOS 关闭，输出接地，OUTPUT 为低电平。

② 由于 PMOS 不工作，此模式下无法输出高电平，当 INPUT 为高电平时，NMOS 关闭，PMOS 不工作，OUTPUT 既不是高电平，也不是低电平，呈现高阻态。

③ 正常使用时，必须外接上拉电阻，它具有"线与"特性，也就是说，若有很多个开漏模式引脚连接到一起时，只有当所有引脚都输出高阻态，才由上拉电阻提供高电平，此高电平的电压为外部上拉电阻所接的电源的电压。若其中一个引脚为低电平，那线路就相当于短路接地，使得整条线路都为低电平，0 伏。如下，我们给出一个公式，其中，P 代表连接到一起的引脚是否为高阻态，V 代表外部电压，可以看出输出和它们是"与"的关系。

$$\forall P1, P1, P3, Pn, V \Rightarrow OUTPUT = P1 \char`\^ P2 \char`\^ P3 \char`\^ Pn \char`\^ V$$

推挽与开漏输出模式，我们可以比较一下，如表 3-4 所示。

① 推挽输出模式一般应用在输出电平为 0 和 3.3 伏，而且需要高速切换开关状态的场合。

② 在 STM32 的应用中，除了必须用开漏模式的场合，我们都习惯使用推挽输出模式。

③ 开漏输出一般应用在 I2C、SMBUS 通信等需要"线与"功能的总线电路中。除此之外，还用在电平不匹配的场合。

表 3-4　　　　　　　　　　　　　推挽与开漏的比较

特性	推挽	开漏
高电平驱动能力	强	由外部上拉电阻提供
低电平驱动能力	强	强
电平跳变速度	快	由外部上拉电阻决定，电阻越小，反应越快，功耗越大
线与功能	不支持	支持
电平转换	不支持	支持

GPIO 的内容我们就讲到这里，读者可以查阅头文件 stm32f4xx_gpio.h 来加深理解，该文件的注释非常详细。

3.7 EXTI 外设

外部中断与事件外设（EXTI，External interrupt/event controller），包含多达 23 个用于产生事件、中断请求的边沿检测器。每根输入线都可单独进行配置，以选择类型（中断、事件）和相应的触发类型（上升沿触发、下降沿触发或边沿触发）。每根输入线还可以单独屏蔽。挂起寄存器用于保持中断请求的状态线。

EXTI 控制器的特性总结如下：

① 每个中断/事件线上都具有独立的触发和屏蔽。
② 每个中断线都具有专用的状态位。
③ 支持多达 23 个软件事件/中断请求。
④ 检测脉冲宽度低于 APB2 时钟宽度的外部信号。有关此参数的详细信息，请参见 STM32F4xx 数据手册的电气特性部分。

EXTI 控制器的 23 个中断/事件线，我们分为两组：一组为 EXTI0 至 EXTI15，用于 GPIO 外设的 16 个引脚输入（从 GPIOA 到 GPIOH 多达 114 个引脚）；另一组为 EXTI16 至 EXTI22，用于特定的外设事件。

这里读者需要注意，EXTI 转发到 NVIC 的中断号只有 7 个，分别是 EXTI0、EXTI1、EXTI2、EXTI3、EXTI4、EXTI5_9 以及 EXTI10_15。

另外 7 根 EXTI 事件线的连接方式如下：

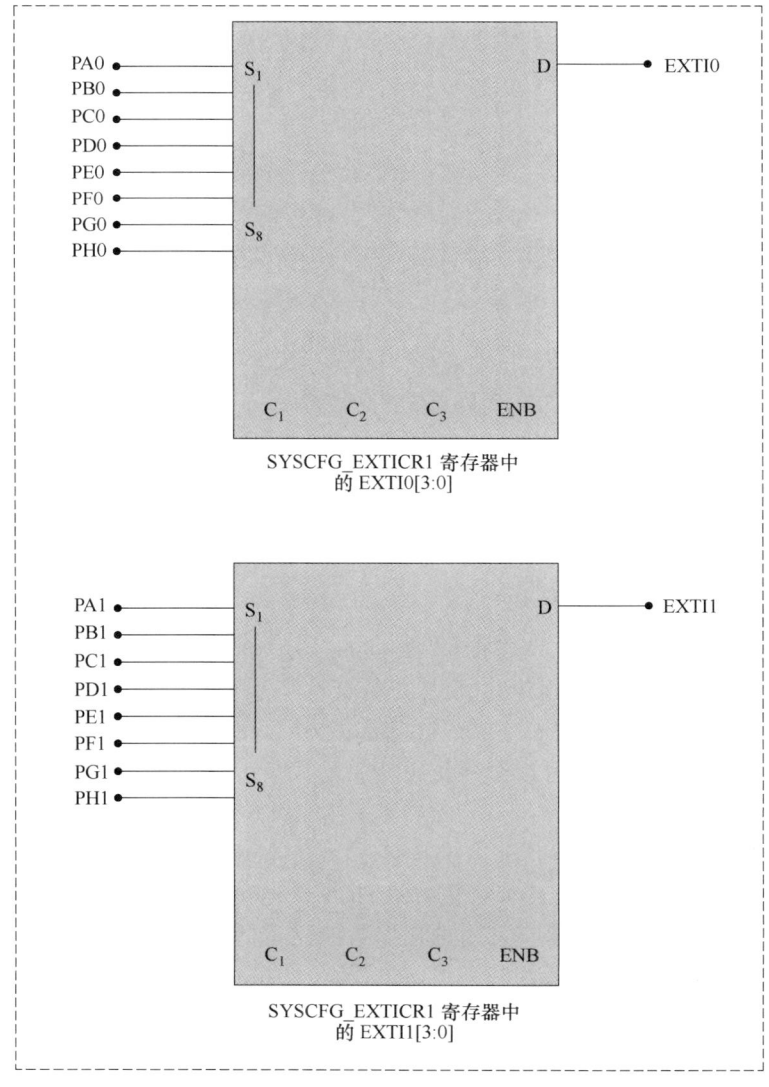

图 3-11　GPIO 与 EXTI 的引脚映射关系

- EXTI 线 16 连接到 PVD 输出
- EXTI 线 17 连接到 RTC 闹钟事件
- EXTI 线 18 连接到 USB OTG FS 唤醒事件
- EXTI 线 19 连接到 Ethernet 唤醒事件
- EXTI 线 20 连接到 USB OTG HS（在 FS 中配置）唤醒事件
- EXTI 线 21 连接到 RTC 入侵和时间戳事件
- EXTI 线 22 连接到 RTC 唤醒事件

如图 3-11 所示，我们给出了 GPIO 与 EXTI 的引脚映射关系图，从中可以看到，每个 GPIO 外设的引脚 0 可以映射到 EXTI0，每个 GPIO 外设的引脚 1 可以映射到 EXTI1，通过 8 路分时复用的方式，就可以将不同 GPIO 外设的输入引脚接到 EXTI 控制器上面，从而进一步转发到 NVIC 控制器，最后到达 CPU，执行相应的中断服务程序（按键中断）。分时复用使用了 SYSCFG 外设的寄存器 EXTICFG1 到 EXTICFG4，可以查阅参考手册，或查看 SYSCFG_EXTILineConfig 的代码说明。

3.8 多任务相关概念

本书讲述的多任务程序设计，是指多线程编程（Multi-thread Programming），即不涉及多进程（Multi-process Programming）编程，感兴趣的读者可查阅相关 API 接口，如 Windows 下的 CreateProcess，以及 Linux 下的 fork。

3.8.1 进程

进程（Process）代表已经加载到内存执行的程序，一般包含：
- 程序的代码段
- 程序的数据段
- 程序的 BSS 段
- 程序计数器
- 一组通用寄存器，包括堆栈
- 一组系统资源（如打开的文件，待处理的信号）

可以认为进程代表了一个程序执行中的所有状态（Context）。在 STM32F407 实验板中，程序（Program）存放于 Nor Flash 存储芯片中，代码指令可直接执行，数据段由 Loader 加载到 SRAM 中，进而可以读写访问。

3.8.2 线程

进程是 60 年代初由麻省理工学院的 MULTICS 系统和 IBM 公司的 CTSS/360 系统首先引入的，之后在操作系统中，一直都以进程作为独立运行的基本单位，直到 80 年代中期，人们又提出了更小的能独立运行的基本单位，线程（Thread）。

线程（Thread）一般指代一个进程中的多个线程，线程之间可以共享进程的地址空间，比如代码地址空间、数据地址空间、堆空间以及其他共享资源。所以一个进程可以拥有多个线程，线程之间并发执行，资源共享。但是线程也可能有自己的资源，如寄存器组、自己的堆栈甚至线程本地存储（TLS，Thread Local Storage），因为线程本身就是一个独立的执行流。

如图 3-12 所示，我们使用一幅英文示意图，来自哥伦比亚大学的 CS 教材[2]，从中可以很容易理解进程与线程的区别，进程提供了共享的 code、data 以及 files，线程有自己的 registers、stack。

如今的计算机，大部分都是多核处理器，多线程编程越发重要，是一项必须掌握的基础编程技能。另外，多线程的设计思路本就和生活中的场景非常契合，可以极大简化实际工程的编码难度。当然，多线程技术也会带来一些新的概念，比如共享资源的并发访问、线程入口函数的设计，线程本地存储，CPU 的负载均衡，还要设计好线程间同步方法，避免死锁，以及数据的访问错乱。

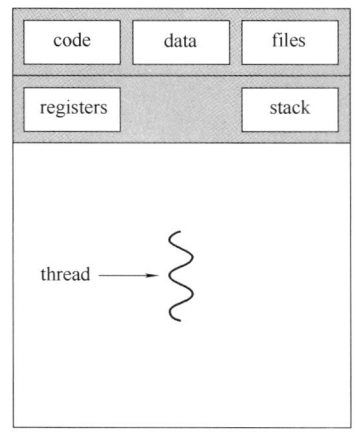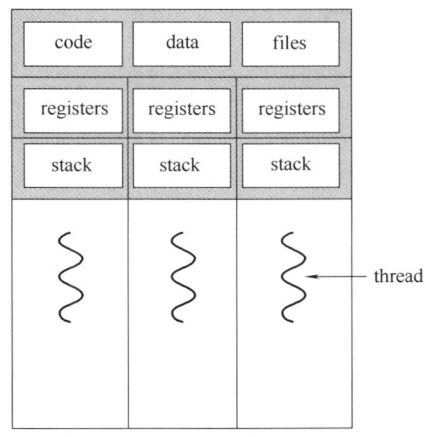

图 3-12　单线程和多线程进程（Single-threaded and multithreaded processes）

3.8.3　纤程

纤程（Fiber），本文指代用户空间的线程，即多个纤程占用一个内核态的线程资源，类似于在线程中，循环执行相应的 Callback，每个 Callback 代表一个纤程。多个纤程之间不存在 CPU 的抢占式调度，一般使用合作式多任务调度（Cooperative Multitasking），即不使用 CPU 的时候，主动调用 yield 接口，让给其他纤程使用。

纤程，由于在用户空间实现，会带来上下文切换的性能优势。因为不再需要使用 CPU 的特殊指令，来进行上文保存，下文恢复，也不会涉及内核态与用户态的切换。

对于纤程的更多描述，读者可以阅读参考文献[2,9]，或查阅相关资料深入了解，本节不作细节性探讨。

3.8.4　函数

本小节描述多线程中的函数特性，即可重入函数，一个函数可以称为可重入函数，如果它代码部分相同，但是数据部分不同。可重入函数任何时候都可以被中断，一段时间以后又可以继续运行，相应的数据不会丢失。

因此，可重入函数，可以使用局部变量，对象的私有数据成员，或使用全局变量，但是需要添加同步措施，后者已经可以称为线程安全了。

如代码片段 3-1 所示，一个类 Counter 的实例，它是可重入的，因为每个对象拥有自己的数据成员，但是它不是线程安全的，如果相同的对象被多个线程同时访问，数据成员可能会混乱。

代码片段 3-1　可重入的成员函数

```
1    class Counter
2    {
3    public:
4        Counter() { n = 0; }
5        void increment() { ++n; }
6        void decrement() { --n; }
7        int value() const { return n; }
8    private:
9        int n;
10   };
11   // 成员函数 increment 与 decrement 是可重入的
12   // 但是不是线程安全的
```

所以，可重入（Reentrant），即 same function, different data，同样的代码，不同的数据，可重入不代表线程安全，线程安全肯定是可重入的。

很多第三方软件库都申明自己是线程安全的，比如嵌入式数据库 SQLite3，这些库的实现代码，肯定添加了共享数据的序列化访问操作，即同一时刻还是只有一个执行线程能够访问到共享资源，或使用轻量级的原子变量来解决资源共享的问题。

3.9　线程 API 示例

本节将结合 1.4 节库函数设计中的循环 FIFO 来讲述多线程 API 的编程，分别给出了 Windows 与 Linux 中线程创建的 API 示例，以及单生产者单消费者模式下的 FIFO 完整实现，即两个线程，一个生产者，一个消费者。如果希望支持多个生产者多个消费者模式，那么就需要添加互斥锁、信号量等同步措施。

如代码片段 3-2 所示，我们先给出 Windows 操作系统中的线程创建示例，这里我们使用了 CreateThread 接口函数，读者也可以使用_beginthread 接口函数。

代码片段 3-2　Windows 中线程创建示例

```
1    #include <stdio.h>
2    #include <windows.h>
3    DWORD WINAP fifo_read(LPVOID arg);
4    DWORD WINAP fifo_write(LPVOID arg);
5    int main()
6    {
```

续表

7	HANDLE t1 = CreateThread(0, 0, fifo_read, 0, 0, 0);
8	HANDLE t2 = CreateThread(0, 0, fifo_write, 0, 0, 0);
9	HANDLE handles[2] = { t1, t2 };
10	WaitForMultipleObjects(2, handles, TRUE, INFINITE);
11	
12	system("pause");
13	return 0;
14	}

如代码片段 3-3 所示，我们给出了 Linux 操作系统中的线程创建示例，这里我们使用了 pthread_create 接口函数。

代码片段 3-3　Linux 端线程创建示例

1	int main()
2	{
3	pthread_t pid;
4	pthread_create(&pid, NULL, fifo_read, 0);
5	sleep(1);
6	pthread_join(pid, NULL);
7	return 0;
8	}

最后，我们选择在 Windows 的 Code Blocks 或者 Visual Studio 开发环境，给出完整的 FIFO 实现，如代码片段 3-4 所示，fifo.cpp 为源文件，头文件 fifo.h 在 1.4 节中已经给出。

代码片段 3-4　fifo.cpp 源文件的实现

1	#include "fifo.h"
2	#include <stdio.h>
3	#include <stdlib.h>
4	#include <string.h>
5	
6	static int empty(void *fifo)
7	{
8	fifo_t *p_fifo = (fifo_t *)fifo;
9	if (p_fifo->head == p_fifo->tail)
10	return 1;
11	else
12	return 0;
13	}
14	
15	static int full(void *fifo)
16	{
17	fifo_t *p_fifo = (fifo_t *)fifo;

续表

```
18      if (p_fifo->head == (p_fifo->tail+1) % p_fifo->capacity)
19          return 1;
20      else
21          return 0;
22  }
23  static int get(void *fifo)
24  {
25      int res = 0;
26      fifo_t *p_fifo = (fifo_t *)fifo;
27      if (p_fifo->empty(fifo))
28          return -1;
29
30      res = p_fifo->buff[p_fifo->head];
31      p_fifo->buff[p_fifo->head] = 0;
32      p_fifo->head = ((p_fifo->head+1) % p_fifo->capacity);
33      return res;
34  }
35  // 这里给出了静态函数 empty/full/get 的实现
36  // 它们会赋值给 FIFO 结构体的函数指针成员变量
1   static int peer(void *fifo)
2   {
3       int res = 0;
4       fifo_t *p_fifo = (fifo_t *)fifo;
5       if (p_fifo->empty(fifo))
6           return -1;
7
8       res = p_fifo->buff[p_fifo->head];
9       return res;
10  }
11
12  static int put(void *fifo, int val)
13  {
14      int res = 0;
15      fifo_t *p_fifo = (fifo_t *)fifo;
16      if (p_fifo->full(fifo))
17          return -1;
18
19      p_fifo->buff[p_fifo->tail] = val;
20      p_fifo->tail = ((p_fifo->tail+1) % p_fifo->capacity);
21      return res;
22  }
23
24  fifo_t *fifo_create(int cap)
```

续表

```
25  {
26      fifo_t *fifo = (fifo_t *)malloc(sizeof(fifo_t) +
27          sizeof(int)*cap);
28
29      memset(fifo + 1, 0, sizeof(int)*cap);
30      fifo->capacity = cap;
31      fifo->buff = (int*)(fifo + 1);
32      fifo->head = fifo->tail = 0;
33      fifo->empty = empty;
34      fifo->full = full;
35      fifo->peer = peer;
36      fifo->get = get;
37      fifo->put = put;
38      return fifo;
39  }
40  // 这里给出了静态函数 peer/put，以及外部接口 fifo_create 的实现
41  // fifo_create 用于创建整数 FIFO
42  void fifo_destroy(fifo_t *fifo)
43  {
44      free(fifo);
45  }
46
47  void fifo_dump(fifo_t *fifo)
48  {
49      for (int i = 0; i < fifo->capacity; ++i) {
50          printf("%02x ", fifo->buff[i]);
51      }
52      printf("\t(%d, %d)\n", fifo->head, fifo->tail);
53  }
54  // 这里给出了外部函数 fifo_destroy/fifo_dump 的实现
55  // 它们用于销毁 FIFO 结构体，以及调试 FIFO 结构体的内容
```

如代码片段 3-5 所示，我们给出了 main.cpp 源文件的实现。

代码片段 3-5　main.cpp 源文件的实现
第一部分

```
1  #include <stdio.h>
2  #include <stdlib.h>
3  #include <fifo.h>
4  #include <thread>
5  #include <chrono>
6  using namespace std;
7
8  static void fifo_write(void *arg)
```

续表

9	{
10	int tmp;
11	fifo_t *p_fifo = (fifo_t *)arg;
12	
13	for (int i = 0; i < 8; ++i) {
14	tmp = rand() % 10;
15	p_fifo->put(p_fifo, tmp);
16	tmp = rand() % 300;
17	this_thread::sleep_for(chrono::milliseconds(tmp));
18	}
19	this_thread::sleep_for(chrono::milliseconds(1000));
20	}

第二部分

1	static void fifo_read(void *arg)
2	{
3	fifo_t *p_fifo = (fifo_t *)arg;
4	int tmp;
5	for (int i = 0; i < 5; ++i) {
6	p_fifo->get(p_fifo);
7	tmp = rand() % 600;
8	this_thread::sleep_for(chrono::milliseconds(tmp));
9	}
10	this_thread::sleep_for(chrono::milliseconds(1000));
11	}
12	
13	int main()
14	{
15	setbuf(stdout, NULL);
16	srand(time(NULL));
17	
18	printf("----circular buffer testing----\n");
19	fifo_t *fifo = fifo_create(4);
20	fifo->put(fifo, 0);
21	fifo->put(fifo, 2);
22	fifo->put(fifo, 3);
23	fifo->put(fifo, 5);
24	fifo->get(fifo);
25	fifo->put(fifo, 4);
26	fifo_dump(fifo);
27	printf("--------------------------------\n");
28	
29	std::thread t1(fifo_write, fifo);
30	std::thread t2(fifo_read, fifo);
31	t1.join();
32	t2.join();
33	fifo_dump(fifo);
34	}
35	// 函数 fifo_write/fifo_read 分别用于生产与消费整数
36	// 使用了 C++标准库来生成 thread，以及 sleep 等待

3.10 小结

本章全面介绍了嵌入式操作系统设计过程需要的硬件知识和多任务程序设计。硬件知识包括 ARM Cortex-M 处理器、STM32F4 芯片、野火开发板、中断控制器、GPIO 外设以及 EXTI 外设。多任务程序设计包括进程、线程、纤程、可重入函数等相关概念,并给出了多线程程序设计的示例。

3.11 思维导图

思维导图,如图 3-13 所示,通过图形化的方式来帮助记忆知识点。

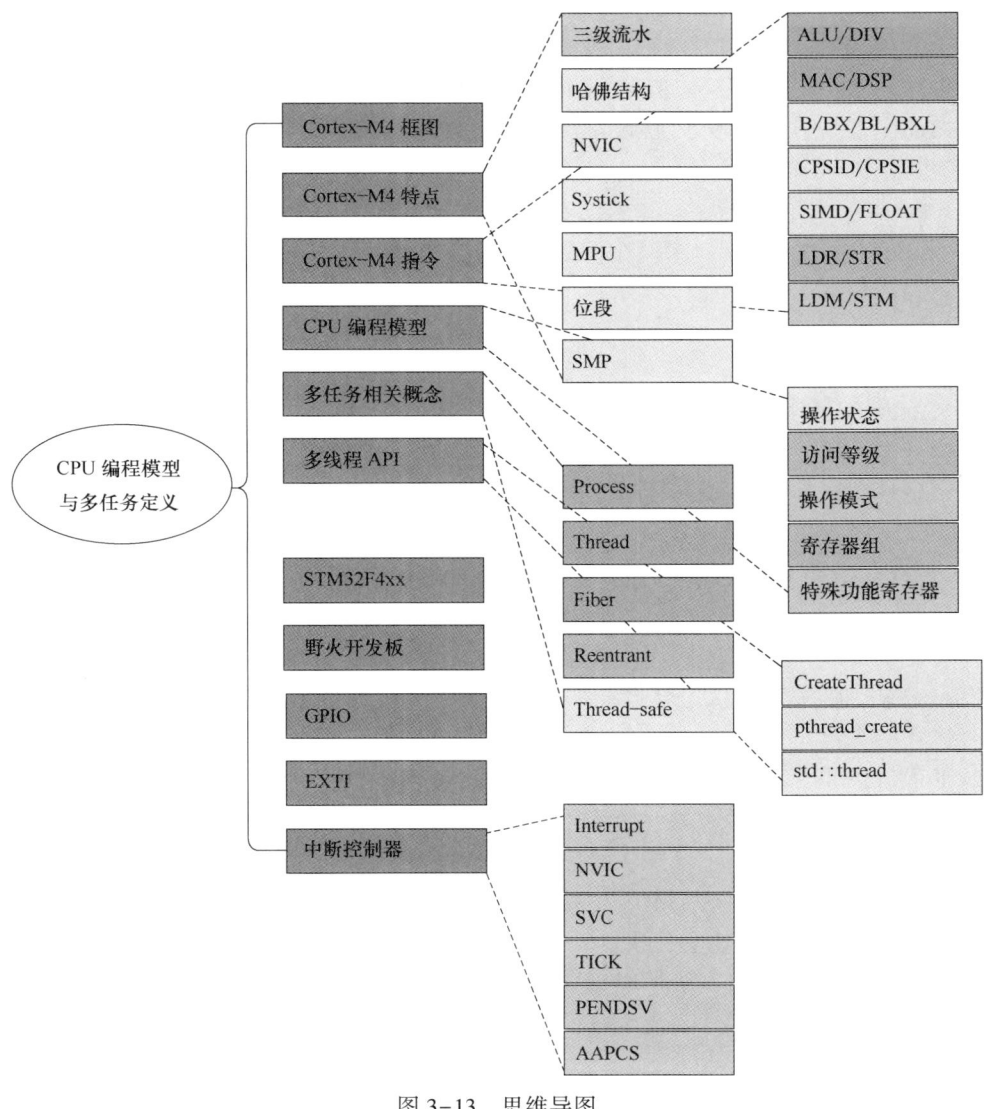

图 3-13 思维导图

第 4 章 Project 目录与 IDE 工程构建

工欲善其事，必先利其器。

软件开发要利用好编译工具链（Compiler Tool Chains）与编辑器（Editor）。如果是 Linux 系统，可以使用 Vim、Emacs 作为编辑器，GCC 作为编译器。MacOS 系统可以使用 XCode 编辑器，Clang 作为编译器。Windows 系统可以使用 VS Code 编辑器，或者 Code-Blocks，编译器可以使用 Clang 或者微软的 MSVC。

本书的工程在 Window 环境下开发，使用了交叉编译技术，且使用集成开发环境（IDE，Integrated Development Environment），即 MDK ARM，也称为 Keil μVision（ARM Develop Tools），它集成了交叉工具链，可以生成最终映像文件 Hex File，通过下载工具烧录到片上 Nor Flash 中运行。

4.1 本章目标

- ◇ Project 目录
- ◇ IDE 工程构建
- ◇ ARM 编译工具链
- ◇ 开发流程
- ◇ 硬件调试

4.2 Project 目录

要开发一个项目（project），首先要建立一个根目录，根目录包含了源文件、说明文档、发布记录、脚本目录、工具目录等。源文件通常要按照层级模块来划分，每个层级模块需要建立一个目录。C/C++中源文件通常还需要分为头文件目录与源代码文件目录，一个好的工程目录非常重要，不仅有利于代码的可读性，也有利于代码的可维护性，也会显得比较严谨与专业。

本节先建立本地 Project 目录，然后在 4.3 节构建 IDE（MDK ARM）工程，如图 4-1 所示，整个项目取名为 MOS，MOS 中按照代码的层级结构来建立文件目录，头文件与源文件暂时放一起，不单独建立目录。

其中 Doc 目录为文档目录，里面可以放 README 等文件，Project 目录为工程目录，里面可以放 IDE 工程文件，以及生成的中间文件。Source 目录即为 MOS 迷你操作系统的源代码目录，解释如下：

① app：应用代码目录。

② bsp：底层外设驱动。
③ cpu：处理器相关代码。
④ include：操作系统的通用头文件。
⑤ kernel：MOS 操作系统的实现代码。
⑥ port：OS 与 CPU 软硬件协同代码（移植部分）。

那么 MOS 的代码目录里面有哪些源文件呢？如图 4-2 所示，给出了 MOS 的初级目录，即基本功能文件目录。这里使用了 μVision 工程视图，部分头文件没有给出。

从源文件层级结构可以看出，CPU 和 PORT 部分有汇编代码文件，涉及处理器特殊

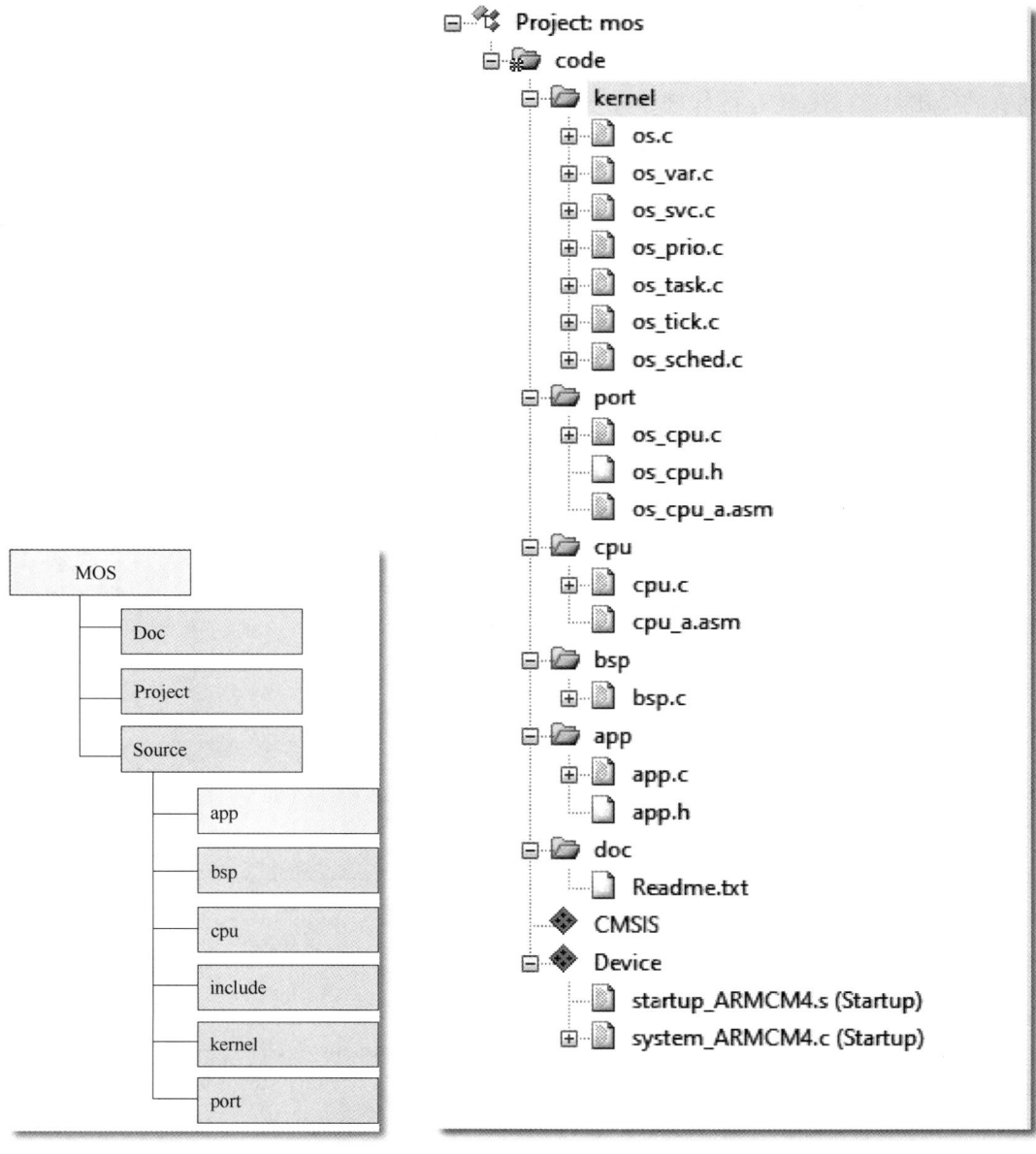

图 4-1　MOS 迷你操作系统代码目录　　　　图 4-2　MOS 迷你操作系统源文件层级

指令的使用。KERNEL 部分是 MOS 的核心，包含了优先级调度、时间片轮转调度、系统时钟节拍、系统调用、任务管理以及内核对象。

4.3 IDE 工程构建

本节将依赖 4.2 节的项目文件层级结构，来构建 IDE 工程，生成 XML 文件 MOS.uvprojx，即工程文件，它代表了 IDE 中虚拟文件目录的层级结构，最终结果已经在图 4-2 中列出，这里我们使用了 IDE 的软件模拟器 Simulator，模拟 ARM Cortex-M4 CPU，对于实现与验证迷你操作系统来说基本足够了。

本书后面实验部分，会给出运行于 STM32F407 芯片中的完整工程，只需要把 STM32F4xx 芯片对应的 Device 启动文件，以及 STM32 标准固件库文件添加到项目中。下面我们给出 IDE 工程构建的详细步骤。

4.3.1 使用 µVision 创建工程

点击 Project 菜单栏，使用 New µVision Project 新建一个工程，文件名可以是 MOS，保存的路径选择前面建立的项目文件夹 Project/RVMDK，记得创建 RVMDK 文件，这个名字可以自己决定，如图 4-3 所示。

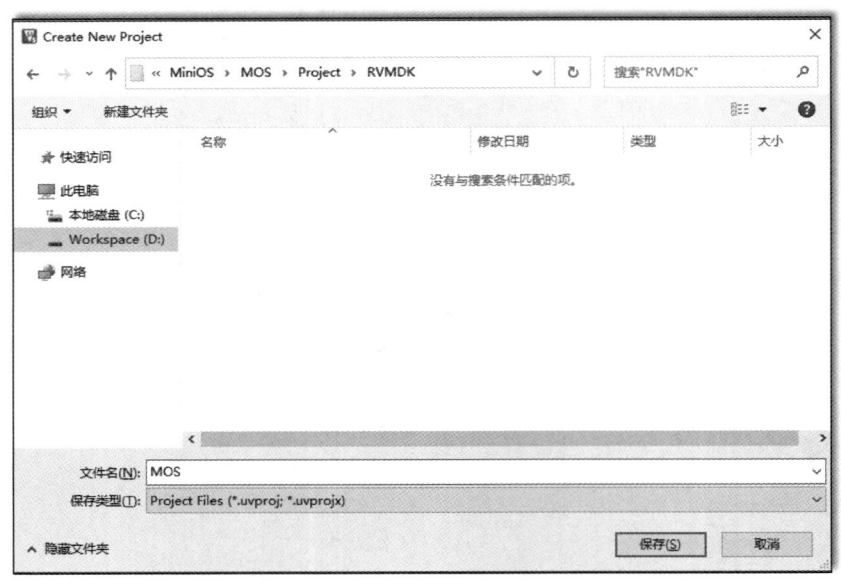

图 4-3　建立 µVision 工程文件

点击保存，这个时候会弹出 Select Device for Target 对话框，如图 4-4 所示，选择 ARMCM4 即可，使用 IDE 自带的仿真器 Simulator 调试运行。

点击 OK，这个时候会弹出 Manage Run-Time Environment 对话框，如图 4-5 所示，选择 CMSIS 栏中的 CORE，以及 Device 栏中的 Startup 即可，这两个文件即图 4-2 中的 CMSIS 标准接口文件与系统启动文件，包括 ARMCM4.h、system_ARMCM4.c、startup_ARMCM4.s 等。

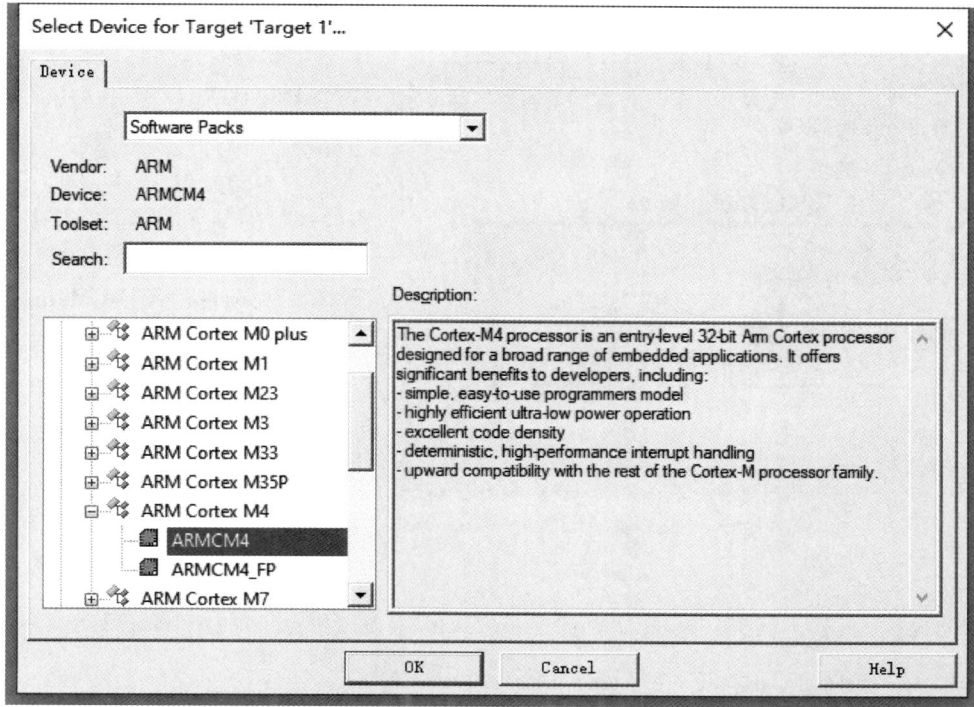

图 4-4 选择目标设备为 ARMCM4

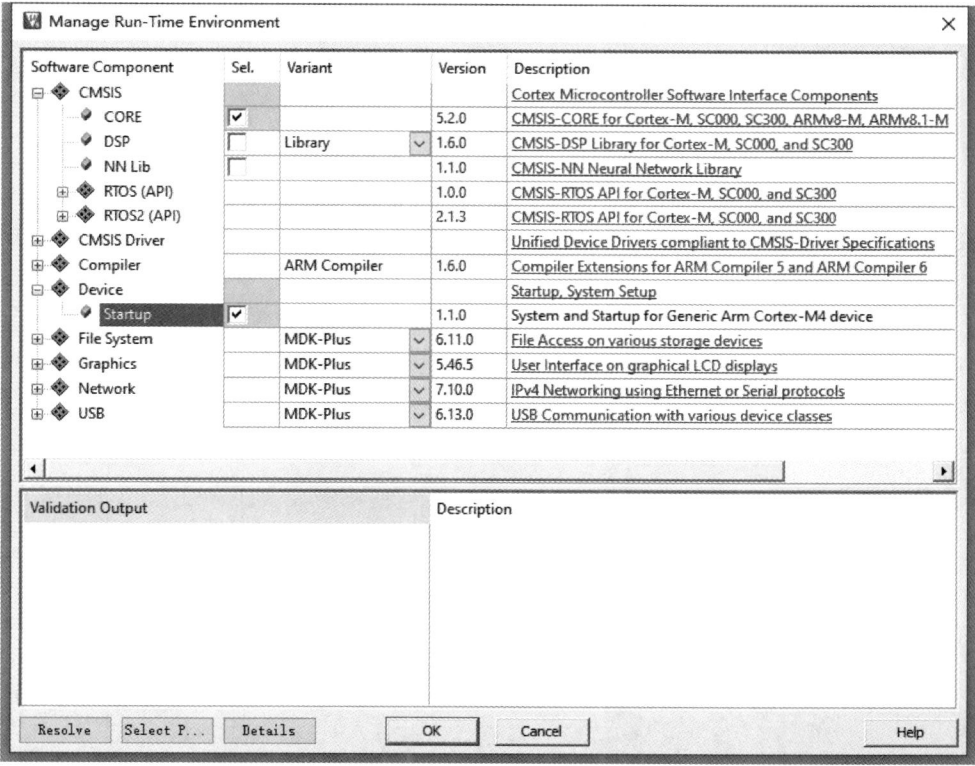

图 4-5 选择 CMSIS CORE 以及 Device Startup

默认情况下 system 与 startup 两个文件会放在 μVision 的安装目录下，经过上一步操作，会被拷贝到项目文件夹 Project\RVMDK\RTE\Device\ARMCM4 下面，而 ARMCM4.h 在目录 C:\Users\Administrator\AppData\Local\Arm\Packs\ARM\CMSIS\5.5.1\Device\ARM\ARMCM4\Include 中，读者可以在 system_ARMCM4.c 找到 ARMCM4.h 的 include 语句，右键点击这条语句，选择 open document，再右键 ARMCM4.h，选择 Open Containing Folder，即可找到包含的文件夹路径。

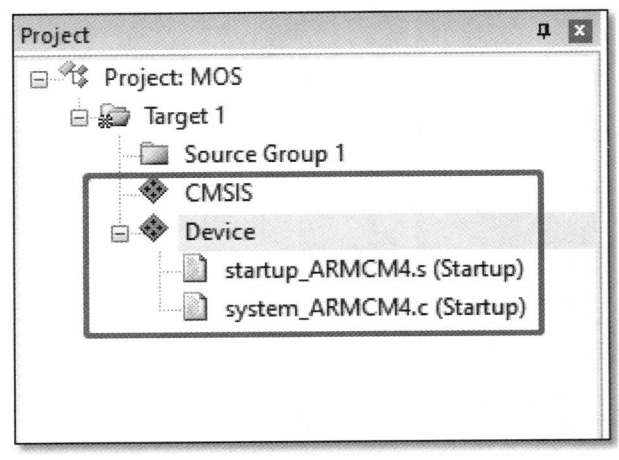

图 4-6　初始目录层级结构

点击 OK，这个时候会出现 IDE 工程的初始目录层级结构，如图 4-6 所示。注意，这里我们的 Device 是 ARMCM4，实验部分会使用 STM32F4xx。

4.3.2　在 IDE 工程中添加分组

右键点击 Target1，选择 Mange Project Items，出现如图 4-7 所示的对话框，将 Target1 改为 code，然后在 Groups 中添加分组，添加好以后如图 4-8 所示，点击 OK，就可以看到

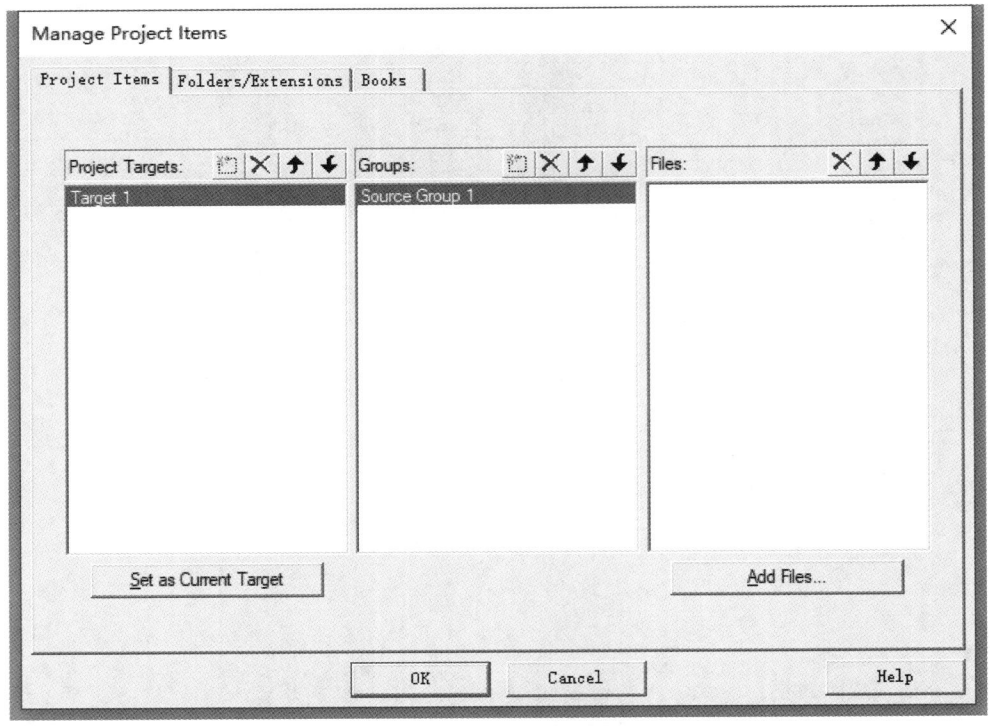

图 4-7　添加分组管理界面

第 4 章　Project 目录与 IDE 工程构建

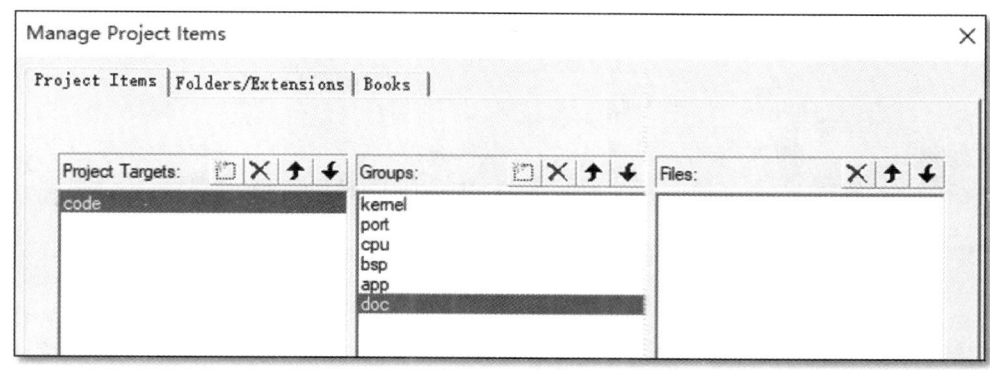

图 4-8　添加六个分组

如图 4-9 所示的层级目录。

最终的代码层级目录结构：

- kernel：MOS 操作系统的实现代码
- port：OS 与 CPU 软硬件协同代码（移植部分）
- cpu：处理器相关代码
- bsp：底层外设驱动
- app：应用代码目录
- doc：说明文档

4.3.3　在 IDE 工程中添加文件

下一步就是在 IDE 工程中添加文件，一般来说，项目中的文件是随着开发逐步添加的，但是设计之初可以确定的模块文件，可以预先添加进去，之后再慢慢迭代开发，按实际情况添加头文件与源文件。

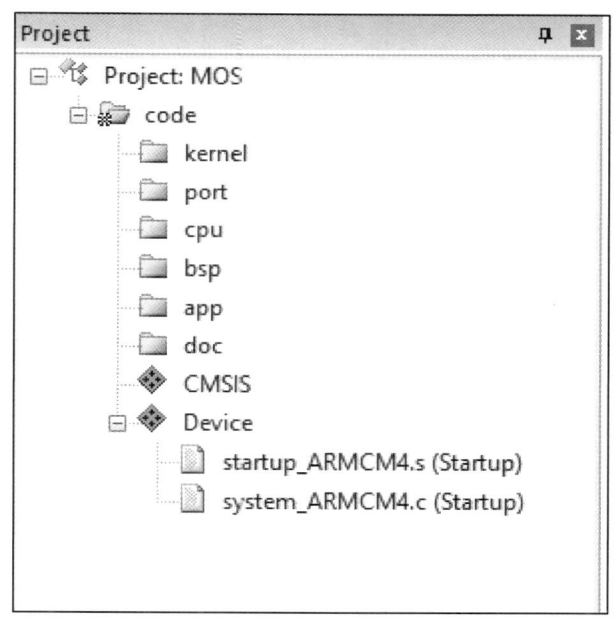

图 4-9　添加分组后的层级目录

双击 Project/code 下面的分组，会弹出选择文件对话框，选择好文件，即可添加到分组，可以按住 Shift 键同时选择多个文件。如图 4-10 所示，我们先添加 app 分组与 doc 分组。

添加完成的文件层级结构如图 4-11 所示，另外我们在表 4-1 中给出了 MOS 操作系统中需要的所有文件，读者可以一次性在项目文件夹中创建好，后面各章节会用到这些源文件，其中头文件记得编写好一组预处理标识符来防止重复包含。源文件可以编写简单的注释说明，并将对应的头文件包含进去。

在项目文件夹中新建好所有源文件，并添加到分组之后，整个 IDE 工程的层级结构会如图 4-2 所示（请查看 4.2 节），有些头文件不用添加到分组，需要查看的时候，右键点击 open document 打开，一般添加 C 源代码文件即可。

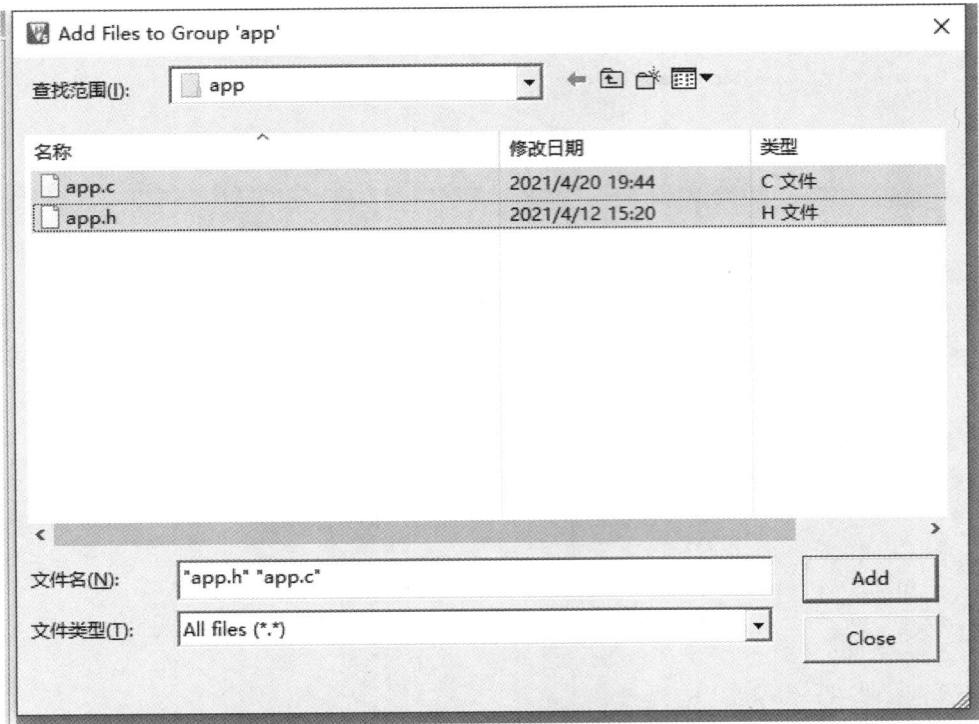

图 4-10 添加文件到分组

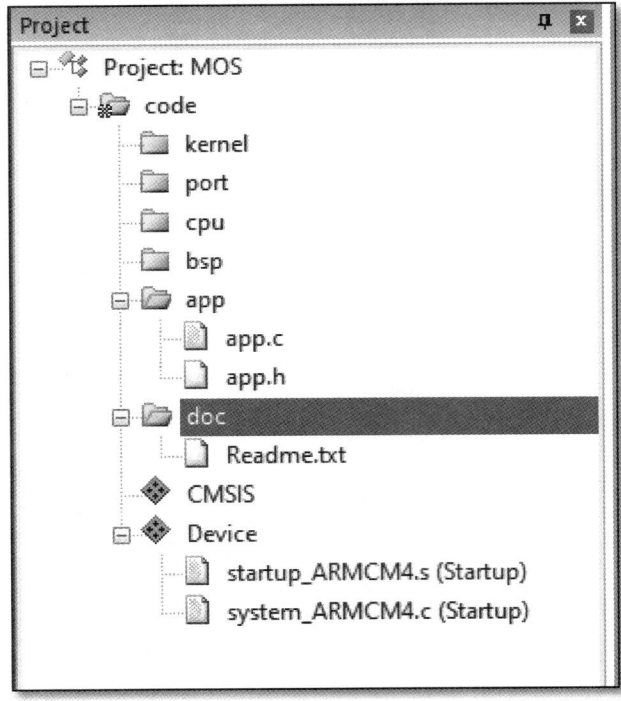

图 4-11 添加文件到分组之后的文件层级结构

第 4 章　Project 目录与 IDE 工程构建

表 4-1　MOS 操作系统初始代码文件列表

kernel	port	cpu	include	bsp
os.c	os_cpu_a.asm	cpu_a.asm	err.h	bsp.c
os_prio.c	os_cpu.c	cpu.c	list.h	bsp.h
os_sched.c	os_cpu.h	cpu.h		
os_task.c				
os_tick.c				
os_var.c				
os.h				
os_cfg.h				
os_svc.h				
os_task.h				
os_type.h				

4.3.4　IDE 工程 Options 配置

首先，更改 ARMCM4 的时钟频率为 25MHz，因为 system_ARMCM4 代码默认将 CPU 的时钟频率设置为 25MHz，50MHz 的一半，如图 4-12 所示。那么模拟器中也最好设置一致，在 IDE 的 Target 选项卡中修改即可，如图 4-13 所示。

```
#if defined (ARMCM4)
    #include "ARMCM4.h"
#elif defined (ARMCM4_FP)
    #include "ARMCM4_FP.h"
#else
    #error device not specified!
#endif

/*----------------------------------------------------------------------------
  Define clocks
 *---------------------------------------------------------------------------*/
#define XTAL            (50000000UL)    /* Oscillator frequency */

#define SYSTEM_CLOCK    (XTAL / 2U)
```

图 4-12　默认的 CPU 时钟频率

其次，选择使用软件模拟器。

如图 4-14 所示，在 Debug 选项卡，选择 Use Simulator，这里我们暂时不使用硬件调试器。硬件调试的介绍放在 4.4 节。

最后，如图 4-15 所示，我们来配置 μVision 工程项目中头文件的包含路径（Include Paths），需要将包含头文件的文件夹路径都添加到工程，这样编译器才能找到头文件，编译 C 源文件的时候才不会报错 "找不到头文件"。

到这一步，基于 ARMCM4 的 MOS 操作系统开发环境建立完毕。

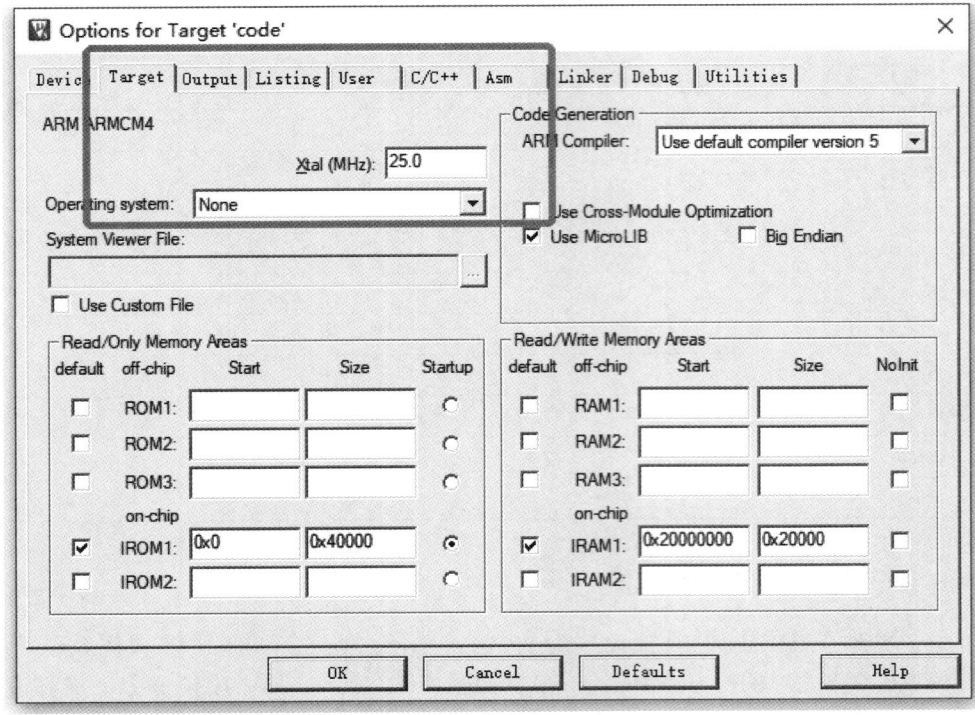

图 4-13　设置模拟器中的 CPU 时钟频率

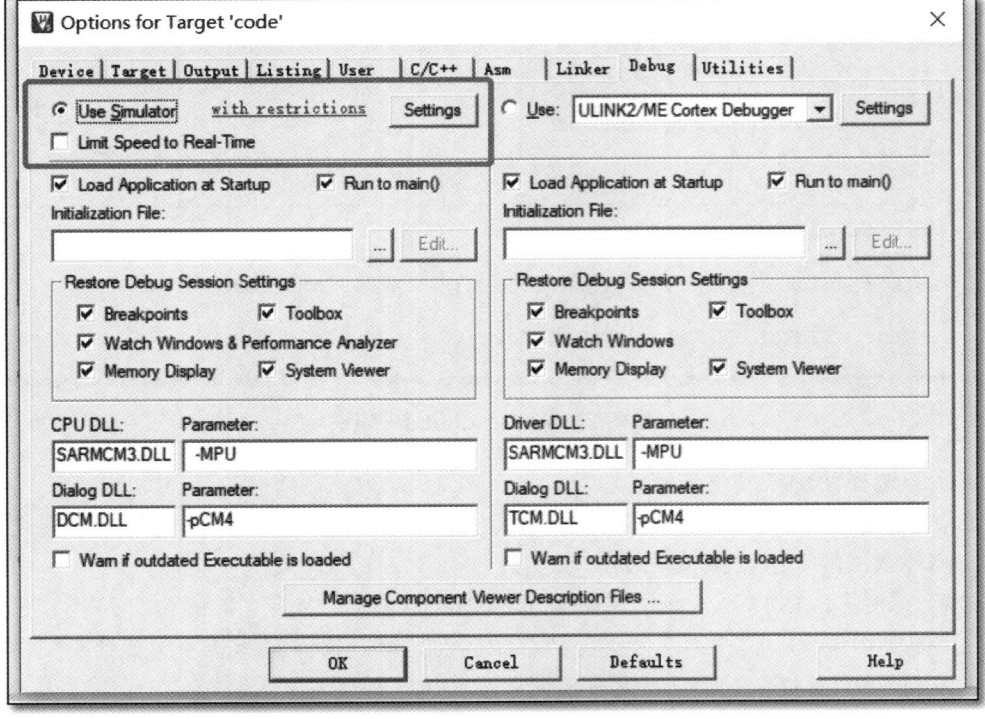

图 4-14　设置软件模拟器的使用

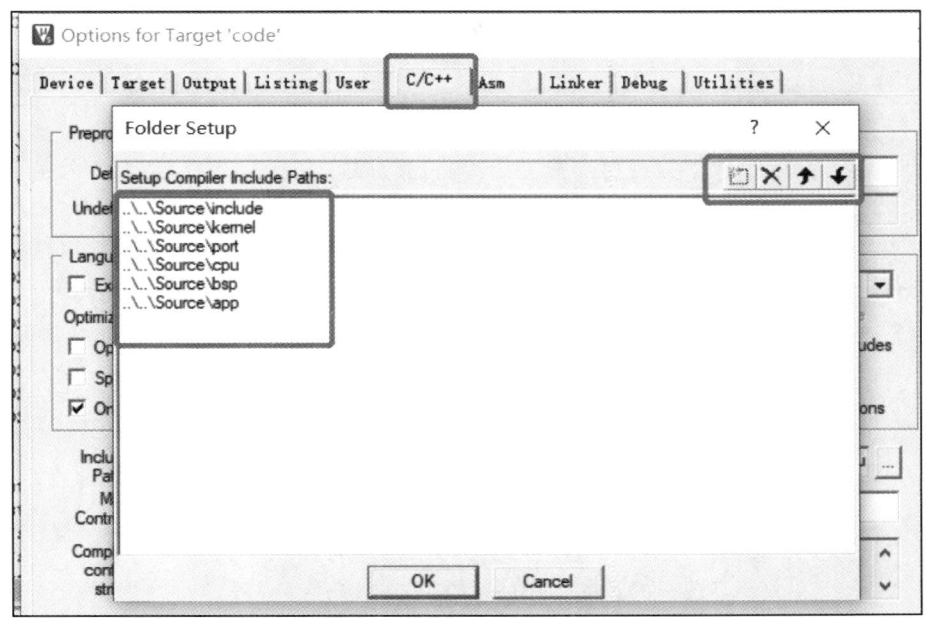

图 4-15　添加工程的头文件包含路径

4.4　ARM 编译工具链

点击 IDE 菜单栏 Help-> μVision Help，会弹出离线帮助文档，主页会显示如下信息，如图 4-16 所示，包含了 ARM 公司提供的交叉编译工具链：

Arm Development Tools

Keil MDK is the most comprehensive software development solution for Arm® Cortex®-M microcontrollers. It includes IDE, C/C++ compiler, debugger, software pack management, and CMSIS. The following table shows the Keil MDK product line. Additional product characteristics can be found on product selector page.

Components	Microcontroller Development Kit Editions			
	MDK-Professional	MDK-Plus	MDK-Essential	MDK-Lite
µVision IDE with Editor and Pack Installer	✔	✔	✔	✔
Arm C/C++ Compiler (armcc)	✔	✔	✔	32KB
Arm Macro Assembler (armasm)	✔	✔	✔	✔
Arm Linker (armlink)	✔	✔	✔	32 KB
Arm Utilities (fromelf)	✔	✔	✔	✔
Arm C and C ++ Libraries	✔	✔	✔	✔
Arm C Micro-Library (microlib)	✔	✔	✔	✔
µVision Debugger	✔	✔	✔	32 KB

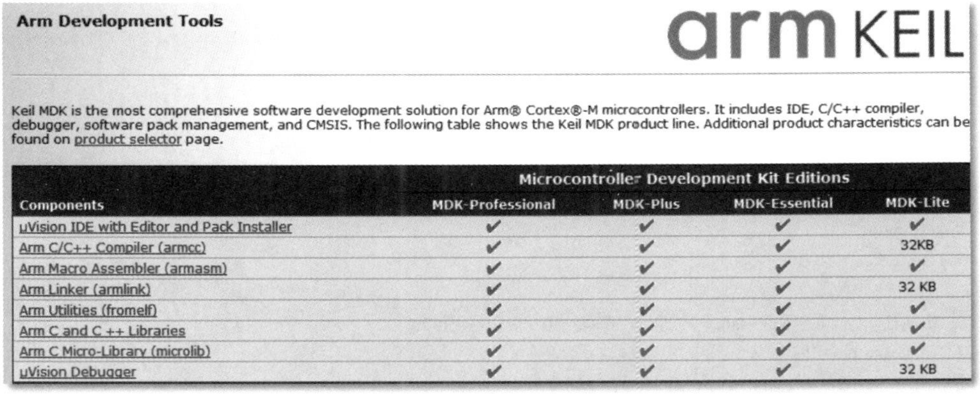

图 4-16　帮助文档 ARM KEIL

表 4-2 给出了这些工具的简单解释，具体内容读者可以阅读帮助文档，深入了解更多关于编译器工具链的信息。一个简单的编译过程，如图 4-17 所示。

如表 4-3 所示，我们给出了 Objects 目录下面的 MOS. build_log. htm 文件内容，帮助读者进一步了解编译过程。

表 4-2　　　　　　　　　　　　μVision 编译器工具链

工具链	说明
ARMCC	编译器
ARMASM	汇编器
ARMLINK	链接器
FROMELF	ELF 文件格式转换器
MICROLIB	微小型 C 库
DEBUGGER	调试器

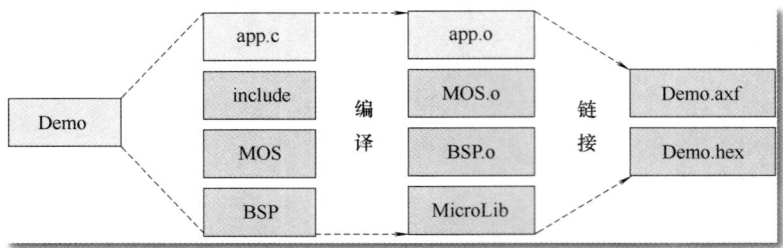

图 4-17　Project Demo 的二进制代码生成过程

表 4-3　　　　　　　　　　　　MOS. build_log. htm

Tool Versions:
Toolchain: MDK-ARM Plus Version: 5.28.0.0
Toolchain Path: C:\Keil_v5\ARM\ARMCC\Bin
C Compiler: Armcc.exe V5.06 update 6(build 750)
Assembler: Armasm.exe V5.06 update 6(build 750)
Linker/Locator: ArmLink.exe V5.06 update 6(build 750)
Library Manager: ArmAr.exe V5.06 update 6(build 750)
Hex Converter: FromElf.exe V5.06 update 6(build 750)
CPU DLL: SARMCM3.DLL V5.28.0.0
Dialog DLL: DCM.DLL V1.17.3.0
Target DLL: UL2CM3.DLL V1.162.16.0
Dialog DLL: TCM.DLL V1.36.2.0

Output:
***Using Compiler 'V5.06 update 6(build 750)',folder:
'C:\Keil_v5\ARM\ARMCC\Bin'
Build target 'code'
compiling app.c...
linking...
Program Size: Code=1400 RO-data=992 RW-data=20 ZI-data=1820
FromELF: creating hex file...
".\Objects\MOS.axf" - 0 Error(s),0 Warning(s).

Software Packages used:
Package Vendor: ARM
　　　　　http://www.keil.com/pack/ARM.CMSIS.5.5.1.pack
　　　　　ARM.CMSIS.5.5.1
　　　　　CMSIS(Cortex Microcontroller Software Interface Standard)
　*Component: CORE Version: 5.2.0
　*Component: Startup Version: 1.1.0

续表

Collection of Component include folders:
.\RTE_code
C:\…\Arm\Packs\ARM\CMSIS\5.5.1\CMSIS\Core\Include
C:\…\Arm\Packs\ARM\CMSIS\5.5.1\Device\ARM\ARMCM4\Include
Collection of Component Files used:
* Component:ARM::CMSIS:CORE:5.2.0
* Component:ARM::Device:Startup:1.1.0
Source file: Device\ARM\ARMCM4\Source\ARM\startup_ARMCM4.s
Source file: Device\ARM\ARMCM4\Source\system_ARMCM4.c

最后，我们给出编译器和程序编译的一般描述。在计算中，编译器是一种计算机程序，它将用一种编程语言（源语言）编写的计算机代码翻译成另一种语言（目标语言）。程序编译主要包含了词法分析、翻译、优化、生成等几个环节。

首先，词法分析是扫描整个源文件，使用正则表达式规则，分割源代码为 token 序列，并检查 token 的合法性。第二，翻译是将高级语言（token 序列）翻译为抽象语法树或语法树等其他中间表示层，这个过程会识别出语句、表达式、函数调用等语法单位。第三，优化阶段从整体与局部上考虑程序的大小、程序的执行效率，追求大小和性能收益，通常还处于中间表示层。最后，寄存器分配和代码生成，即生成低级指令形式（目标机器码或汇编语言）。符号表的创建与使用会贯穿这几个环节。

编译过程中，高级语言被解析拆分成不同的语法单位：声明、定义、语句以及表达式等。如图 4-18 所示，给出了一个从 Code Text 到 Code Binary 的编译示意图，各阶段用英文术语可描述为：

- lexical analysis
- syntax analysis
- semantic analysis
- intermediate code generation
- code optimization
- code generation

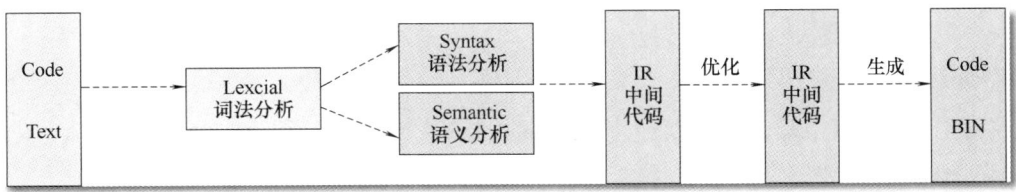

图 4-18 代码到代码的生成过程

代码经历了源文件格式、中间代码格式以及二进制可执行文件格式。

4.4.1 开发流程

嵌入式软件的开发流程，一般可以简单概括为：系统分析、产品需求、开发需求、系统设计、开发计划、软件开发、持续集成、系统测试、系统验证、系统发布以及系统维护，如图 4-19 所示。

软件开发过程中提交代码版本时，有些团队会使用持续集成（CI，Continuous Integration），即将自己本地的代码集成到主干代码，每次集成过程中，进行自动化测试，保证主干代码一直可用，具有稳定的构建版本，并且发送邮件通知此次集成的结果。

实际开发过程中，会使用本地 Git 服务器、GitLab 等版本控制工具，同时也会配合使用云端软件开发协作平台，如 GitHub、Gitee 等。部分独立开发者可能会青睐 NAS（私有云），管理自己的个人项目和个人数据。

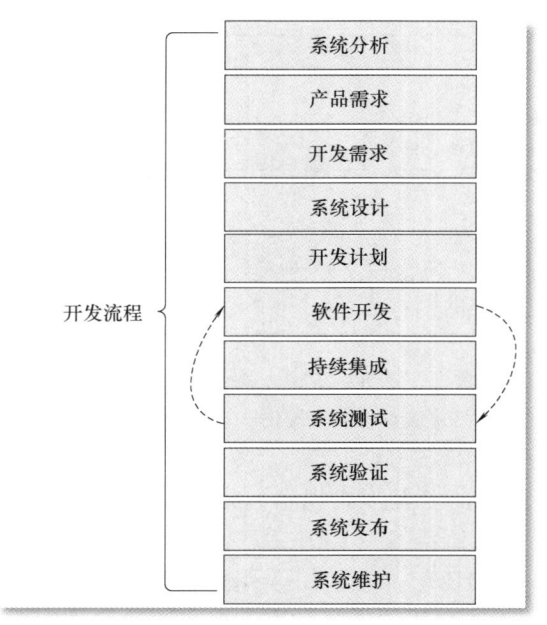

图 4-19　开发流程简图

4.4.2　嵌入式开发

嵌入式开发涉及交叉编译、链接以及下载，需要生成 ROM 映像文件，使用下载工具烧录到存储芯片 FLASH 中。

交叉编译是在一个处理器硬件平台上生成另一个处理器硬件平台上的可执行代码。相同的体系结构（CPU Architecture）上可以运行不同的操作系统；同理，相同的操作系统也可以运行在不同的体系结构上。

典型的交叉编译过程：运行在 x86 架构计算机上的 Windows 系统，安装了 MDK ARM，使用其中的 ARMCC 交叉编译器可以编译出运行在 ARM 架构上的二进制代码，比如本文使用的 ARM Cortex-M4 CPU。

类似的，在你的个人计算机上面安装 Linux 系统，下载 GNU ARM 开源交叉工具链（比如 Linaro），也可以编译生成可运行于 ARM 平台的二进制代码。如图 4-20 所示，给出了交叉编译开发过程的示意图。

4.4.3　调试技巧

使用 MDK ARM 开发，可以使用的调试技巧有：软件模拟器、JTAG、日志输出、硬件模拟器、其他硬件工具。

软件模拟器，就是 MDK ARM 自带的模拟器，可以模拟 ARM 的 CPU 指令，比如 Cortex-M4。很多嵌入式 IDE 都带有模拟器，可以处理简单的调试开发，暂停执行、设置断点、单步执行、查看内存或变量的值。本文的 MOS 操作系统在开发过程中就可以使用软件模拟器。

JTAG（Joint Test Action Group），一种国际标准测试协议，主要用于芯片内部测试，标准的 JTAG 接口是 4 线：TMS、TCK、TDI、TDO，分别为模式选择、时钟线、数据输入以及数据输出。

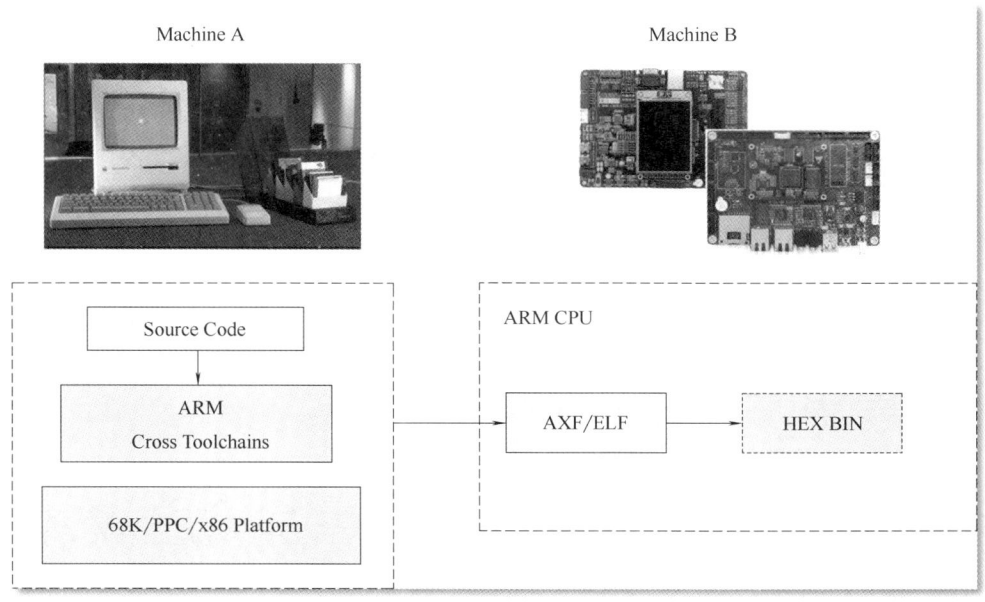

图 4-20 ARM 交叉编译

通常 JTAG 调试器一端通过 4 线制 JTAG 接口与开发板相连,另一端通过 USB 接口与 PC 机相连,这样 MDK ARM 就可以通过 JTAG 标准接口调试开发板。开发板的 JTAG 接口也称为硬件调试模块,属于芯片的接口模块,内部会连接到 CPU 内核的调试接口,这样就可以暂停 CPU 执行,设置断点,观察内存变量。

Cortex-M CPU 设计了比较复杂的调试跟踪系统,外部 JTAG 调试器,通常连接到 CPU 内部的 SWJ-DP 调试端口(既支持 SW 协议,也支持 JTAG 协议),再通过一个叫 DAP 的通用调试接口,连接到 AHB 访问端口 AHB-AP,这样数据就可以通过 AHB 系统总线送到 CPU Core,如图 4-21 所示。

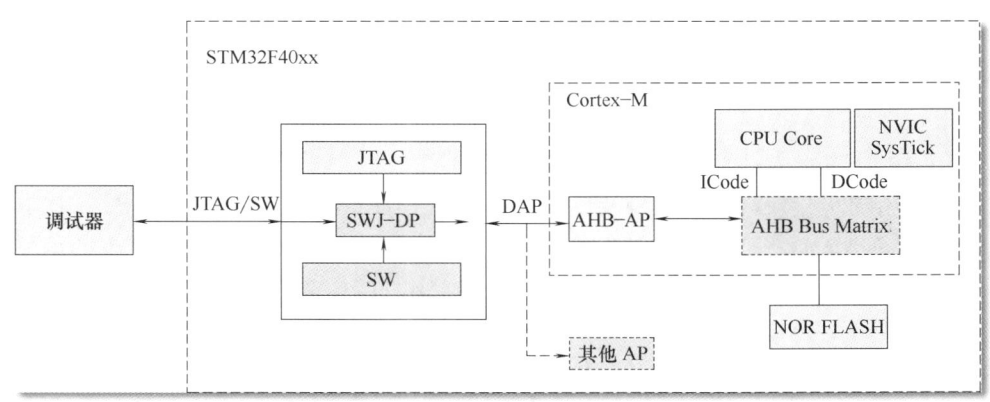

图 4-21 CPU 内部调试接口

MDK ARM 中如果使用 JTAG 来下载二进制 Hex 文件,速度会非常快,对于实际工程环境的设计与开发有很大的帮助。可以通过设置 Options/Debug 选项卡,启动硬件调试器,本文使用的是 CMSIS-DAP Debugger，是 ARM 官方的一款开源调试仿真器，几乎支持所有 Cortex-M 内核的单片机。

日志输出，就是通常所说的 printf，或 Linux 的 printk，将系统日志打印到控制台，或者串口终端，这样开发者可以分析程序的运行状况，这是实际开发中主要使用的调试手段，所以日志的格式一定要注意，另外是否支持多线程环境和多处理器模式。

硬件模拟器，就是使用功能更强大的硬件仿真器，可以实时仿真目标芯片，不过通常成本昂贵，不太适合小型团队的开发，或日常学习使用，但是像简单的 8051 单片机，有一些价格适宜的硬件模拟器，可以实时在线调试。

其他硬件工具，如万用表、示波器、逻辑分析仪、边界扫描仪等，读者可以结合实际情况来学习使用。

如图 4-22 所示，我们给出了一张设计与调试的示意图。

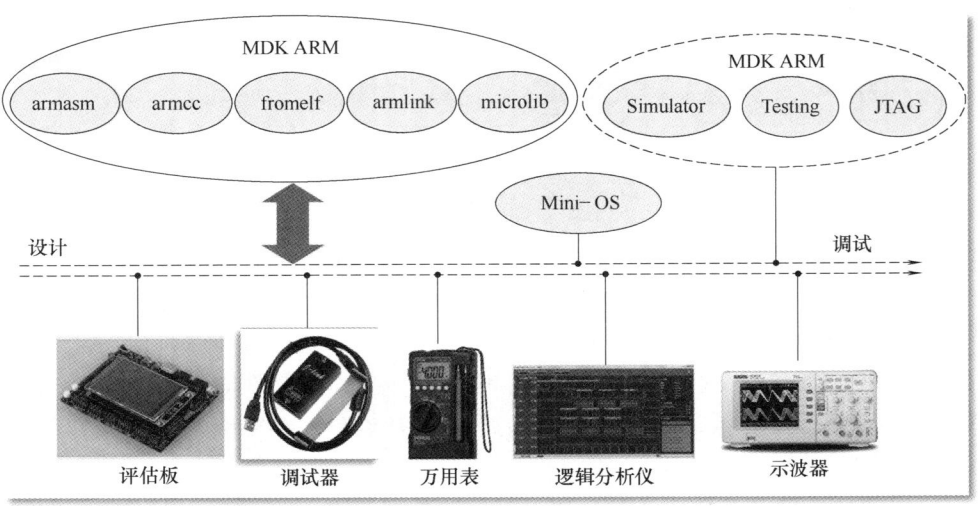

图 4-22　设计与调试

4.4.4　硬件调试

关于硬件调试，很多同学会问到 SWD、JTAG、JLINK 的区别，它们都是调试接口，实际开发中可能也没太注意，这里稍微解释一下。

本文使用的实验板就支持两种调试接口，一种是 JTAG，一种是 SWD（Serial Wire Debug）。SWD 是 ARM 公司提出的一种调试接口，相对于 JTAG 接口，使用更少的信号。一般使用两线制（串行数据与串行时钟），SWD 模式比 JTAG 在高速模式下更加可靠。在大数据量的情况下 JTAG 下载程序会失败，但是 SWD 发生的概率会小很多。基本上使用 JTAG 仿真模式的情况下可以直接使用 SWD 模式的，只要你的仿真器支持，推荐大家使用这个模式。

调试芯片时，就要遵守芯片的调试接口协议，如 JTAG 就是其中的一种。当仿真时，IAR、KEIL、ADS 等 IDE 都有一个公共的调试接口，RDI（Remote Debug Interface）就是其中的一种，那么我们如何完成 RDI 到 JTAG 的转换呢？

在电脑上写一个服务程序,把 IAR、KEIL、ADS 中的 RDI 命令解析成对应的 JTAG 协议,然后通过一个物理转换接口(类似 MAX232 芯片)发送到目标开发板,h-JTAG 就是这样的,硬件上仅是一个物理电平的转换接口,所以设计简单。而电脑中安装的 h-JTAG 软件就是前面说到的服务程序,负责协议转换。

或者,做一个 PCB 板,用此板直接接收来自 IAR、KEIL、ADS 等 IDE 的调试命令,并由此板做 RDI 到 JTAG 协议的转换,然后与目标板通信,这就是 JLINK 的工作原理。

由上可以看出 h-JTAG 由于是软件作协议转换的,所以速度较慢,但是硬件简单。而第二种方法的 JLINK 一般带一个强劲的 CPU,作硬件协议转换,虽然硬件复杂,但速度快,即一个 JTAG 协议硬件转换盒,如图 4-23 所示。

另外,我们补充一个知识点:ARM Cortex-M CPU 的调试跟踪系统(Debug and Trace System),跟踪调试属于非

图 4-23 JLINK 调试器

侵入式调试,可以在不打断 CPU 运行的情况下收集调试信息,是一种高级复杂的调试技术。

如图 4-24 所示,调试跟踪有四个数据流,这里面涉及如下调试组件:

① DWT:Data Watchpoint and Trace,数据观察点与跟踪。
② ITM:Instrumentation Trace Macrocell,仪器化跟踪宏单元。
③ ETM:Embedded Trace Macrocell,嵌入式跟踪宏单元。
④ TPIU:Trace Port Interface Unit,跟踪端口接口单元。

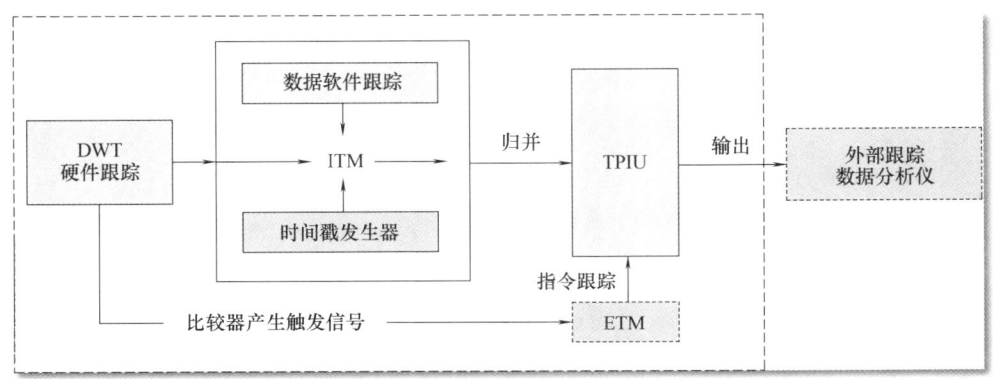

图 4-24 调试跟踪数据流

4.5 小结

本章首先对 MOS 的工程目录做了基本介绍,然后对 ARM 的集成开发环境 μVision 进行了整体概述,包括创建工程、添加分组、添加文件、工程配置、工程构建等,最后还介绍了 ARM 的编译工具链以及硬件调试技巧。

4.6 思维导图

思维导图,如图 4-25 所示,通过图形化的方式来帮助记忆知识点。

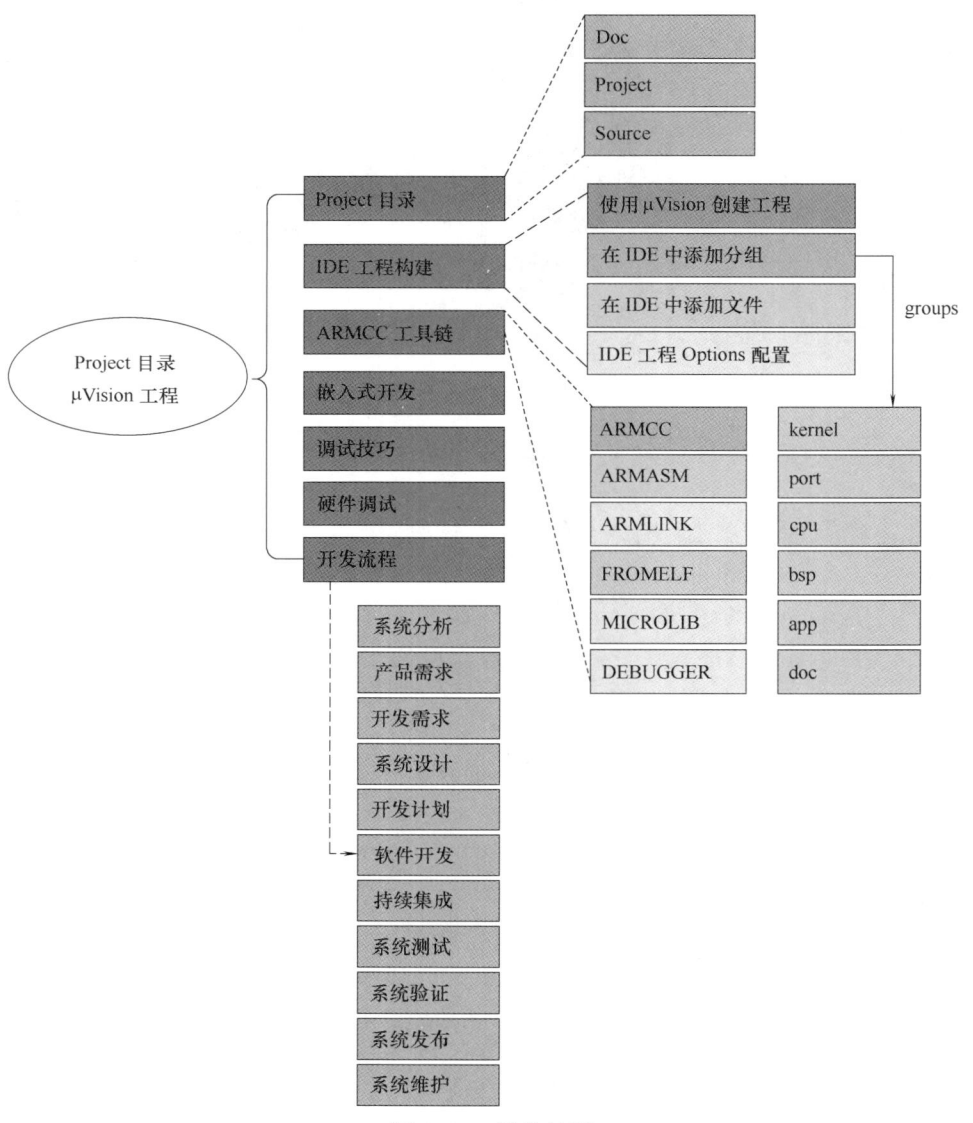

图 4-25 思维导图

第 5 章　任务控制块与上下文切换

本章开始讲解 MOS 操作系统的实现细节，动手写一个嵌入式操作系统。

前面都是相关铺垫，需要预先了解一些基本概念：如嵌入式操作系统的知识图谱、μC/OS-Ⅲ实时操作系统、多任务程序设计、ARM CPU 编程模型以及 MDK ARM 集成开发环境。

5.1　本章目标

- ◇ 任务控制块 TCB 的含义
- ◇ 任务的创建函数
- ◇ 任务上下文切换
- ◇ 系统初始化
- ◇ 系统启动
- ◇ 测试代码

5.2　任务控制块

每个操作系统都会定义任务的结构体，里面存储任务的相关信息，比如任务的标识 ID、堆栈指针、优先级、时间片、睡眠时间、信号等，这个结构体一般称为任务控制块（TCB，Task Control Block）。

Linux 中使用 task_struct 来表示任务 TCB，大概 700 多行代码。

μC/OS-Ⅲ中使用 OS_TCB 来表示任务 TCB，大概 70 行代码。

MOS 中使用 tcb_t 来表示任务 TCB，只有 10~20 行代码。

本书会从设计一个迷你操作系统的角度出发，一步一步添加代码，直到完成预定的多任务程序设计。会从底层系统的实现，到上层应用的编写，逐步讲解，其中移植部分参考了 STM32 官方代码，以及 μC/OS-Ⅲ。

测试代码部分，我们参考了实验板的野火教材[8]，读者可以结合起来阅读。这里会定义多个全局变量：比如 flag1 与 flag2，然后在 main 函数中创建两个任务 task1 与 task2，它们分别按照一定的频率修改 flag1 与 flag2，然后使用开发环境的逻辑分析仪来仿真并观察全局变量的波形变化（bit 模式），有点类似于 LED 灯的闪烁。最终的波形图如图 5-1 所示，两个全局变量交替闪烁。

细心的读者观察波形图之后，可能会问，为什么两个任务分别修改了全局变量，但是波形图看上去似乎并不是并发执行，反而像是在单任务中，按一定频率依次闪烁 LED。这个问题的原因是 delay 函数并不是真正的 sleep 函数或者 blocking 函数，导致这两个任务

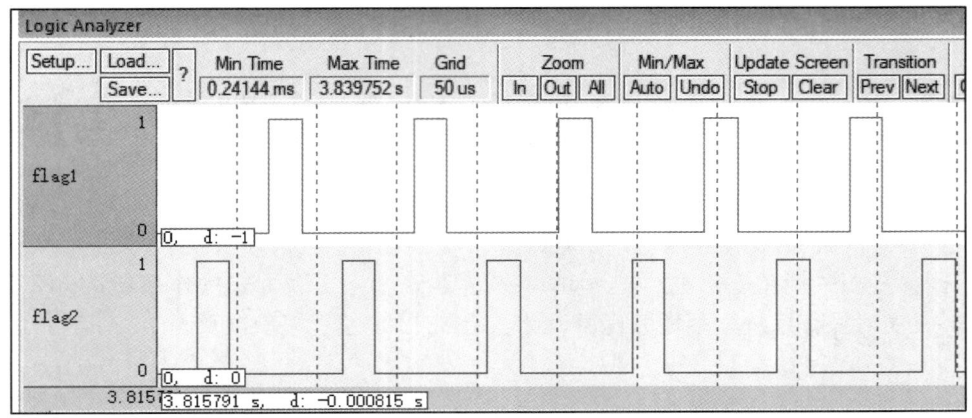

图 5-1 逻辑分析仪中全局变量

现在是 CPU-Bound 型任务，下文再来解释。

首先，我们给出任务控制块的结构体，定义好当前需要的任务信息，如代码片段 5-1 所示，放在 os.h 文件中，预先定义了 8 个变量，第一时间想到的变量。

代码片段 5-1　定义任务 TCB 的结构体类型

1	`typedef struct os_tcb_t {`
2	`    u32 *stack;              // point to stack top`
3	`    u32 *stk_org;            // original stack base`
4	`    u32 stk_size;            // stack size`
5	`    list_head head;          // doubly linked list`
6	
7	`    u32 tid;                 // task ID`
8	`    u32 prio;                // priority value`
9	`    u32 time_slice;`
10	`    u32 time_left;`
11	`} tcb_t;`
12	`// TCB 结构体中使用了 Linux 中的 list_head 双向链表`
13	`// 我们在第一次使用的时候，再给出解释`

我们在前面讲到任务创建中最重要的三个部分：任务控制块、任务堆栈、任务入口函数。这里定义了任务控制块，那么下一步就是定义任务堆栈与任务入口函数了。

MOS 系统中，我们使用了一种不一样的方式来定义任务堆栈，即从堆上分配空间，而不是通过全局变量，使用数据段的形式来分配。这样的好处，就是任务创建函数的原型可以进一步简化，用户也好理解。任务入口函数的定义，我们放在后面再编写，先来定义任务创建函数。如代码片段 5-2 所示，我们给出了任务创建函数的原型声明。

代码片段 5-2　定义任务创建函数

1	`typedef void(*task_routine)(void *);`
2	

续表

3	u32 task_create(task_routine routine, void *arg,
4	u32 stk_size, u32 prio, u32 tick_slice);
5	u32 clone(task_routine routine);
6	
7	// 首先，定义了任务入口函数的原型，具有 void 型指针参数
8	// 然后，定义了任务创建函数 task_create 与 clone
9	// clone 从 Linux 借鉴而来，fork 的底层就是 clone

要定义函数原型或数据结构，肯定会涉及参数和变量的类型，我们知道在 C 语言里面，原始的 primitive type 就是整型、浮点型，也就是 char、short、int、long、float、double。如果是无符号类型，添加一下修饰符 unsigned。代码实现中我们选择进行一些简单的数据类型重命名，使用 typedef，如代码片段 5-3 所示，放在 cpu.h 头文件中。

代码片段 5-3　定义新的数据类型名字

```
1   #ifndef __CPU_H__
2   #define __CPU_H__
3   
4   typedef unsigned char      u8;
5   typedef unsigned short     u16;
6   typedef unsigned int       u32;
7   
8   #endif
9   // 部分开发环境中定义 unsigned int 为 UINT32，这里使用了 u32
```

我们再来分析一下任务创建函数 task_create 的原型，设计了 5 个参数：

- routine： 任务入口函数
- arg： routine 的输入参数
- stk_size： 堆栈的大小
- prio： 优先级
- tick_slice： 时间片

任务创建函数 clone 比较简洁，它只有一个参数，任务入口函数 routine。这个时候读者可能想赶紧开始编写代码实现，但是真正开始编写的话，会发现有几个额外的参数没有界定：堆栈的大小默认值、时间片默认值、优先级默认值。如代码片段 5-4 所示，给出了这几个默认值的宏定义。

代码片段 5-4　定义任务相关的几个默认值

```
1   // DEFINES
2   #define OS_DEF_STK_SZ    (128)
3   #define OS_DEF_TIM_SL    (5)
4   #define OS_MAX_PRIO      (32)
5   // 有时候开发中会发现需要定义额外的常量
6   // 这里定义了三个默认值，最多支持 32 个优先级
```

这个时候读者可能又会想赶紧开始编写代码实现，但是真正开始编写的话，会发现任务控制块的指针该放在哪里呢，缺少一个全局的位置来放置系统中的 TCB 指针，另外 TCB 中的任务 ID 怎么生成呢？这里定义了一个全局的数据结构来解决，如代码片段 5-5 所示。

代码片段 5-5　定义 MOS 系统的全局结构体

```
1   // MOS
2   typedef struct list_head list_head;
3   typedef struct mos_t {
4       u32         tid_count;
5       list_head   ready[OS_MAX_PRIO];
6   } mos_t;
7   EXT mos_t mos;
8   // 按顺序给出任务 ID，tid_count 每次加 1
9   // ready 是就绪列表的头结点，按照优先级来组织
```

这里再次出现了 list_head 的使用，下面给出其定义，如代码片段 5-6 所示。

代码片段 5-6　Linux Doubly Linked List

```
1   #ifndef __LIST_H__
2   #define __LIST_H__
3
4   struct list_head {
5       struct list_head *next, *prev;
6   };
7
8   #define LIST_HEAD_INIT(name) { &(name), &(name)}
9   #define LIST_HEAD(name) \
10      struct list_head name = LIST_HEAD_INIT(name)
11
12  #define LIST_POISON1(0)
13  #define LIST_POISON2(0)
14
15  static inline void INIT_LIST_HEAD(struct list_head *list)
16  {
17      list->next = list;
18      list->prev = list;
19  }
20  #endif
```

5.3　任务创建函数

这个时候可以开始编写代码实现了，先编写 task_create 函数，如代码片段 5-7 所示，

首先，局部变量，或临时变量的定义；其次，从系统堆 Heap 上面分配任务的 TCB；最后，初始化任务 TCB，并放入 MOS 的全局结构体变量 mos 中，以备之后可以访问到任务 TCB。

代码片段 5-7　Task_create 函数

```
1   u32 task_create(task_routine routine, void *arg,
2       u32 stk_size, u32 prio, u32 tick_slice)
3   {
4       CPU_SR_ALLOC();
5       u32 *sp = 0, *stack = 0;
6       tcb_t *tcb = 0;
7
8       stack = (u32*)malloc(sizeof(u32)*stk_size);
9       memset(stack, 0, sizeof(u32)*stk_size);
10      sp = stack_init(routine, arg, stack, stk_size);
11
12      tcb = (tcb_t *)malloc(sizeof(tcb_t));
13      memset(tcb, 0, sizeof(*tcb));
14      tcb->prio = prio;
15      tcb->stack = sp;
16      tcb->stk_org = stack;
17      tcb->stk_size = stk_size;
18
19      // critical section
20      CPU_CRITICAL_ENTER();
21
22      // get new TID
23      tcb->tid = ++mos.tid_count;
24
25      // put into task ready list
26      list_add_tail(&tcb->head, &mos.ready[tcb->prio]);
27
28      CPU_CRITICAL_EXIT();
29      return tcb->tid;
30  }
```

上面出现了 5 个陌生函数，其中有 4 个函数与 CPU 的编程模型相关，1 个函数与双向链接 List 操作相关：

- CPU_SR_ALLOC
- stack_init
- CPU_CRITICAL_ENTER
- list_add_tail
- CPU_CRITICAL_EXIT

这里先给出 stack_init 函数的定义，如代码片段 5-8 所示，初始化任务的 16 个寄存器，保存于任务的堆栈上面，同时更新任务的 SP 指针，保存于任务的 TCB 中。

代码片段 5-8 Stack_init 函数

```
1   u32 *stack_init(task_routine   p_task,
2                   void           *p_arg,
3                   u32            *p_stk_base,
4                   u32            stk_size)
5   {
6       u32    *p_stk;
7       p_stk = &p_stk_base[stk_size];
8       p_stk = (u32 *)((u32)(p_stk)& 0xFFFFFFF8);
9
10      *--p_stk = (u32)0x01000000u;    // xPSR
11      *--p_stk = (u32)p_task;         // PC
12      *--p_stk = (u32)0x14141414u;    // R14
13      *--p_stk = (u32)0x12121212u;    // R12
14      *--p_stk = (u32)0x03030303u;    // R3
15      *--p_stk = (u32)0x02020202u;    // R2
16      *--p_stk = (u32)0x01010101u;    // R1
17      *--p_stk = (u32)p_arg;          // R0
18
19      *--p_stk = (u32)0x11111111u;    // R11
20      *--p_stk = (u32)0x10101010u;    // R10
21      *--p_stk = (u32)0x09090909u;    // R9
22      *--p_stk = (u32)0x08080808u;    // R8
23      *--p_stk = (u32)0x07070707u;    // R7
24      *--p_stk = (u32)0x06060606u;    // R6
25      *--p_stk = (u32)0x05050505u;    // R5
26      *--p_stk = (u32)0x04040404u;    // R4
27      return(p_stk);
28  }
```

我们再来看一下 list_add_tail 的实现，如代码片段 5-9 所示，添加一个新的节点到就绪列表中，new 代表新节点，head 代表就绪列表的头结点。

代码片段 5-9 List Add Tail 函数

```
1   /**
2    * list_add_tail-add a new entry
3    * @ new: new entry to be added
4    * @ head: list head to add it before
5    *
6    * Insert a new entry before the specified head.
7    * This is useful for implementing queues.
8    */
```

9	`static inline void list_add_tail(struct list_head *new,`
10	`                    struct list_head *head)`
11	`{`
12	`    __list_add(new, head->prev, head);`
13	`}`
14	
15	`static inline void __list_add(struct list_head *new,`
16	`    struct list_head *prev, struct list_head *next)`
17	`{`
18	`    next->prev = new;`
19	`    new->next = next;`
20	`    new->prev = prev;`
21	`    prev->next = new;`
22	`}`
23	`// 调用__list_add 静态函数, 第一个参数为新插入的节点`
24	`// 后面两个参数为插入位置的前节点与后节点`

剩下的3个函数用于开关中断,它们属于CPU的编程模型,也属于OS的移植代码,这一部分代码我们基本保持不变,与STM32官方或者μC/OS-Ⅲ一致,稍微修改,提高可读性,删掉未使用的函数。

- CPU_SR_ALLOC
- CPU_CRITICAL_ENTER
- CPU_CRITICAL_EXIT

具体代码放在了cpu.h文件中,如代码片段5-10所示,定义了几个宏函数,调用了CPU_SR_Save 与 CPU_SR_Restore,这两个函数在文件cpu_a.asm 中定义,用汇编代码实现,如代码片段5-11所示。

代码片段5-10 Critical Section 进入与退出函数

1	`u32 CPU_SR_Save(void);`
2	`void CPU_SR_Restore(u32);`
3	
4	`/* Save CPU status word & disable interrupts. */`
5	`#define CPU_SR_ALLOC() u32 cpu_sr = 0`
6	`#define CPU_INT_DIS() do {cpu_sr = CPU_SR_Save();} while (0)`
7	
8	`#define CPU_INT_EN() do {CPU_SR_Restore(cpu_sr);} while (0)`
9	`#define CPU_CRITICAL_ENTER() do {CPU_INT_DIS();} while (0)`
10	`#define CPU_CRITICAL_EXIT() do {CPU_INT_EN();} while (0)`
11	
12	`// disable 中断前, 保存 xPSR 的值`
13	`// enable 中断时, 恢复上次保存的 xPSR 的值`

代码片段 5-11　CPU_SR_Save/Restore 函数

```
1   CPU_SR_Save
2         MRS     R0, PRIMASK
3         CPSID   I
4         BX      LR
5
6   CPU_SR_Restore
7         MSR     PRIMASK, R0
8         BX      LR
9   // 保存与恢复 PRIMASK 特殊寄存器的内容
```

任务创建函数的介绍基本就结束了，最后，如代码片段 5-12 所示，我们给出了 clone 的定义，放在源文件 os.c 中。

代码片段 5-12　函数 clone 的定义

```
1   #define OS_DEF_PRIO   (OS_MAX_PRIO/2)
2   u32 clone(task_routine routine)
3   {
4       return task_create(routine, 0, OS_DEF_STK_SZ,
5           OS_DEF_PRIO, OS_DEF_TIM_SL);
6   }
7   // 默认优先级为最大优先级的一半，比如 32/2，即 16
```

5.4　上下文切换

在上一节，我们编写好了任务创建函数，解决了 TCB、Stack、Routine 的定义问题，并将它们关联到一起。下一步就会想到，如何支持多个任务的创建，如何支持多任务间切换，即上下文切换，保存上文，恢复下文。

本节内容上会包含一些汇编代码，基本上与 STM32/UCOS 保持一致，可直接使用，我们不作修改，符号名称不变，方便读者结合 μC/OS-Ⅲ 一起学习。

首先，总体上解释一下上下文的概念，上下文即 Context，包含了一个任务的执行信息，在我们的实验板上面，就是任务的 16 个寄存器，以及任务的 SP 指针，需要保存好，适当的时候再恢复。方法是将 CPU 的 16 个物理寄存器 Push 到任务的堆栈，或从任务的堆栈 Pop 出 16 个逻辑寄存器到 CPU 的物理寄存器上。

其次，我们需要在 C 源文件中声明四个全局变量，放在 os.h 文件中，如代码片段 5-13 所示，分别是优先级、任务控制块指针变量。

代码片段 5-13　上下文中的优先级与任务控制块

```
1   EXT u32     OSPrioCur;
2   EXT u32     OSPrioHighRdy;
3   EXT tcb_t   *OSTCBCurPtr;
```

第 5 章　任务控制块与上下文切换

续表

4	EXT tcb_t　　*OSTCBHighRdyPtr;
5	
6	// OSPrioCur 与 OSTCBCurPtr 属于上文，当前任务
7	// OSPrioHighRdy 与 OSTCBHighRdyPtr 属于下文，下一个任务

这里，我们说明一下宏定义 EXT 的作用，在 C 语言里面，一个符号可以被声明多次，但是只能定义一次，在一个定义的前面添加修饰符 extern 可以将其界定为声明，编译器编译的时候，不会为目标文件中的声明分配变量空间。

EXT 的作用就是在 os.h 中声明所有的全局变量，其他包含 os.h 的 C 源文件，默认看到的都是全局变量的声明，只有 os_var.c 源文件不同，它会将 EXT 修饰的变量都变成定义，其实简单说就把 EXT 定义为一个预处理宏，但这种方法是可以借鉴的。

直接看代码更清晰，如代码片段 5-14 所示，放在 os.h 文件中。

代码片段 5-14　外部变量预处理宏 EXT 的实现

```
1    #ifdef OS_GLOBAL_DEFINES
2    #define EXT
3    #else
4    #define EXT extern
5    #endif
6
7    // 只有 os_var.c 源文件定义了 OS_GLOBAL_DEFINES
8    // 其他源文件包含的变量定义，都会有 extern 修饰符
```

而 os_var.c 的实现就比较简单了，里面除了包含 os.h 头文件来产生全局变量的定义外，不安排其他事情，如代码片段 5-15 所示。

代码片段 5-15　全局变量的定义

```
1    // os_var.c
2    //
3    #define OS_GLOBAL_DEFINES
4    #include "os.h"
5
6    // 只有 os_var.c 源文件定义了 OS_GLOBAL_DEFINES
```

最后，我们来看一下上下文切换函数，如代码片段 5-16 所示。

代码片段 5-16　任务调度函数 schedule

```
1    void schedule(void)
2    {
3        if (OSTCBCurPtr == list_entry(
4            mos.ready[OS_DEF_PRIO].next, tcb_t, head)) {
5            OSTCBHighRdyPtr = list_entry(
6                mos.ready[OS_DEF_PRIO].prev, tcb_t, head);
```

续表

7	`} else {`
8	`    OSTCBHighRdyPtr = list_entry(`
9	`        mos.ready[OS_DEF_PRIO].next, tcb_t, head);`
10	`}`
11	`OS_TASK_SW();`
12	`}`
13	`// 目前就两个任务，优先级默认为 OS_DEF_PRIO`

这里有一个陌生函数 OS_TASK_SW，它才是真正触发任务切换的起始点，schedule 中的前面 8 行代码，仅仅设置 OSTCBHighRdyPtr，指向最高优先级任务的 TCB。我们来看下 OS_TASK_SW 的实现，如代码片段 5-17 所示，它是一个宏函数，设置了 NVIC 的 ICSR 寄存器，放在头文件 os_cpu.h 中。

代码片段 5-17　头文件 os_cpu.h

```
1  #ifndef __OS_CPU_H__
2  #define __OS_CPU_H__
3  #include "os.h"
4
5  #ifndef  NVIC_INT_CTRL
6  #define  NVIC_INT_CTRL      *((u32 *)0xE000ED04)
7  #endif
8
9  #ifndef  NVIC_PENDSVSET
10 #define  NVIC_PENDSVSET     0x10000000
11 #endif
12
13 #define  OS_TASK_SW()       NVIC_INT_CTRL = NVIC_PENDSVSET
14 #define  OSIntCtxSw()       NVIC_INT_CTRL = NVIC_PENDSVSET
15
16 u32 *stack_init(task_routine  p_task,
17                 void          *p_arg,
18                 u32           *p_stk_base,
19                 u32           stk_size);
20 #endif
21 // 中断控制与状态寄存器的内容可以查阅 ARMv7M 架构手册
22 // 如图 5-2 所示，给出了一个示意图，bit28 可以触发 PENDSV
```

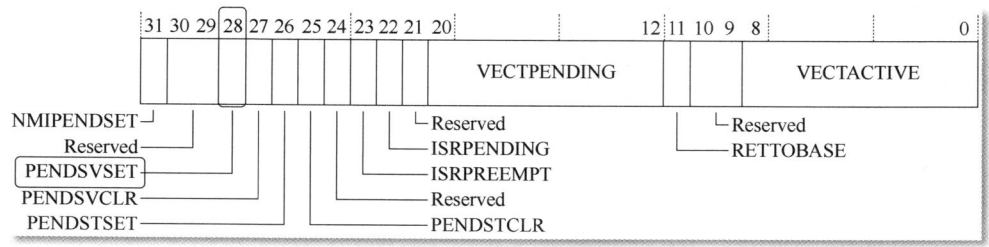

图 5-2　NVIC 的 ICSR 控制寄存器

到这一步，已经产生了 PendSV 异常，下一步需要编写 PendSV 的异常处理函数，在此函数中完成任务的切换。PendSV 的异常处理函数是 PendSV_Handler，在汇编文件 os_cpu_a.asm 中定义，如代码片段 5-18 所示，大概 25 行代码。

代码片段 5-18　异常处理函数 PendSV_Handler

```
1   PendSV_Handler
2           CPSID       I
3           MRS         R0, PSP
4           CBZ         R0, OS_CPU_PendSVHandler_nosave
5
6           SUBS        R0, R0, #0x20
7           STM         R0, {R4-R11}
8
9           LDR         R1, = OSTCBCurPtr
10          LDR         R1, [R1]
11          STR         R0, [R1]
12
13  OS_CPU_PendSVHandler_nosave
14          LDR         R0, = OSPrioCur
15          LDR         R1, = OSPrioHighRdy
16          LDRB        R2, [R1]
17          STRB        R2, [R0]
18
19          LDR         R0, = OSTCBCurPtr
20          LDR         R1, = OSTCBHighRdyPtr
21          LDR         R2, [R1]
22          STR         R2, [R0]
23
24          LDR         R0, [R2]
25          LDM         R0, {R4-R11}
26          ADDS        R0, R0, #0x20
27          MSR         PSP, R0
28          ORR         LR, LR, #0xF4
29          CPSIE       I
30          BX          LR
31  // 系统启动第一次产生 PendSV 异常时，没有上文，只有下文
32  // 从异常处理中返回任务时，必须使用 PSP 指向用户堆栈
33  // 寄存器组包含 16 个寄存器，其中 R4~R11 需要手动编码保存或恢复
34  // xPSR/PC/R14/R12/R3/R2/R1/R0 由硬件自动保存或恢复
```

5.5　系统初始化

上一节完成了任务的上下文切换函数的编写，下一步就是 MOS 的系统初始化函数与

系统启动函数。操作系统的启动代码应该是怎样的呢？

首先，ARM Cortex-M CPU 上电之后，会产生 Reset 异常，CPU 查找中断向量表，地址 0x08000004 处存放了异常服务函数 Reset_Handler 的起始地址，CPU 会跳到 Reset_Handler 开始执行。如代码片段 5-19 所示，Reset_Handler 调用了 SystemInit，以及 C 库函数 __main，最终跳到我们的 main 主函数（app.c 中）。

代码片段 5-19　复位向量 Reset_Handler

```
1   Reset_Handler   PROC
2               EXPORT  Reset_Handler           [WEAK]
3           IMPORT  SystemInit
4           IMPORT  __main
5
6               LDR     R0, = SystemInit
7               BLX     R0
8               LDR     R0, = __main
9               BX      R0
10              ENDP
11  // 使用伪指令 LDR 导入 SystemInit 与 __main 的符号地址
12  // 使用 BLX 跳到 SystemInit 执行，使用 BX 跳到 __main 去执行
```

其次，我们来编写 main 主函数，如代码片段 5-20 所示。

代码片段 5-20　main 主函数

```
1   int main()
2   {
3       os_init();
4       u32 tid  = clone(routine_01);
5       u32 tid2 = clone(routine_02);
6       os_start();
7   }
8   // 调用了 os_init 与 os_start
9   // 调用了 clone 来生成两个任务，入口函数为 routine_01/02
```

最后，我们来看一下 MOS 操作系统的初始化代码 os_init 函数，如代码片段 5-21 所示，先对上下文 TCB 指针置 0，然后调用静态函数 mos_init，后者初始化了 mos 全局变量，将 tid_count 置 0，再初始化任务就绪列表的头结点。

代码片段 5-21　操作系统初始化代码

```
1   #include "os.h"
2   #include "os_cpu.h"
3   #include <stdlib.h>
4   #include <string.h>
5
6   static void mos_init(void)
```

续表

```
7   {
8       int i = 0;
9       mos.tid_count = 0;
10      for (; i < OS_MAX_PRIO; ++i) {
11          mos.ready[i].next = mos.ready[i].prev
12              = &mos.ready[i];
13      }
14  }
15
16  int os_init(void)
17  {
18      OSTCBCurPtr = 0;
19      OSTCBHighRdyPtr = 0;
20      mos_init();
21      return SUCCESS;
22  }
```

语句 11 的节点初始化操作可以使用 INIT_LIST_HEAD 来替换。

5.6 系统启动

到这一步，需要编写 os_start 函数了，在这个函数中，选择优先级最高的就绪任务执行，设置 OSTCBHighRdyPtr，产生 PendSV 异常，执行 PendSV_Handler，切换到最高优先级任务（入口函数，保存在 PC 寄存器中）。如代码片段 5-22 所示，os_start 函数比较简洁。

代码片段 5-22　操作系统启动代码

```
1   int os_start(void)
2   {
3       OSTCBHighRdyPtr = list_entry(
4           mos.ready[OS_DEF_PRIO].next, tcb_t, head);
5       OSStartHighRdy(); // never return back
6       return SUCCESS;   // never get here
7   }
```

下面我们来看一下 OSStartHighRdy 函数的编写，如代码片段 5-23 所示，设置 PendSV 的异常优先级为最低，不能打断其他的外部中断。设置 ICSR 寄存器，产生 PendSV 异常，在异常服务程序中完成任务的切换。

代码片段 5-23　调度操作系统的第一个任务

```
1   OSStartHighRdy
2       LDR     R0, = NVIC_SYSPRI14
```

续表

3	LDR	R1, = NVIC_PENDSV_PRI
4	STRB	R1, [R0]
5		
6	MOVS	R0, #0
7	MSR	PSP, R0
8		
9	LDR	R0, = NVIC_INT_CTRL
10	LDR	R1, = NVIC_PENDSVSET
11	STR	R1, [R0]
12		
13	CPSIE	I

至此,第一个版本 MOS v0.1 编写完成,可以编写测试代码,观察现象。

5.7 测试代码

这虽然是我们的第一个 MOS 版本,但是万里长征走完了第一步。下面给出测试代码,如代码片段 5-24 所示,创建两个任务,然后观察全局变量 flag1 与 flag2 的波形图。

代码片段 5-24 主函数测试代码

```
1   #include "app.h"
2
3   void delay(u32 count);
4   void routine_01(void *p_arg);
5   void routine_02(void *p_arg);
6
7   int flag1, flag2;
8
9   int main()
10  {
11      os_init();
12
13      u32 tid  = clone(routine_01);
14      u32 tid2 = clone(routine_02);
15
16      os_start();
17  }
18
19  void delay(u32 count)
20  {
21      for (;count != 0;count--);
22  }
```

续表

```
23
24  void routine_01(void *p_arg)
25  {
26      while (1) {
27          flag1 = 1;
28          delay(100);
29          flag1 = 0;
30          delay(100);
31          schedule();
32      }
33  }
34
35  void routine_02(void *p_arg)
36  {
37      while (1) {
38          flag2 = 1;
39          delay(100);
40          flag2 = 0;
41          delay(100);
42          schedule();
43      }
44  }
45
```

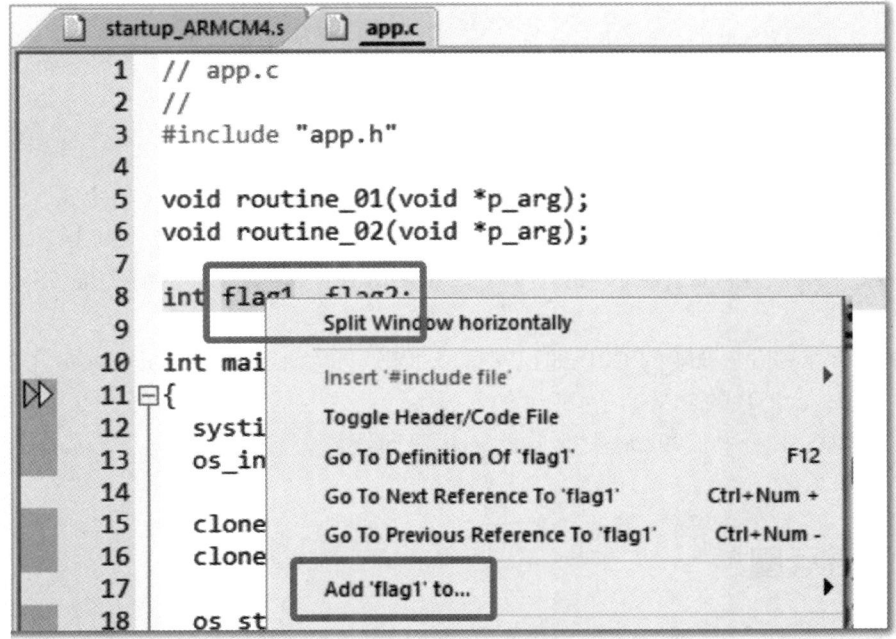

图 5-3 添加全局变量到逻辑分析仪

这里，我们还没有实现真正的任务调度，所以需要在任务函数里面主动调用 schedule 让出 CPU，就像大家熟悉的 yield 函数一样。

延迟函数 delay 目前也是空循环（CPU-Bound），所以观察逻辑分析仪的波形图（图 5-1），会发现两个任务轮流执行，全局变量高低电平的时间比为 1∶3。

提示：如图 5-3 所示，进入调试模式，右键点击代码中的全局变量，选择"Add xxx to Analyzer"。打开 Logic Analyzer 窗口，在此窗口中右键点击变量，设置为 bit 模式，如图 5-4 所示。打开主菜单 View/Periodic Window Update 选项，点击左上角 Run 或者 F5 快捷键之后，变量的波形图就会实时更新，点击 Stop 停止运行。再次点击调试按钮可以退出调试模式。

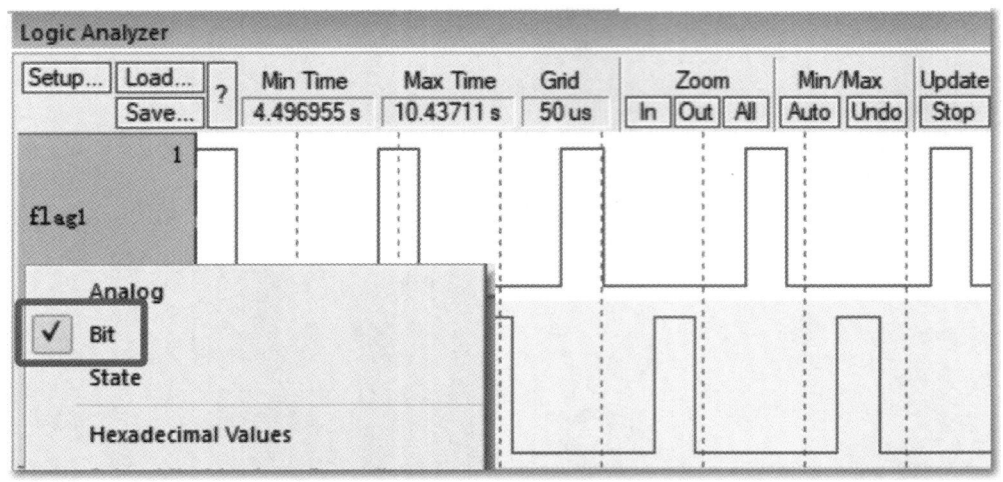

图 5-4　两个全局变量的 bit 波形图

5.8　小结

本章是全书的基础部分，也是最重要的内容，包含了任务控制块的定义、任务堆栈的定义、任务入口函数的定义、任务创建函数的编写以及任务上下文切换。读者要重点理解 task_create、clone、stack_init、OSStartHighRdy、OS_TASK_SW、PendSV_Handler 几个函数。

另外，结合 Cortex-M4 的 CPU 编程模型，了解 cpu_a.asm、os_cpu_a.asm 中的汇编代码，尤其 MSP 与 PSP 的含义。

最后，MOS 中使用了 Linux 中的 list_head 双向链表，编码风格也与 Linux 趋于一致，读者需稍加注意。

5.9　思维导图

思维导图，如图 5-5 所示，通过图形化的方式来帮助记忆知识点。

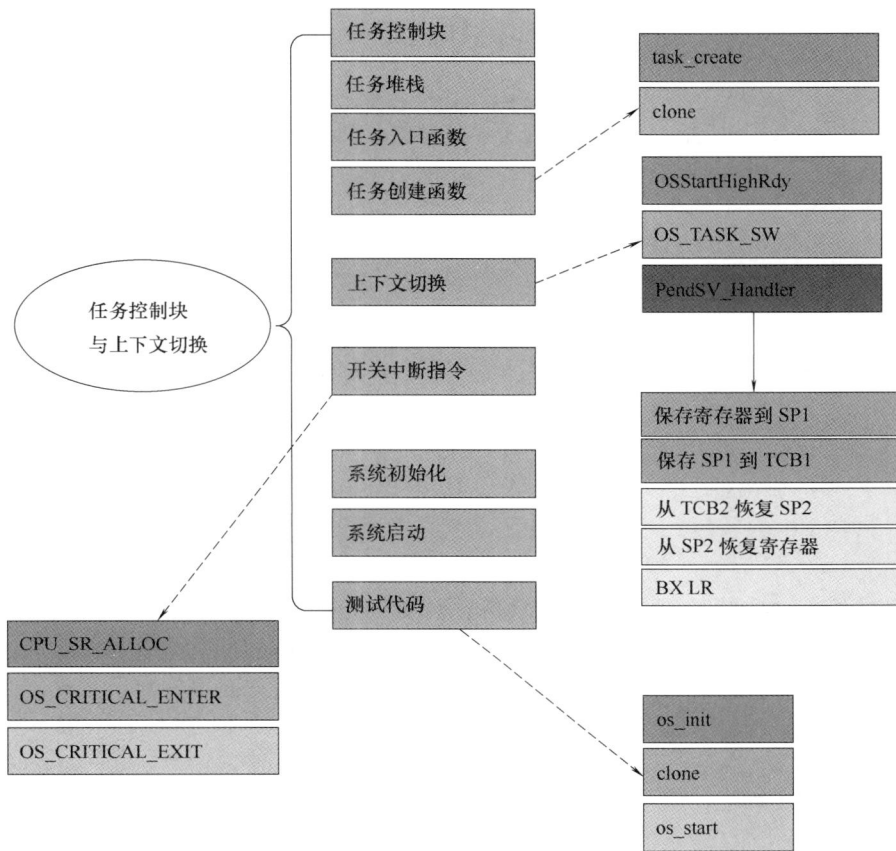

图 5-5　思维导图

第 6 章　操作系统的时钟节拍

本章讲述操作系统的时钟节拍（System Tick），需要借助于硬件平台的计数器外设来实现，使用了软硬件协同的方法，不同的硬件平台，需要适配不同的驱动代码，设计上可以使用共同的接口类型，不同的代码实现。

我们的实验板基于 STM32F407 芯片，芯片使用了 ARM Cortex-M4 CPU，CPU 的核内有一个计数器外设叫作 SysTick，这是一个 24 位递减的计数器，内嵌在可嵌套向量中断控制 NVIC 中。我们就是借助这个计数器来实现操作系统的固定时钟节拍。

ARM 公司将 SysTick 放入 Cortex-M4 CPU 内核，会带来一个设计上的好处，即所有基于 Cortex-M4 CPU 的芯片，系统节拍的驱动代码基本相同，使得软件可移植性得到了很大的提高。

经典的系统时钟节拍都是固定频率的，比如 100Hz，400Hz，1000Hz 等，分别对应 10ms，2.5ms，1ms 的节拍。Linux 支持动态频率的时钟节拍，某些场景下，可能系统处于空闲态，不需要产生时钟节拍，休眠比较合适，这又是能耗与效率的权衡，动态时钟会增加系统实现的复杂度。

6.1　本章目标

- 什么是时钟节拍
- SysTick 计数器
- 时钟节拍 ISR
- 测试代码

6.2　什么是时钟节拍

处理器是操作系统的大脑，时钟节拍就是操作系统的心跳。

维基百科对时钟信号有如下解释：在电子产品，尤其是同步数字电路中，时钟信号（历史上也称为逻辑节拍）是一种电子逻辑信号（电压或电流），它以恒定频率在高状态和低状态之间振荡，并且像时钟一样使用，驱动并同步数字电路的动作。

每当心跳发生时，操作系统就会完成一些与时间相关的操作，比如任务时间片轮转调度、任务睡眠操作、软件定时器处理等。

前文有描述，我们使用 Cortex-M4 CPU 内部的 SysTick 外设来产生固定频率的异常中断，即 15 号异常，时钟节拍中断，然后在中断服务程序中编写处理代码，完成与时间相关的操作。

这个固定频率不能太高，也不能太低。太高了系统会频繁产生中断，内核的负担会加重（比如任务上下文切换）。太低了就会导致任务调度，或时间相关的操作来不及（一个节拍的时间粒度太粗糙）。

每一次中断发生，代表当前任务执行完一个时间单位，一个 Tick，而任务的时间片（Time slice）通常是 Tick 的倍数，且每个任务的时间片可以不相同，在一个调度期内，每个任务都会执行完自己的时间片。有时候这个调度期也称为调度延迟，即保证调度延迟内，每个就绪的任务至少能够执行一次。

6.3　SysTick 计数器

读者可以参考 Cortex-M4 技术参考手册（TRM，Technical Reference Manual）以及 CMSIS 头文件 core_cm4.h 来理解 SysTick，里面包含了一些寄存器宏定义，以及部分库函数。

比如在 Cortex-M4 中，SysTick 分配的寄存器基地址是 0xE000E010，CMSIS 标准接口里面也将结构体指针定义为 SysTick，如代码片段 6-1 所示，可以通过结构体指针来访问相关的寄存器。

代码片段 6-1　系统时钟节拍类型

```
1   /**
2     \brief Structure type to access the System Timer(SysTick).
3   */
4   typedef struct
5   {
6     __IO uint32_t CTRL; // SysTick Control and Status Register
7     __IO uint32_t LOAD; // SysTick Reload Value Register
8     __IO uint32_t VAL;   // SysTick Current Value Register
9     __I  uint32_t CALIB;// SysTick Calibration Register
10  } SysTick_Type;
11
12  #define SCS_BASE         (0xE000E000UL)
13  #define SysTick_BASE     (SCS_BASE+ 0x0010UL)
14  #define SysTick          ((SysTick_Type *)SysTick_BASE)
15  // CTRL 为 Systick 控制与状态寄存器
16  // LOAD 为 Systick 重装载寄存器
17  // VAL 为 Systick 当前值寄存器
18  // CALIB 为 Systick 校准寄存器
```

读者需要注意一下，上文提到的外设寄存器，不是 CPU 的寄存器，这里特指外设的内存单元，具有特殊功能的 I/O 端口。ARM 中使用了统一内存编址，访问内存的代码与访问外设寄存器的代码相同，直接通过指针操作即可。

下一步，我们来编写初始化代码 systick_init，配置 SysTick 的相关寄存器。如代码片段 6-2 所示，这里我们只使用了前面三个寄存器，直接通过结构体指针来操作，并设置了 SysTick 的中断优先级。

读者可以点击右键进入 NVIC_SetPriority 的代码定义，阅读代码会发现__NVIC_PRIO_BITS 为 4，优先级范围为 0x0 到 0xF，其中 0xF 是最低优先级。

代码片段 6-2　系统时钟节拍初始化

```
1   void systick_init(u32 ms)
2   {
3       SysTick->LOAD  = ms * SystemCoreClock / 1000-1;
4
5       NVIC_SetPriority(SysTick_IRQn, (1 << __NVIC_PRIO_BITS) - 1);
6
7       SysTick->VAL = 0;
8       SysTick->CTRL = SysTick_CTRL_CLKSOURCE_Msk |
9                       SysTick_CTRL_TICKINT_Msk |
10                      SysTick_CTRL_ENABLE_Msk;
11  }
12  // STM32F407 芯片只使用了高 4 位中断优先级位 bit7~bit4
13  // 这里设置优先级为 0xF，最低优先级
14  // Systick 的计数频率与 CPU 相同
```

最后，我们将 systick_init 函数暂时放入主函数中，从功能角度来看，应该放入 os_init 或者 bsp_init 中。如代码片段 6-3 所示，新的 main 函数调用了 systick_init，输入参数为宏常量 OS_PER_TICK，定义为每个节拍的毫秒数。

代码片段 6-3　变更后的 main 函数

```
1   int main()
2   {
3       systick_init(OS_PER_TICK);
4       os_init();
5       clone(routine_01);
6       clone(routine_02);
7       os_start();
8   }
9   // 其中 OS_PER_TICK 在 os.h 中定义为 10
10  // 代表每个 Tick 为 10ms
```

6.4　时钟节拍 ISR

这一节开始编写时钟节拍的中断服务程序（ISR，Interrupt Service Routine），名字在 startup_ARMCM4.h 中已经定义好，为 SysTick_Handler，如代码片段 6-4 所示，在 os_cpu_c.c 源文件中定义。

代码片段 6-4　系统时钟节拍 ISR

```
1  void SysTick_Handler(void)
2  {
3      systicks();
4  }
```

函数 systicks 很简单，如代码片段 6-5 所示，在 os_tick.c 源文件中定义。

代码片段 6-5　函数 systicks

```
1  // os_tick.c
2  //
3  #include "os.h"
4
5  void systicks(void)
6  {
7      schedule();
8  }
```

这里调用了 schedule 函数，即每个任务轮流执行一个时钟节拍（当前实验中设置为 10ms），不再需要任务里面手动调用 yield 操作。

6.5　测试代码

较上一章，测试代码只是在 main 与 routine 函数中各自改了一行。
如代码片段 6-6 所示，去掉了 schedule 函数的手动调用。

代码片段 6-6　系统时钟节拍测试

```
1   // app.c
2   //
3   int main()
4   {
5       systick_init(OS_PER_TICK);
6       os_init();
7       clone(routine_01);
8       clone(routine_02);
9       os_start();
10  }
11
12  void routine_01(void *p_arg)
13  {
14      while (1) {
15          flag1 = 1;
16          delay(100);
17          flag1 = 0;
```

续表

18	delay(100);
19	// schedule();
20	}
21	}
22	
23	void routine_02(void *p_arg)
24	{
25	while (1) {
26	flag2 = 1;
27	delay(100);
28	flag2 = 0;
29	delay(100);
30	// schedule();
31	}
32	}

6.6 小结

本章给出了系统时钟节拍的定义，代码实现与第 5 章基本类似，只是添加了 MOS 的时钟节拍中断，然后在中断服务程序中处理任务的切换，以及任务时间片的计时（当前时间片就是一个时钟节拍）。

读者可重点理解 Systick 外设的寄存器配置，以及 SysTick_Handler 的编写。下面给出逻辑分析仪的波形图，如图 6-1 所示，从中可以看出，每个任务执行的时间片为 10ms（Deta＝10.04668ms，约 100Hz）。

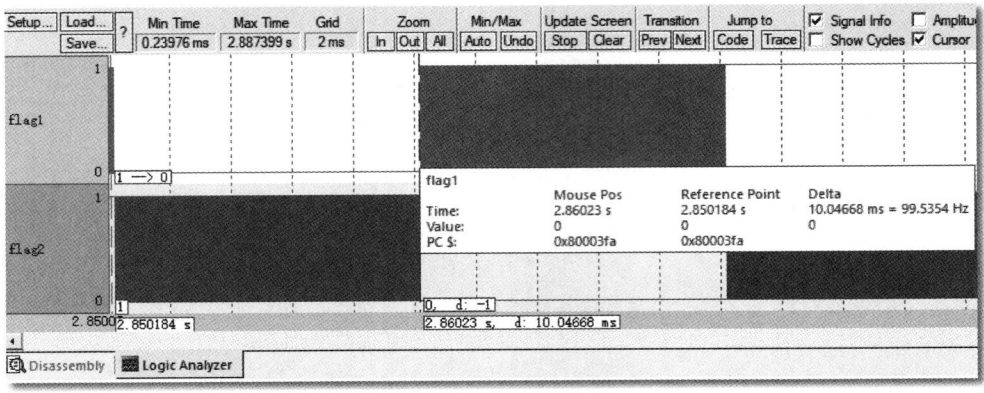

图 6-1　逻辑分析仪中波形图

我们再把逻辑分析仪放大一点，如图 6-2 所示，每个 10ms 里面，任务要执行成百上千次 delay 函数，差不多 10＊25K，250K 条指令。

第 6 章 操作系统的时钟节拍

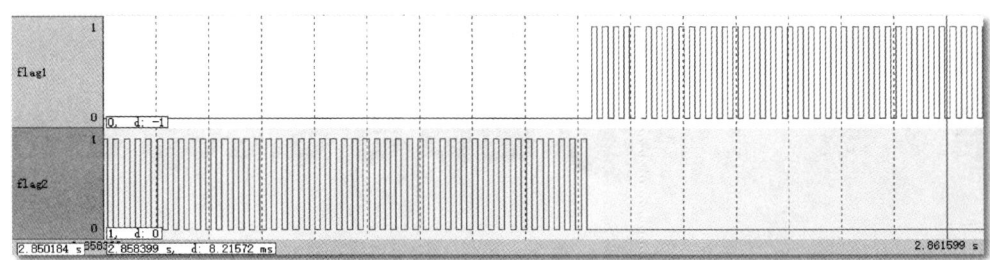

图 6-2 放大后的波形图

6.7 思维导图

思维导图，如图 6-3 所示，通过图形化的方式来帮助记忆知识点。

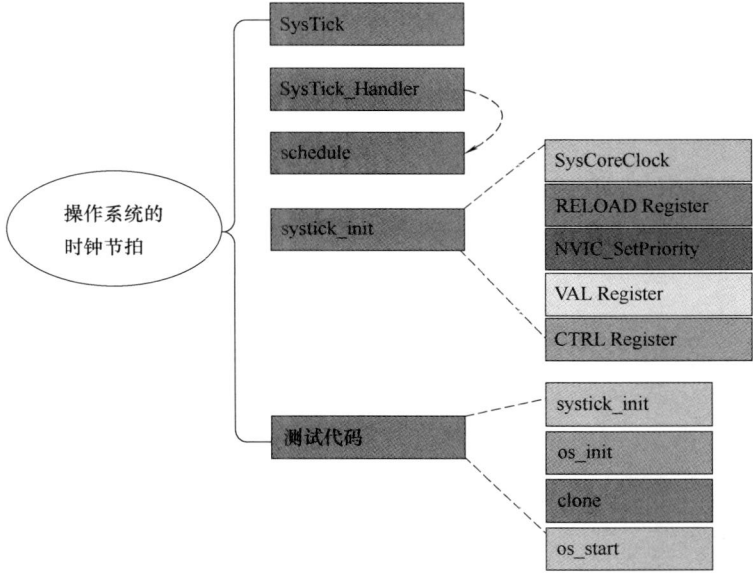

图 6-3 思维导图

第 7 章　Delay 函数与 Sleep 函数

本章我们实现 delay 与 sleep 函数，其中 delay 暂时为空函数，sleep 是睡眠指定的时间（单位：秒，转化为节拍数）。有些文章把 sleep 称为 blocking，即任务睡眠的时候会进入阻塞态。

操作系统中，用户任务会在 sleep 或者 blocking 的时候，从就绪列表进入等待列表，睡眠时间过期了再返回就绪列表。

在 Linux 中 delay 是空循环，sleep 才是让出 CPU，MOS 中概念相同。真正的 delay 放在第 8 章，通过时间戳计数器来实现。

7.1　本章目标

◇　Delay 函数
◇　Sleep 函数
◇　空闲任务
◇　测试代码

7.2　Delay 函数

MOS 的第一个例子，全局变量的闪烁，就使用到了 delay 函数，只是实现的略为粗糙，如代码片段 7-1 所示，一个空循环。

这里还定义了另外两个延时函数：
① mdelay 函数，延时指定的毫秒数。
② udelay 延时指定的微秒数，暂时为空。

代码片段 7-1　delay 函数

```
1   // os_tick.c
2   //
3   void delay(u32 count)
4   {
5       for (;count != 0;count--);
6   }
7
8   void mdelay(int ms)
9   {
10  }
```

11	
12	void udelay(int us)
13	{
14	}

7.3 Sleep 函数

我们定义了三个 sleep 函数，分别是 tsleep、sleep 以及 msleep。
① tsleep：睡眠指定的节拍数（tick）。
② sleep：睡眠指定的秒数（second）。
③ msleep：睡眠指定的毫秒数（millisecond）。
如代码片段 7-2 所示，给出了三个函数的代码实现。

代码片段 7-2　sleep 函数

```
1   // os_tick.c
2   //
3   void tsleep(u32 ticks)
4   {
5       // TODO: may need critical section protection
6       OSTCBCurPtr->slp_ticks = ticks;
7       schedule();
8   }
9
10  void sleep(int sec)
11  {
12      tsleep(sec * (1000 / OS_PER_TICK));
13  }
14
15  void msleep(int ms)
16  {
17      tsleep((ms + OS_PER_TICK - 1) / OS_PER_TICK);
18  }
```

从 tsleep 函数中可以看到更新了 TCB 的数据成员 slp_ticks，然后在时钟节拍的中断服务程序中，检查并更新这个值。当这个值大于 0 时，任务会处于睡眠状态，CPU 分配给其他任务使用。如果当前没有就绪的任务，那么 CPU 就交给空闲任务使用，空闲任务在 7.4 节描述。

从 tsleep 函数中还可以看到调用了 schedule，类似于 yield，先让出 CPU，等待睡眠时间结束了，再进入就绪态，竞争 CPU 的使用权。变更后的调度函数 schedule 放在 7.4 节讲完空闲任务再给出。

另外，我们需要变更 systicks 函数，它会递减任务控制块中的 slp_ticks 变量，从而完成睡眠计时，如代码片段 7-3 所示。

代码片段 7-3　变更 systicks 函数

```c
1    // os_task.c
2    //
3    #include "os.h"
4    
5    void systicks(void)
6    {
7        int i = 0;
8        list_head *list, *pos;
9        for (;i < OS_MAX_PRIO;++i) {
10           list = &mos.ready[i];
11           if (list_empty(list))
12               continue;
13   
14           list_for_each(pos, list) {
15               tcb_t *tcb = list_entry(pos, tcb_t, head);
16               if (tcb->slp_ticks > 0) {
17                   tcb->slp_ticks--;
18               }
19           }
20       }
21       schedule();
22   }
```

7.4　空闲任务

每个操作系统都有空闲任务，一般会在空闲任务中做一些统计性的操作。MOS 中空闲任务更加简单，类似一个空循环，里面累加静态的整数变量，我们暂时不做其他安排，放在源文件 os_task.c 中，如代码片段 7-4 所示。

代码片段 7-4　空闲任务入口函数

```c
1    // os_task.c
2    //
3    static u32 idle_counter;
4    void idle_task(void *arg)
5    {
6        while (1) {
7            ++idle_counter;
8        }
9    }
```

下一步，我们需要实现新的调度函数 schedule，如代码片段 7-5 所示，这里面涉及 3 个任务：idle、task1、task2。只有 task1 和 task2 同时 sleep 的条件下，调度器才会运行 idle 任务。

代码实现上面需要注意 3 个特殊符号（Symbol）的使用：

- OSTCBCurPtr
- OSTCBHighRdyPtr
- OS_TASK_SW

即设置好下一个要执行的任务，触发 PendSV 异常，开始 Context 切换。

代码片段 7-5　变更后的调度函数

```
1   // os_sched.c
2   //
3   void schedule(void)
4   {
5       tcb_t *idle, *task1, *task2;
6   
7       idle = mos.idle;
8       task1 = list_entry(mos.ready[OS_DEF_PRIO].next,
9               tcb_t, head);
10      task2 = list_entry(mos.ready[OS_DEF_PRIO].prev,
11              tcb_t, head);
12  
13      if (OSTCBCurPtr == idle) {
14          if (! task1->slp_ticks)
15              OSTCBHighRdyPtr = task1;
16          else if (! task2->slp_ticks)
17              OSTCBHighRdyPtr = task2;
18          else
19              return;
20      } else if (OSTCBCurPtr == task1) {
21          if (! task2->slp_ticks)
22              OSTCBHighRdyPtr = task2;
23          else if (task1->slp_ticks)
24              OSTCBHighRdyPtr = idle;
25          else
26              return;
27      } else if (OSTCBCurPtr == task2) {
28          if (! task1->slp_ticks)
29              OSTCBHighRdyPtr = task1;
30          else if (task2->slp_ticks)
31              OSTCBHighRdyPtr = idle;
32          else
33              return;
```

	续表
34	}
35	
36	OS_TASK_SW();
37	}

如图 7-1 所示，我们给出了调度算法（代码片段 7-5）的流程图，主要分三种情况来处理，即当前任务可能分别为：task_idle、task1、task2。图中灰色矩形框表示的就是下一个要调度执行的任务。

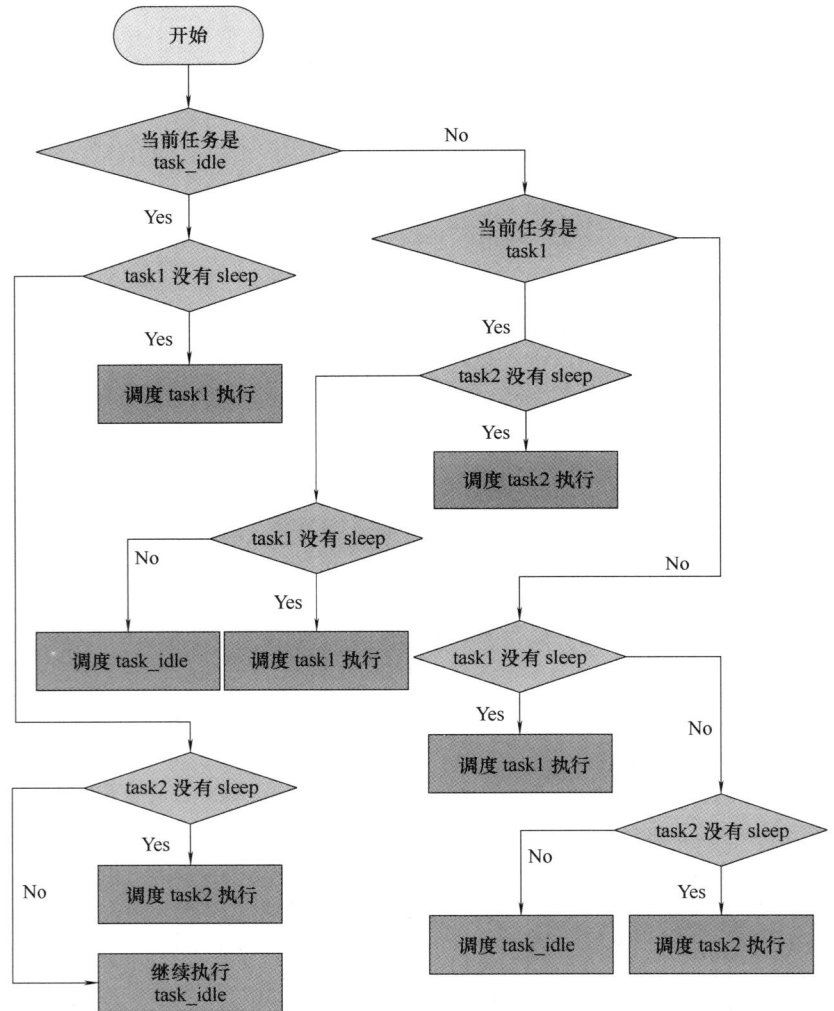

图 7-1　调度算法流程图

7.5　测试代码

现在有了 3 个任务，我们来编写一下测试代码，这里仅列出两个需要变更的地方：

MOS 的函数 os_init（代码片段 7-6），添加了 idle 任务的初始化；任务入口函数 routine_01/02（代码片段 7-7），添加了 tsleep 的调用，真正的睡眠。

代码片段 7-6　函数 os_init

```
1   // os.c
2   //
3   int os_init(void)
4   {
5       OSTCBCurPtr = 0;
6       OSTCBHighRdyPtr = 0;
7       mos_init();
8       task_create(idle_task, 0, 64, OS_MAX_PRIO-1, 0);
9       mos.idle = list_entry(
10          mos.ready[OS_MAX_PRIO-1].next, tcb_t, head);
11      return ERR_SUCCESS;
12  }
```

代码片段 7-7　任务入口函数 routine_01/02

```
1   void routine_01(void *p_arg)
2   {
3       while (1) {
4           flag1 = 1;
5           tsleep(2);
6           flag1 = 0;
7           tsleep(2);
8       }
9   }
10  void routine_02(void *p_arg)
11  {
12      while (1) {
13          flag2 = 1;
14          tsleep(2);
15          flag2 = 0;
16          tsleep(2);
17      }
18  }
```

主函数虽没有变化，我们也一并给出，如代码片段 7-8 所示。

代码片段 7-8　主函数

```
1   // app.c
2   //
3   int main()
4   {
```

续表

5	systick_init(OS_PER_TICK);
6	os_init();
7	clone(routine_01);
8	clone(routine_02);
9	os_start();
10	}

如图 7-2 所示，我们来观察逻辑分析仪的波形图，可以检查一下 tsleep 是不是睡眠了 2 个 Ticks（20ms）。利用 Cursor 功能，用鼠标分别点击上升沿与下降沿，可以发现高电平的时间的确是 20ms（20.7225ms）。另外，读者应该发现了，两个任务的波形图呈现了并发的趋势，因为它们使用了真正的 sleep 函数，这才是并发编程，尤其 IO-Bound 型的任务比较多的时候更加明显，感觉上任务都同时在使用 CPU。

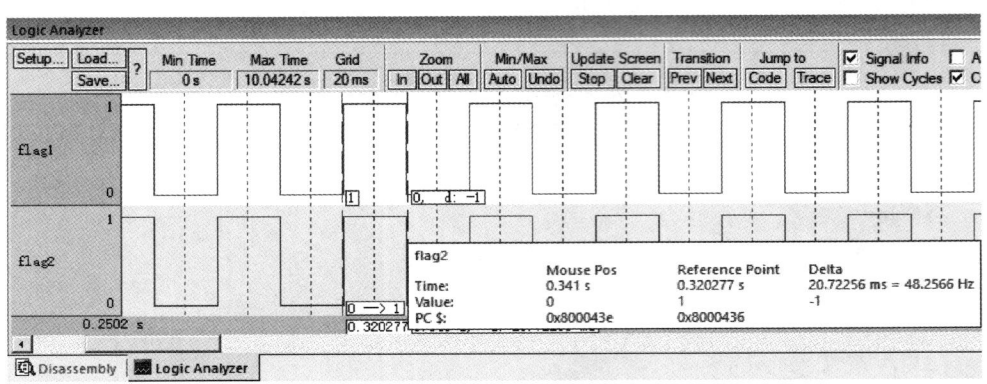

图 7-2　逻辑分析仪中波形图

至此，万里长征又迈出了一步，版本升级到 MOS v0.3。

7.6　小结

本章实现了 sleep 函数，读者需要了解 sleep 与 delay 的含义。另外添加了 idle 任务，3 个任务之间共享 CPU，只有 task1 与 task2 睡眠的时候，才会轮到 idle 任务执行，需要适当变更 systicks 函数，以及调度函数 schedule，我们给出了它的流程图。

空闲任务的 TCB 在 os_init 中创建，使用了最低优先级，它的链表节点保存在了 mos 中，以简化访问。

最后编写了测试代码，实验现象与预期的结果相符。

7.7　思维导图

思维导图，如图 7-3 所示，通过图形化的方式来帮助记忆知识点。

第 7 章 Delay 函数与 Sleep 函数

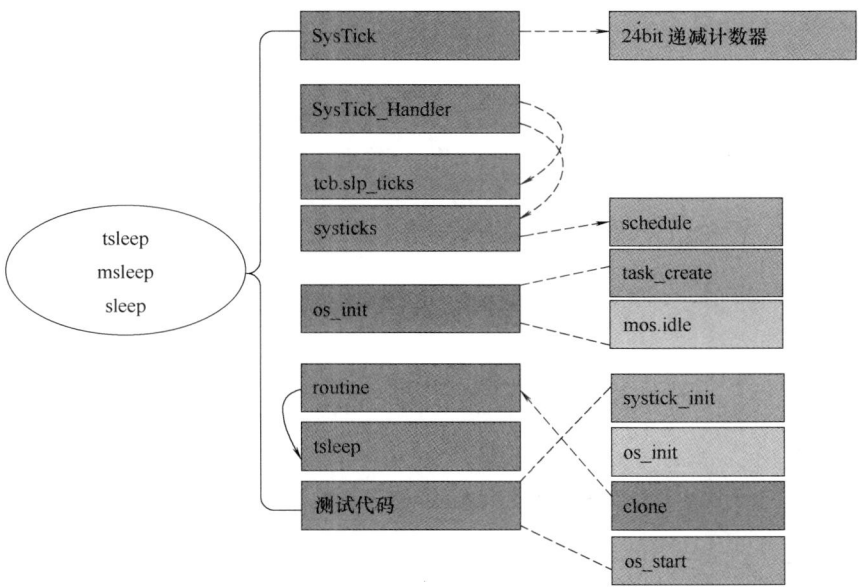

图 7-3 思维导图

第 8 章　时间戳计数器

本章将实现 delay 函数，利用了时间戳计数器，这是 CPU 内部的一个外设，属于 DWT（Data Watchpoint and Trace，数据观察点与跟踪）。

ARM Cortex-M4 CPU 添加了一些调试功能，不仅支持 CPU 的暂停执行、硬件断点、单步执行，还支持跟踪宏单元，它可以生成跟踪，如数据跟踪与指令跟踪，以捕获程序流、数据更改、分析信息等；在多处理器设计中，所有 Cortex-M4 CPU 的调试系统还可以链接到一起共享 debug connections。

更多细节读者可以阅读 CoreSight Technology System Design Guide，一般芯片设计人员比较关注。CoreSight 是 ARM 公司提出的，用于对复杂的 SoC 片上系统进行 Debug 与 Trace 的架构，它的两头连接着调试逻辑与调试软件，即 CPU 与 IDE。

8.1　本章目标

◇ 什么是时间戳
◇ 时间戳计数器
◇ 简易计时 API
◇ 测试代码

8.2　什么是时间戳

时间戳（Timestamp），中文翻译字面意思不太好理解。查阅维基百科，翻译修改如下：时间戳是识别特定事件发生时间的字符序列或编码信息，通常给出日期和时间，有时精确到毫秒或者微秒，甚至 CPU 时钟周期。然而，时间戳不必基于某种绝对的时间概念。它们可以具有任何纪元，可以相对于任意时间，例如系统的开机时间，或相对于过去的某个任意时间。

这里我们就把时间戳，简单理解为一个可信的正确时间点，代表了某一时刻的时间，当获取了前后两个时间戳，两者相减，就可以得到时间差。

程序设计中有时候需要分析一个函数或几条语句的执行时间，使用时间戳，就是一个好办法，一般方法是获取开始时间，结束时间，精确到微秒，然后两者相减。比如调用 API 函数 gettimeofday，如代码片段 8-1 所示，Linux 环境。

代码片段 8-1　Linux 时间戳实现

```
1    #include <sys/time.h>
2    #include <time.h>
```

续表

```
3    #include <stdio.h>
4    double diff(const struct timeval *start,
5        const struct timeval *end)
6    {
7        double d;
8        time_t t;
9        suseconds_t u;
10       t = end->tv_sec-start->tv_sec;
11       u = end->tv_usec-start->tv_usec;
12       d = t *(double)1000000;
13       d+ = u;
14       return d;
15   }
16   int main(int argc, char *argv[])
17   {
18       struct timeval start, end;
19       gettimeofday(&start, NULL);
20       // Call some functions and do some thing ...
21       gettimeofday(&end, NULL);
22       printf("diff is % lf\n", diff(&start, &end));
23       return 0;
24   }
```

8.3 时间戳计数器

时间戳计时的实验在 simulator 中没法使用，我们直接使用 STM32F407 芯片开发环境，包含 stm32f4xx.h 头文件，计时的实现代码放在 bsp.c 源文件。

首先，我们再讨论一下什么是 DWT 外设，如图 8-1 所示。Cortex-M3/M4 的处理器，拥有 DWT 外设，和 ETM、ITM、TPIU 外设紧密结合，用于增强系统的调试功能，比如非侵入式跟踪调试。

其次，重点说明一下 DWT 外设中的 CYCCNT（Cycle Counter）计数器，它是一个 32 位的计数器，频率与 CPU 时钟一致。STM32F407 芯片中 Cortex-M4 CPU 的时钟为 168MHz，那么每计数一次的时间就是 1/168 微秒，约等于 6 纳秒，精度非常高。当然这个计数器的计数时长是有限制的，32 位的整数，最大值除以 168M，4000/168，大概 24 秒，所以计时不要太长。

最后，我们给出 CYCCNT 计数器的打开方式，需要设置对应的寄存器：
① 使能 DWT 外设，由 DEMCR 的位 24 控制，写 1 使能。
② 使能 CYCCNT 寄存器之前，先清 0。

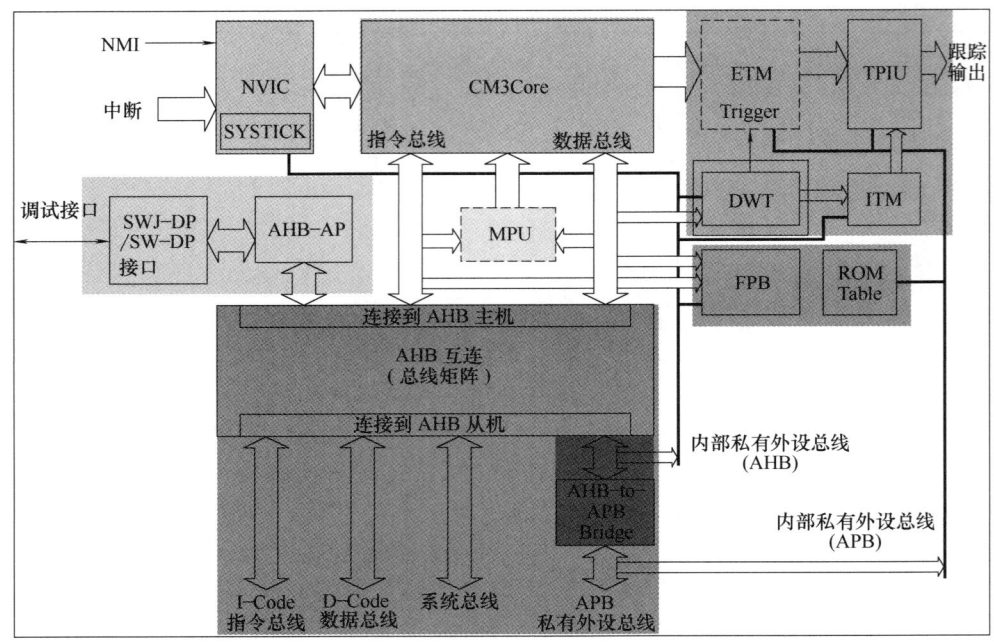

图 8-1　Cortex-M 中的 DWT

③ 使能 CYCCNT 寄存器，由 DWT 的 CYCCNTENA 位 0 控制，写 1 使能。

DEMCR（Debug Exception and Monitor Control Register）的位分配，如图 8-2 所示，第 24 位 TRCENA，为使能位（来源于 ARMv7M 架构参考手册）。

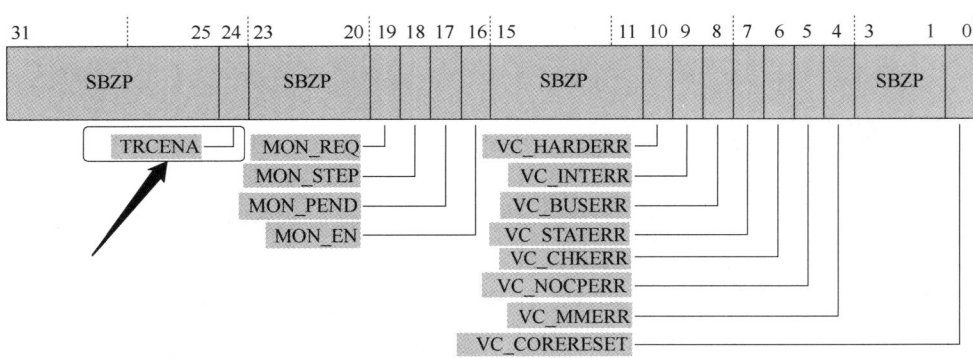

图 8-2　DEMCR 调试异常与监控配置寄存器

DWT_CTRL（DWT Control Register）的位分配，如图 8-3 所示，第 0 位 CYCCNTENA，为使能位。

DWT_CYCCNT（Cycle Counter Register），为周期计数寄存器，如图 8-4 所示，这是一个 32 位的向上计数器，代表了处理器的时钟周期数。每周期加 1，溢出了则复位到 0。

具体代码实现，如代码片段 8-2 所示，分别初始化上述三个寄存器，顺序不能混乱。函数 CPU_TS_TmrFreqSet 将 CPU 时钟频率保存到全局变量。

第 8 章 时间戳计数器

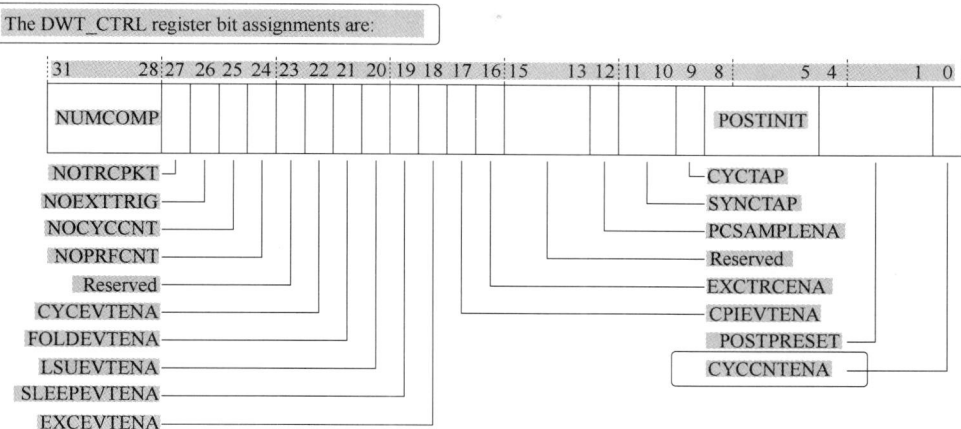

图 8-3 DWT_CTRL 控制寄存器

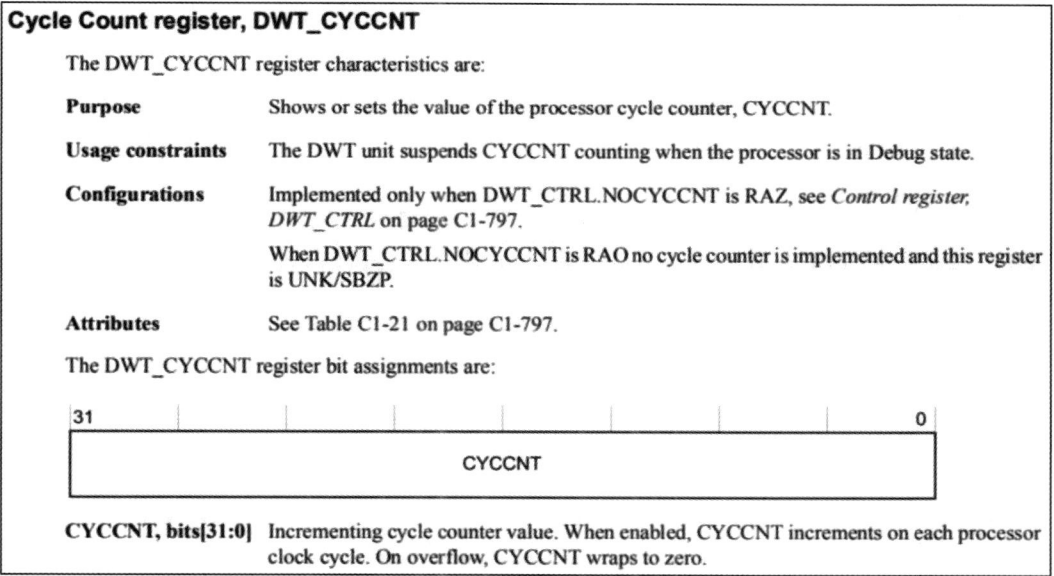

图 8-4 DWT_CYCCNT 周期计数寄存器

代码片段 8-2 时间戳计数器初始化

```
1   // bsp.c
2   //
3   void CPU_TS_TmrInit(void)
4   {
5       u32  fclk_freq;
6       fclk_freq = BSP_CPU_ClkFreq();
7
8       /* Enable Cortex-M4's DWT CYCCNT reg. */
9       BSP_REG_DEM_CR           |= (u32)BSP_BIT_DEM_CR_TRCENA;
```

续表

10	BSP_REG_DWT_CYCCNT	= (u32)0u;
11	BSP_REG_DWT_CR	|= (u32)BSP_BIT_DWT_CR_CYCCNTENA;
12		
13	CPU_TS_TmrFreqSet(fclk_freq);	
14	}	

8.4 简易计时 API

本节，我们设计两个计时函数，一个 ts_beg，一个 ts_end_ms，类似 diff 函数，需要获取两者的时间差值，如代码片段 8-3 所示。

代码片段 8-3　简易时间戳计时 API

```
1   static u32 TS_CNTS;
2   void ts_beg(void)
3   {
4       TS_CNTS = CPU_TS_TmrRd();
5   }
6   // Return milliseconds
7   u32 ts_end_ms(void)
8   {
9       u32 diff = CPU_TS_TmrRd() - TS_CNTS;
10      return (diff * 1000 / CPU_TS_TmrFreq_Hz);
11  }
```

到这一步，可以实现准确 delay 函数了，如代码片段 8-4 所示。

代码片段 8-4　准确 delay 函数

```
1   static u32 CPU_TS_TmrRd(void)
2   {
3       u32 ts_tmr_cnts;
4       ts_tmr_cnts = (u32)BSP_REG_DWT_CYCCNT;
5       return (ts_tmr_cnts);
6   }
7   void udelay(u32 us)
8   {
9       u32 cnts = CPU_TS_TmrRd();
10      u32 util = cnts+us * (CPU_TS_TmrFreq_Hz / 1000000);
11      while (CPU_TS_TmrRd() <= util);
12  }
13  void mdelay(u32 ms)
14  {
15      udelay(1000 * ms);
16  }
```

8.5 测试代码

时间戳测试需要在开发板上面进行，我们放在了最后一章实验部分来实现，读者可以直接运行 MOS-Lab10，本书的最后一个工程。测试程序如代码片段 8-5 所示，我们建立了两个任务，一个延时 3 秒，一个睡眠 1 秒，然后分别向串口打印信息。

代码片段 8-5　测试代码

```
1    // app.c
2    //
3    #include "app.h"
4    app_ctx_t actx;
5    void timestamp_routine(void *);
6    void timestamp_routine_02(void *);
7    int app_init(void);
8    
9    int main()
10   {
11       bsp_init();    // level 0
12       os_init();     // level 1
13       app_init();    // level 2
14       clone(timestamp_routine);
15       clone(timestamp_routine_02);
16       os_start();
17   }
18   void timestamp_routine(void *arg)
19   {
20       while (1) {
21           printf("I am routine_01\r\n");
22           mdelay(3000);
23       }
24   }
25   void timestamp_routine_02(void *arg)
26   {
27       while (1) {
28           printf("I am routine_02\r\n");
29           sleep(1);
30       }
31   }
```

如图 8-5 所示，通过观察调试助手的接收窗口，可以发现：任务 1 每间隔 3 秒输出一条日志信息，而任务 2 每间隔 1 秒输出一条日志信息，它们的比例为 1∶3，和预期的结果相符。

读者还可以在 mdelay 函数的前后调用 ts_beg 与 ts_end_ms 来获取时间差，然后打印到串口。

图 8-5　串口调试助手接收到的日志信息

补充说明：配套的 MOS-04 工程为了支持模拟器中调试本章示例，添加了模拟器中的打印支持（Debug Viewer），添加了 tdelay 函数，添加了 Project/debug.ini 文件支持时间戳计数器的内存空间访问，如图 8-6 所示。

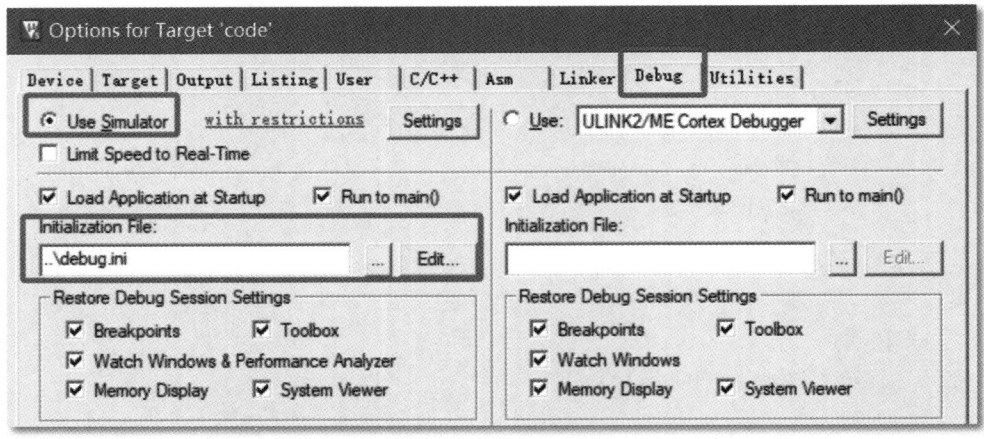

图 8-6　支持时间戳计数器的内存空间访问

8.6　小结

本章实现了时间戳计数器功能，包括时间戳 DWT 外设的初始化，以及简易计时 API：

ts_beg 与 ts_end_ms，先调用 ts_beg，再调用 ts_end_ms，则返回两者之间的毫秒差值。

另外本章还介绍了 Linux 系统中 gettimeofday 的用法，以及 DWT 外设初始化时遇到的三个寄存器：DEMCR、DWT_CRTL 以及 DWT_CYCCNT。

最后，我们给出了 delay 函数的精准实现，编写了测试代码，观察到的现象和预期结果相符。

8.7 思维导图

思维导图，如图 8-7 所示，通过图形化的方式来帮助记忆知识点。

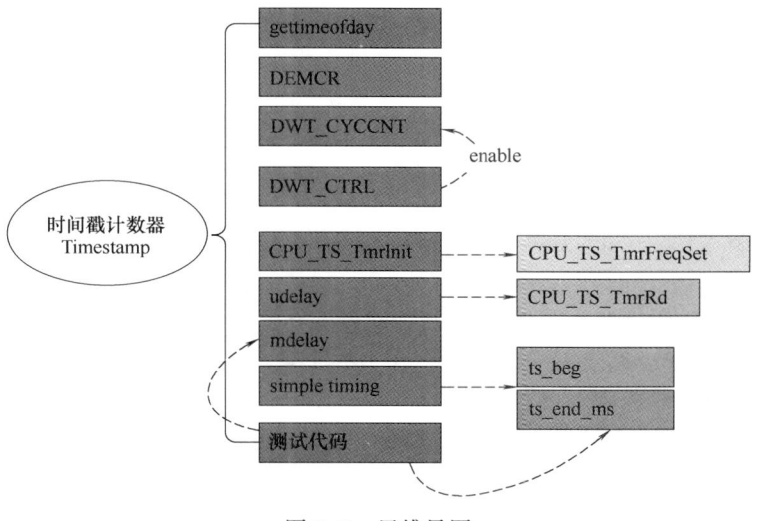

图 8-7　思维导图

第 9 章　同 步 原 语

本章将介绍操作系统的同步原语（Synchronization Primitives）。同步原语的概念比较复杂，典型的应用场景是生产者与消费者模型。

本章主要包括如下内容：
- 临界区
- 原子操作
- 互斥锁
- 信号量
- 条件变量
- Patterson 算法
- 开关中断（Interrupt）
- 开关抢占（Preempt）

其中，互斥锁、信号量、条件变量，我们先简单说明，读者可以参考 2.5 节来理解，或结合第 14 章内核对象来深入学习。在第 5 章我们已经使用了开关中断指令，本章会再次讨论，另外添加了开关抢占。

9.1　本章目标

◇ 临界区
◇ 原子操作
◇ 位带操作
◇ 互斥访问
◇ Patterson 算法
◇ 开关中断（Interrupt）
◇ 开关抢占（Preempt）
◇ 测试代码

9.2　临界区

什么是同步原语，它与临界区有什么关系呢？读者还记得第 2 章的示例吗？循环队列 FIFO 的实现（后面实验部分会升级整数为数据缓冲区）。

在那个例子中，我们并没有使用同步措施（即同步原语），因为界定的场景是单生产者与单消费者，而循环 FIFO 可以很好地应对这种场景：头指针 Head 只在消费者任务被更新，尾指针 Tail 只在生产者任务被更新，可以同时支持读和写操作，它是双线程并发安全的，不需要互斥锁。

实际项目开发中，我们会发现循环 FIFO 的场景还是比较常见的，比如一个线程在采集数据，通过 FIFO 发给另外一个线程去处理，处理完了保存或再发出去。反而多生产者与多消费者的场景却不是很多。

当然有些极其复杂的业务环境，多生产者与多消费者的应用是少不了的，加之设计者没有针对性地去考虑解耦：尽量少发生多个任务间访问共享数据，减少模块间的依赖关系，或者让数据的交互尽量设计的简洁。

同步原语：操作系统提供的若干原始操作，计算机科学中的一种同步机制，适用于多任务程序设计，尤其为了解决共享资源的并发访问。

在计算机科学中，同步的任务是协调多个进程在某个时刻加入或握手，以便达成一致或承诺（Agreement or Commit），以执行特定的操作序列。我们看到，不仅多核处理器中有并发，单核处理器上面同样有并发，一个函数可能会被多个执行流调用到，包括多个任务、信号处理、中断服务程序等。

常见的同步原语包括：信号量、互斥锁、条件变量、读写锁、RCU、消息队列、共享内存和事件标志组等。RCU 即 Read Copy Update，Linux 中的一种高效同步机制，减少了 Read 操作的等待时间，但是相比读写锁，它的接口更复杂。

同步原语的应用，读者可结合第 2 章 μC/OS-Ⅲ 的内核对象以及第 14 章 MOS 的内核对象来理解，或进一步参考 Windows 与 Linux 提供的同步操作编程接口或源码。

什么是临界区（Critical Section）呢？临界区是指多任务环境下访问共享资源（比如同一个文件、进程的全局变量等），小范围内的程序片段，而这些共享资源又具有无法同时被多个任务访问的特性。当有任务进入临界区时，其他任务必须等待（比如有限等待）。同步机制必须在临界区的进入点与离开点实现，以确保这些共享资源的访问是互斥的。

为了解决临界区问题，我们必须设计一套协议来保证访问的互斥性，不能造成数据的混乱，也不能让线程永久等待（饿死），这就是操作系统同步原语产生的原因：保证了互斥访问、有限等待以及空闲让进[2,9]。如代码片段 9-1 所示，我们给出了临界区的一个伪代码描述。

代码片段 9-1　临界区的伪代码描述

```
1    // Critical Section
2    //
3    while (1) {
4        critical_section_enter();
5        access_shared_data();
6        critical_section_leave();
7        some_other_stuff();
8    }
```

执行临界区代码时，任务必须申请调用 critical_section_enter，只有获取了许可才能进入，否则阻塞等待。进入之后，就可以执行 access_shared_data，访问共享数据。退出临界区时，必须调用 critical_section_leave 归还许可权，这样其他阻塞等待进入临界区的任务可以再次有机会获得许可权。

本书使用的开发板包含芯片 STM32F407，它是一个单核环境，可以通过关中断的方式，解决临界区的问题，这是一种粗粒度的同步方法，比较简易的场景下方可使用。如果是多核开发环境，关中断就解决不了这种临界区问题了，必须同时使用其他同步原语，比如自旋锁、信号量、RCU 等。

因为关中断，只是关闭本地 CPU 的中断，从而阻止被调度和被中断的可能，但是别的 CPU 同样可以访问临界区代码。同样的，关闭抢占，也可以阻止多任务的调度，但是阻止不了中断异常的发生，操作系统可能会在中断异常中访问临界区。多核开发环境，需要更复杂的数据结构来支持并发。

本章后面内容，将结合开发板硬件选择性讲解如下几个主题：
- 原子操作
- 位带操作
- 互斥访问
- Patterson 算法
- 开关中断（Interrupt）
- 开关抢占（Preempt）

9.3 原子操作

原子操作（Atomic Operation），指代不需要同步的操作，CPU 指令能够原子性支持，一次性检查并完成操作，不会有中间状态。比如多线程情况下，访问存储器的典型原子操作，一次性完成读并写。

ARM 指令集架构，早期引入了原子交换 SWP 指令，该指令同时将存储器中的值读入目的寄存器，并将另外一个操作数，写入存储器相同的地址中，实现通用寄存器与存储器之间的原子数据交换。使用的方法是：在第一次 Load 与第二次 Store 之间，硬件会锁定 AHB 总线或者目标寄存器，从而禁止其他的 CPU 核心访问。利用 SWP 原子操作指令，就可以实现同步原语，如代码片段 9-2 所示。

代码片段 9-2　使用 SWP 实现临界区

```
1   atomic_t lock;
2   void critical_section_enter()
3   {
4       do {
5           int val = SWP(lock, 1);
6       } while (val != 0);
7   }
8   void critical_section_leave()
9   {
10      lock = 0;
11  }
```

通常而言，能通过原子操作解决同步问题，那就使用原子操作，因为效率最高。单条机器指令原生支持，一般用于整数操作或者位操作，不然就需要使用其他更复杂的同步原语。代码片段 9-2 中实现的同步原语可以归类到自旋锁 spin_lock，一种预期极短时间内能够获取的锁，不可以进入阻塞等待队列，实际使用中还会结合关中断来使用，比如 Linux 中的 spin_lock_irqsave、spin_unlock_irqrestore。

原子操作的知识，我们就讲到这里，读者朋友可结合处理器指令集架构中的 Atomic 扩展子集与多线程编程 API 一起理解，包括一些新引入的存储器同步技术，比如 Load-Link/Store-Conditional（LL/SC）指令的组合。下一节，我们讲述 ARM Cortex-M 系列 CPU 中的位带操作，它使用原子操作实现了位的读或写（Atomic Bit Operation）。

9.4 位带操作

位带（Bit Band）操作，最早在 Intel 8051 单片机中引入，之后在 ARM Cortex-M3/M4 CPU 中进一步得到增强，它的工作原理是使用单个整数地址来映射一个比特位，即通过对一个整数进行读写，间接的访问对应的比特位。

ARMv7M 架构手册有说明，位带操作的实现是原子操作，即保证了多任务或多个执行流场景中，同时设置或清除某个比特不会造成混乱。读者可能发现了，这里的位带操作，和原子操作中的位操作基本相似。

从汇编语言的角度，可以使用普通的 LDR、STR 指令来对单一的比特进行直接读写操作。在 Cortex-M4 中，有两个存储区实现了位带操作。其中一个是片内 SRAM 区的最低 1MB 范围，第二个则是片内外设区的最低 1MB 范围。这两个位带中的地址除了可以像普通的内存一样使用外，它们还都有自己的"位带别名区"。这两块地址空间的映射关系，ARM 公司已经定义好了，如表 9-1 所示。

表 9-1　　　　　　　　　　　Cortex-M4 中两个位带区

位带区	位带别名区
0x2000_0000 0x2010_0000	0x2200_0000 从 SRAM 的 32M 空间开始
	0x2400_0000 到 SRAM 的 64M 空间结束
0x4000_0000 0x4010_0000	0x4200_0000 从片内外设区的 32M 空间开始
	0x4400_0000 到片内外设区的 64M 空间结束

位带操作的概念，应该是很好理解的，就是位操作，映射为整数操作，但是实际使用的时候需要小心验证。这里我们列举两个例子比较一下，先使用汇编代码对位带进行读写操作。再使用通用的宏定义 C 语言来操作位带区。

如代码片段 9-3 所示，我们分别用两种方式实现了位带的读操作：

① 直接使用原始的内存访问方式。

② 使用了原子性的位带操作。

可以看出来，位带操作会明显简单。

代码片段 9-3　两种方式读操作访问位带区

1	; Without Bit Band	8	; With Bit Band
2	;	9	;
3	LDR　　R0, = 0x20000000	10	LDR　　R0, = 0x22000010
4	LDR　　R1, [R0]	11	LDR　　R1, [R0]
5	;		
6	; extract R1[5:4] to R1		
7	UBFX.W R1, R1, #4, #1		
12	// UBFX.W 为提取比特位序列并进行无符号扩展		
13	// 每个 bit 映射为一个整数，这里读取 bit4，偏移 0x10 个字节		

如代码片段 9-4 所示，我们再使用两种方式实现位带的写操作：
① 直接使用原始的内存访问方式。
② 使用了原子性的位带操作。

代码片段 9-4　两种方式写操作访问位带区

1	; Without Bit Band	7	; With Bit Band
2	;	8	;
3	LDR　　R0, = 0x20000000	9	LDR　　R0, = 0x22000010
4	LDR　　R1, [R0]	10	MOV　　R1, #0
5	BFC　　R1, #4, #1	11	STR　　R1, [R0]
6	STR　　R1, [R0]	12	;
13	// BFC 将某些连续的比特位清除		
14	// 每个 bit 映射为一个 int，这里清除 bit4		

在位带中，每个比特（bit）都映射到别名地址空间的一个字（int）。这个字只有最低位（LSB）才有效。当一个别名地址被访问时，会先把该地址变换成位带地址。对于读操作，读取位带地址中的一个字，再把需要的位右移到 LSB，并把 LSB 返回。对于写操作，把需要写的位左移至对应的位序号处，然后执行一个原子的"读、改、写"过程。

实际使用中，可以结合 C 语言的宏定义，标记好需要访问的比特位，防止出现混乱，或地址越界。如代码片段 9-5 所示，我们给出了一个使用范例：

代码片段 9-5　位带宏定义访问

1	// Address defines
2	#define DEV_REG0
3	((volatile unsigned long *)(0x40000000))
4	#define BBA_DEV_REG0_BIT0
5	((volatile unsigned long *)(0x42000000))
6	#define BBA_DEV_REG0_BIT1
7	((volatile unsigned long *)(0x42000004))
8	
9	// Bit Band Macros

续表

10	`#define BBAddr(addr, bit)`
11	`        ((addr & 0xF0000000) + 0x2000000 +`
12	`        ((addr & 0xFFFFF)<< 5) + (bit << 2))`
13	`#define BBA(addr)`
14	`        ((volatile unsigned long *)addr)`
15	
16	`// examples`
17	`*DEV_REG0 |= 0x02;`
18	`*BBA_DEV_REG0_BIT1 = 0x01;`
19	`*BBA(BBAddr(DEV_REG0, 1)) = 0x01;`
20	
21	`// 置位 bit1,使用了 3 种方法:`
22	`// 1)使用传统的内存指针来访问`
23	`// 2)使用定义好的位带别名来访问`
24	`// 3)使用统一的宏函数来访问,需要传入位带的字节地址,比特的位号`

这里需要注意使用 volatile 来修饰访问的地址,告诉编译器不需要优化,也就是不要把内存的值优化到寄存器。通常会放入 Write Through 型的内存地址区间,不需要 Cache。

9.5 互斥访问

本节我们稍微介绍一下 Cortex-M CPU 提供的存储器互斥访问指令,和原子指令 SWP 很类似,但是功能更加复杂。对于现代计算机系统来说,往往会出现多个总线 Master 同时操作内存数据的场景,需要在多条总线上面实现互斥访问。Cortex-M CPU 提供了三对互斥访问指令:LDREX/STREX、LDREXH/STREXH、LDREXB/STREXB,分别对应于字、半字、字节。

Cortex-M CPU 内部应该使用了类似广播与查询的技术,会标记 LDREX 中加载的内存地址,当遇到 STREX 指令时,仅当它之前执行过 LDREX 指令,且在最近的一条 LDREX 指令执行后,没有执行过其他的 STR/STREX 指令,才允许执行本条 STREX 指令。只有在 LDREX 执行后,从时间上与之距离最近的一条 STREX 才能成功执行,其他情况都会返回错误码,显示 STREX 执行失败,需要重新操作,比如:

- 中间插入了其他的 STR 操作
- 中间插入了其他的 STREX 操作

在 ARMv7M 的技术参考手册中,推荐实现者标记出一段有限的地址,只在这段地址中使用互斥访问的规则,而不要对所有 4GB 都限制住。这段地址通常是从 LDREX 系列指令给出的地址开始,长度在 16 字节至 4K 字节范围内。但芯片制造商可能会使用更严格的规则,粗线条的标记整个 4GB 地址空间。

在标记以后,对于第一个执行到的 STR/STREX 指令,只要其存储的地址落在标记范围内,就会清除此标记,对于整个 4GB 地址都被标记的情况,则任何存储指令都会清除此标记。如果先后执行了两次 LDREX,则以后一个 LDREX 标记的地址为准。

当使用互斥访问时,在系统总线接口上的内部写缓冲会被旁路,即使是 MPU 规定此区是可以缓冲的也不行。这保证了互斥体的更新总能在第一时间内完成,从而保证数据在各个总线 Master 之间是一致的。

下面我们给出互斥访问指令 LDREX/STREX 的基本语法格式:

- LDREX   Rm,   [Rn, #offset]
- STREX   Rd, Rm,   [Rn, #offset]

其中,Rm 为中间寄存器,若 STREX 执行成功,Rd 会置位 0,否则置位 1。

如代码片段 9-6 所示,我们给出了一个范例,通过互斥访问操作,来原子性的递增一个整数:

代码片段 9-6 互斥访问操作

```
1    ; Mutually Exclusive Access(Atomic Operation)
2    ;
3    atomic_inc
4        LDREX    R1, [R0]
5        ADD      R1, #1
6        STREX    R2, R1, [R0]
7        CMP      R2, #1
8        BEQ      atomic_inc
9
10   // 通过 LDREX 与 STREX 实现的原子递增操作
11   // 操作系统同步原语的实现依赖处理器提供的原子指令
```

前文提到的 Load-Link/Store-Conditional(LL/SC)指令,其实是 MIPS 指令集架构上面的定义,和本节 Cortex-M CPU 的实现基本类似。很多 CPU 指令集架构都实现了类似的机器指令(锁加载与条件存储),说明如下:

- Alpha: ldl_l/stl_c,ldq_l/stq_c
- PowerPC: lwarx/stwcx,ldarx/stdcx
- ARM: ldrex/strex(ARMv6/v7),ldaxr/stlxr(ARMv8)
- ARM: LDADD/LDSET/LDCLR/LDEOR/SWP/CAS(ARMv8.1 C6.2)
- MIPS: Load-Link/Store-Conditional
- RISC-V: Load-Reserved/Store-Conditional

感兴趣的读者可以阅读处理器手册的指令介绍部分。

9.6 Patterson 算法

本节我们介绍一种软件同步方法[2,6,9],发明人是 David A. Patterson,他与 John L. Hennessy 一同获得了 2017 年的美国计算机协会(ACM)图灵奖。Hennessy 是 MIPS 指令集架构的发明者,Patterson 是 RISC-V 指令集的发明者。另外他们共同撰写了几本计算机体系结构的经典教材,读者可以查阅了解一下。

Patterson 算法解决了两个线程同时访问临界区的问题,是一种软件实现。如代码片段

9-7 所示，我们使用了 i 和 j，包含两种情况：
- i=0，j=1
- i=1，j=0

代码片段 9-7　Patterson 算法

```
1    // The structure of process in Patterson's solution.
2    int turn;
3    bool flag[2] = { false, false };
4    while (1) {
5        flag[i] = true;
6        turn = j;
7        while (flag[j] && turn == j);
8        access_shared_data();// critical section
9        turn = i;
10       some_other_stuff();  // remainder section
11   }
```

其中，turn 与 flag 是全局变量，两个线程间共享。当线程 0 要访问临界区时，它先置 turn 为 1，让另外的线程 1 优先使用；如果线程 1 不需要访问临界区，那么 flag[1] 就为 false，线程 0 获取了进入临界区的许可权。当线程 0 使用完了临界区的共享数据，它设置 turn 为 0，然后可以做其他的事情。

如果线程 1 比线程 0，先一步执行，并且设置了 flag[1] 为 true，那么会尝试设置 turn 为 0，然后线程 0 再设置 turn 为 1，此时线程 1 可以执行了。当线程 1 使用完临界区的共享数据，它设置 turn 为 1。

可以看出来，线程 1 与线程 2，谁优先获取许可权，关键是看语句 5/6/7 的完成顺序，这几条语句的写操作不能打乱。有些现代处理器支持多核高并发（指令乱序执行，一般会有序提交），比如 Intel Core i7，需多加注意。

9.7　开关中断（Interrupt）

本节详细讲述开关中断的指令，涉及三个中断屏蔽寄存器，它们属于特殊寄存器。如图 9-1 所示，分别为：PRIMASK、FAULTMASK 以及 BASEPRI。

具体解释如下：

① PRIMASK：这是个单一比特位寄存器。在它被置 1 时，关掉所有可屏蔽的异常，除了 NMI 和硬 FAULT 异常可以响应。它的缺省值是 0，表示没有关中断。

② FAULTMASK：这是个单一比特位寄存器。当它置 1 时，只有 NMI 才能响应，所有其他的异常，甚至是硬 FAULT 也不响应。它的缺省值是 0，表示

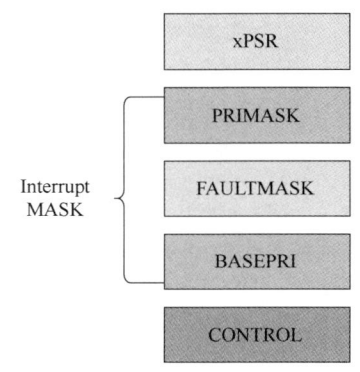

图 9-1　三个中断屏蔽寄存器

没有关中断。

③ BASEPRI：这个寄存器最多有 9 位（由表达优先级的位数决定）。它定义了被屏蔽优先级的阈值。当它被设成某个值后，所有优先级号大于等于此值的中断都被关闭（优先级号越大，优先级越低）。若被设成 0，则不关闭任何中断，0 也是缺省值。

MOS 的实现中使用了和 μC/OS-Ⅲ 相同的方法，即利用 PRIMASK 寄存器，通过设置 0/1 值来开关中断。代码上利用了 CPU 提供的特殊指令 CPSIE/CPSID。

读者可查阅 5.3 节的代码来理解，这里仅列出开关中断的汇编指令语法：
- CPSIE　I　; enable
- CPSID　I　; disable

其中，CPS（Change PE State）的字面意思是改变 PE 的状态，即改变 PSTATE 比特位，详细描述可以查阅 ARM 指令集架构手册。

9.8　开关抢占（Preempt）

本节给出开关抢占的实现，即开关调度器，相对于关中断来讲，操作粒度更小一点，因为这时候还可以响应中断，只是当前任务会一直运行，直到打开调度器。如代码片段 9-8 所示，实现代码放在了 os.h 头文件与 os.c 源文件中。

代码片段 9-8　开关抢占的实现

```
1    // os.h
2    typedef struct mos_t {
3        u32         tid_count;
4        u32         preempt_count;
5        u32         jiffies;
6        list_head   ready[OS_MAX_PRIO];
7        tcb_t       *idle;
8    } mos_t;
9
10   // os.c
11   void schedule(void)
12   {
13       tcb_t *idle, *task1, *task2;
14       if (mos.preempt_count)
15           return;
16       ...
17   }
18   void preempt_disable(void)
19   {
20       CPU_SR_ALLOC();
21       CPU_CRITICAL_ENTER();
22       mos.preempt_count++;
23       CPU_CRITICAL_EXIT();
```

续表

```
24  }
25  void preempt_enable(void)
26  {
27      CPU_SR_ALLOC();
28      CPU_CRITICAL_ENTER();
29      mos.preempt_count--;
30      CPU_CRITICAL_EXIT();
31      if (mos.preempt_count == 0)
32          schedule();
33  }
```

9.9 测试代码

本节主要测试开关抢占,当前 MOS 的版本为 v0.5,任务调度算法也比较简单,轮流执行。每次系统节拍产生时会检查当前运行的任务,如果另外一个任务没有处于睡眠态,就调度另外一个任务执行。

如代码片段 9-9 所示。

任务 1 先执行,然后任务 1 睡眠,调度任务 2 执行。

任务 2 关闭抢占,持续 4 个时钟节拍。

中间任务 1 已经醒了,但是没有得到调度执行。

接着任务 2 打开抢占,进入睡眠,任务 1 立刻执行。

时钟节拍的统计,使用了 Linux 里面的一个概念。在计算机中,jiffy 最初是系统定时器中断的两个嘀嗒之间的时间。它不是一个绝对的时间间隔单位,因为它的持续时间取决于特定硬件平台的时钟中断频率。这里 jiffies 用于存储系统的时钟节拍个数。

代码片段 9-9　开关抢占的测试

```
1   // app.c
2   //
3   int main()
4   {
5       systick_init(OS_PER_TICK);
6       os_init();
7       clone(routine_01);
8       clone(routine_02);
9       os_start();
10  }
11
12  void routine_01(void *p_arg)
13  {
14      while (1) {
```

续表

```
15          flag1 = 1;// (1)
16          tsleep(2);
17          flag1 = 0;// (3)
18          tsleep(2);
19      }
20  }
21
22  void routine_02(void *p_arg)
23  {
24      u32 begin = 0;
25      while (1) {
26          flag2 = 1;// (2)
27          preempt_disable();
28          begin = jiffies();
29          while (jiffies()< 4+begin);
30          preempt_enable();
31          tsleep(2);// (4)
32          flag2 = 0;
33          tsleep(2);
34      }
35  }
```

这里使用了 jiffies 函数来获取开机到现在产生的系统节拍 Tick 的次数。
如代码片段 9-10 所示，我们在 mos 结构体中添加了 jiffies 变量。

代码片段 9-10 jiffies 的实现

```
1   // os_task.c
2   //
3   #include "os.h"
4
5   void systicks(void)
6   {
7       int i = 0;
8       list_head *list, *pos;
9       for (;i < OS_MAX_PRIO;++i) {
10          list = &mos.ready[i];
11          if (list_empty(list))
12              continue;
13
14          list_for_each(pos, list) {
15              tcb_t *tcb = list_entry(pos, tcb_t, head);
16              if (tcb->slp_ticks > 0) {
17                  tcb->slp_ticks--;
```

续表

```
18              }
19          }
20      }
21      mos.jiffies++;
22      schedule();
23 }
24
25 u32 jiffies(void)
26 {
27     return mos.jiffies;
28 }
29
30 void jiffies_inc(void)
31 {
32     mos.jiffies++;
33 }
```

最后，如图 9-2 所示。我们通过观察逻辑分析仪的波形图，来初步验证代码实现的正确性。

其中，任务 1 将 flag1 设为 1，然后任务 1 睡眠；任务 2 立即被调度执行，将 flag2 设为 1；任务 2 执行了 4 个时钟节拍，打开调度器，任务 1 早就醒了，立马执行，将 flag1 设为 0，然后睡眠。此时任务 2 还处于睡眠状态，flag2 继续保持 1，直到 2 个时钟节拍之后，再次醒来，将 flag2 设为 0。

可以发现，波形图与预期的结果相符。

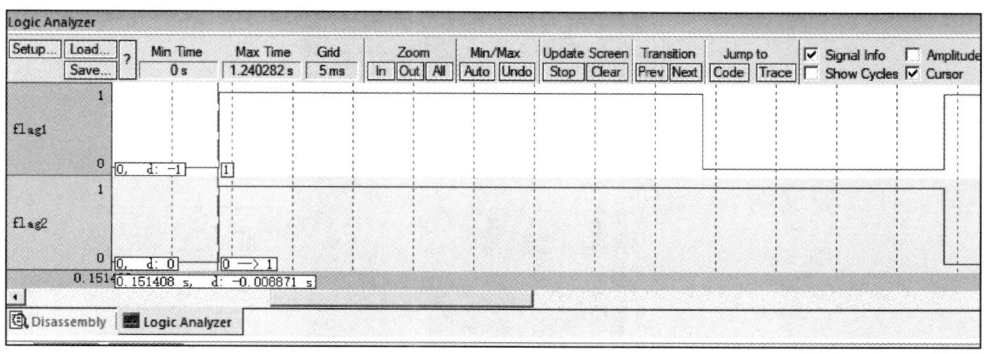

图 9-2　逻辑分析仪中波形图

9.10　小结

本章初步介绍了操作系统中同步原语的概念，并给出了常见同步原语的详细说明。结合实验板中使用的 STM32F4 系列芯片以及 ARM Cortex-M CPU 处理器，我们重点介绍了临界区、原子操作、位带操作、互斥访问、Patterson 算法、开关中断（Interrupt）以及开关抢占（Preempt）。9.8 节给出了开关抢占的代码实现。9.9 节观察了逻辑分析仪中的波形图。

感兴趣的读者，可以结合第 2 章的 μC/OS-Ⅲ 内核对象以及第 14 章 MOS 的内核对象来理解同步原语的概念，同时完成一定量的编码实践。当然也可以查看其他操作系统提供的同步原语（比如 Windows 与 Linux 操作系统的 API）。

打算深入挖掘，探究底层细节的读者，可以结合操作系统的源代码，以及处理器手册的指令描述部分，细致分析处理器指令是如何支持这些同步操作的。

9.11　思维导图

思维导图，如图 9-3 所示，通过图形化的方式来帮助记忆知识点。

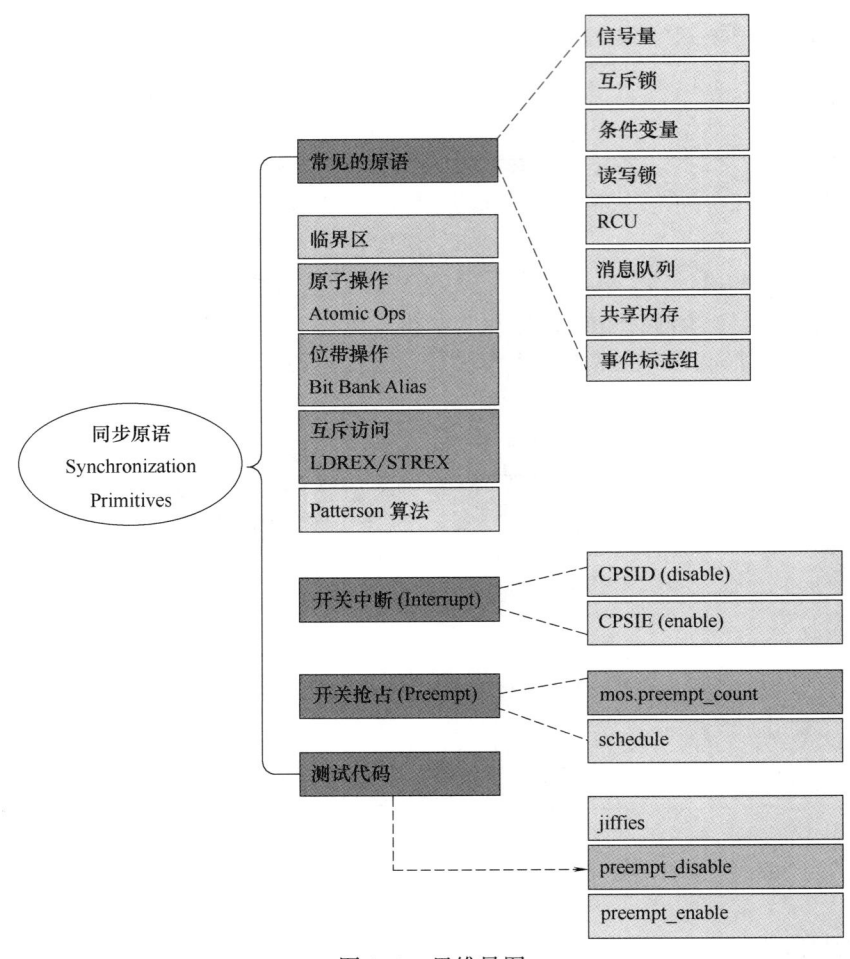

图 9-3　思维导图

第 10 章 任务的状态

本章介绍了任务的基本状态，同时添加了就绪列表与等待列表的相关操作。

前文描述过，在操作系统中，任务由于硬件 I/O 操作，经常会从就绪列表进入等待列表，操作完成之后，再从等待列表返回就绪列表。

这里就绪列表与等待列表其实就涉及了任务的三种状态：就绪态（Ready）、睡眠态（Sleeping）以及阻塞态（Pending），另外一个重要的状态就是已经分配了 CPU 资源，占有 CPU，任务处于运行态（Running）。

10.1 本章目标

- ◇ 任务状态
- ◇ 就绪列表
- ◇ 等待列表
- ◇ 调度实现
- ◇ 测试代码

10.2 任务状态

MOS 中任务状态的实现细节放在第 13 章任务管理部分再讨论，本节我们先介绍 Linux 与 μC/OS-Ⅲ 的任务状态，分析其状态转换图，通过比较来理解。

Linux 中任务（或进程）有 7 种状态：

① 运行状态（R，Running）：并不意味着任务一定在运行中，也可以在就绪队列里，即包含了传统的就绪态（Ready）。

② 睡眠状态（S，Sleeping）：任务在等待事件完成，浅度睡眠，可以被唤醒，比如通过信号（Signal）。

③ 磁盘睡眠状态（D，Disk sleep）：不可中断睡眠，深度睡眠，不可以被唤醒，通常在磁盘写入时发生，不响应外部信号。

④ 停止状态（T，Stopped）：可以通过发送 SIGSTOP 信号给任务，使其停止；可以发送 SIGCONT 信号给进程，使其继续运行。

⑤ 死亡状态（X，Dead）：该状态是返回状态，在任务列表中看不到。

⑥ 僵尸状态（Z，Zombie）：子进程退出，父进程还在运行，但是父进程没有读取子进程的退出状态，子进程进入僵尸状态。

⑦ 追踪停止状态（T，Tracing stop）：比如 GDB 调试中的断点，该功能通过系统调用函数 ptrace 来实现。

内核代码实现中使用如下宏常量来表示状态：
- TASK_RUNNING
- TASK_INTERRUPTIBLE
- TASK_UNINTERRUPTIBLE
- TASK_STOPPED
- TASK_TRACED
- TASK_ZOMBIE
- TASK_DEAD

如图 10-1 所示，我们给出了 Linux 的任务状态转换图[5]，从中可以看到传统操作系统中常见的任务队列交互动作：

任务的 TCB 会来回添加到就绪（运行）列表与等待列表。运行状态有两种：用户态与内核态。通常任务运行在用户态，通过系统调用内陷到内核态，内核来代表任务去执行，处于任务上下文环境中。

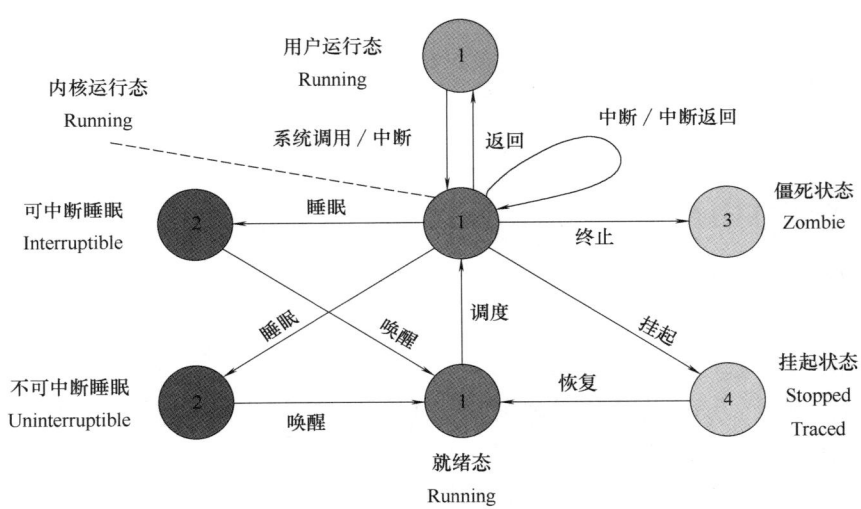

图 10-1　Linux 的任务状态转换图

我们再来分析一下 μC/OS-Ⅲ 中的任务状态[1,8]。

这部分内容 MOS 与 μC/OS-Ⅲ 基本类似，因此这里只给出任务基本的状态说明，用来与 Linux 相互比较一下。具体代码实现与状态转换图，放到第 13 章任务管理部分再来讨论。

如表 10-1 所示，μC/OS-Ⅲ 中共有 10 种任务状态，其中：

附加状态 1 种：超时态

独立状态 5 种：就绪态、睡眠态、阻塞态、挂起态、删除态。

组合状态 4 种：阻塞与超时态、睡眠与挂起态、阻塞与挂起态、阻塞超时挂起态。

第 10 章 任务的状态

表 10-1　　　　　　　　　　μC/OS-Ⅲ的任务状态

任务状态	说明
Ready	就绪态
Delay	睡眠态（延时态）
Pend	阻塞态（等待态）
Pend and Timeout	阻塞与超时态
Suspended	挂起态（暂停态）
Delay and Suspended	睡眠与挂起态
Pend and Suspending	阻塞与挂起态
Pend and Timeout and Suspending	阻塞超时挂起态
Delete	删除态

10.3　就绪列表

本节给出了任务就绪列表的代码实现。其实现依赖于 Linux 的双向链表数据结构：struct list_head，这里会涉及一些链表的基本操作，比如链表的添加、删除以及将链表的头部节点移动到尾部。

首先，如代码片段 10-1 所示，我们先了解一下任务控制块 TCB 与 MOS 全局上下文结构体的定义，tcb_t 与 mos_t 类型，里面都包含了 list_head 数据成员。

代码片段 10-1　TCB 与 MOS 的结构体

```
1    // TCB
2    typedef struct list_head list_head;
3    typedef struct os_tcb_t {
4        u32 *stack;
5        u32 *stk_org;
6        u32 stk_size;
7        list_head head;
8        u32 tid;
9        u32 prio;
10       u32 tick_slice;
11       u32 tick_left;
12       u32 slp_ticks;
13   } tcb_t;
14
15   // MOS
16   typedef struct os_mos_t {
17       u32        tid_count;
18       u32        preempt_count;
19       u32        jiffies;
20       u32        tasks[OS_MAX_PRIO];
```

续表

```
    list_head    ready[OS_MAX_PRIO];
    tcb_t        *idle;
    u32          prio_bm[OS_PRIO_BM_SZ]; // bitmap
} mos_t;
EXT mos_t mos;
```

其次，我们来解释一下 mos 内部的数据成员定义：mos. tasks 记录了同一个优先级下面有多少个任务，mos. ready 就是就绪列表的头结点，共 OS_MAX_PRIO 个优先级，mos. prio_bm 是任务优先级的位图映射，每个优先级占 1 位。

代码实现上，位图映射重点是解决了查找最高优先级任务的问题，这里我们以 64 个优先级为例，其中优先级 0 代表最高优先级，优先级 63 代表最低优先级。MOS 结构体中的 prio_bm 整数数组的大小为 2，即两个 32 位的无符号整数。

如图 10-2 所示，前面两行数字指出了每一个比特位对应的优先级，后面两行就是 prio_bm 数组的两个整数成员，其中 prio_bm[0] 的最高位代表优先级 0，prio_bm[1] 的最高位代表优先级 32。MOS 中使用了 OS_PRIO_MAX/2 作为默认优先级，即默认优先级为 64/2，等于 32，即图中 32 号小方形代表的比特位。

0	1	2	3	4	5	6	7	8	9	10	11	12	13	14	15	16	17	18	19	20	21	22	23	24	25	26	27	28	29	30	31
32	33	34	35	36	37	38	39	40	41	42	43	44	45	46	47	48	49	50	51	52	53	54	55	56	57	58	59	60	61	62	63
0	0	0	0	0	0	0	0	0	0	0	0	0	0	0	0	0	0	0	0	0	0	0	0	0	0	0	0	0	0	0	0
1	0	0	0	0	0	0	0	0	0	0	0	0	0	0	0	0	0	0	0	0	0	0	0	0	0	0	0	0	0	0	0

图 10-2　MOS 的任务优先级位图映射

那么我们如何查找最高优先级的任务呢？关键是在上面的位图映射中找到第一个不为 0 的比特位，它肯定位于 prio_bm 数组的某个整数成员中，根据优先级的界定，我们知道 prio_bm[0] 代表最高优先级，那就从它开始查找，找到第一个不为 0 的整数成员。比如上图 prio_bm[0] 等于 0，prio_bm[1] 不等于 0，那么最高优先级位肯定在 prio_bm[1] 整数成员中。再根据图 10-2 中最高优先级位的界定，prio_bm[1] 的最高位 bit[31] 代表了它能表示的最高优先级 32，bit[0] 代表了最低优先级 63，我们只需要从最高位开始数，找到第一个不为 0 的比特位，它对应的优先级，就是当前最高的优先级。如代码片段 10-2 所示，可以使用 Cortex-M4 的前导零硬件指令来实现。

代码片段 10-2　查找最高优先级

```
u32 prio_highest(void)
{
    u32 prio = 0,
    u32 *bp = &mos.prio_bm[0];
    while (*bp == 0) {
        prio+ = CPU_WORD_SZ;
        bp++;
    }
```

续表

9	prio+ = CPU_CntLeadZeros(*bp);
10	return prio;
11	}

CPU_CntLeadZeros 的汇编实现比较简单，如代码片段 10-3 所示，使用 R0 传递输入参数，并用 R0 返回计算结果：

代码片段 10-3　CPU_CntLeadZeros 的实现

```
1  ;cpu_a.asm
2  ;prototype:u32 CPU_CntLeadZeros(u32);
3  ;
4  CPU_CntLeadZeros
5          CLZ     R0, R0
6          BX      LR
```

下一步，需要添加两个设置与清除优先级位的函数，在创建任务的时候设置优先级位，删除任务的时候清除优先级位，如代码片段 10-4 所示。

代码片段 10-4　优先级位的设置与清除

```
1  // os_prio.c
2  //
3  void prio_bm_set(u32 prio)
4  {
5      u32 pos = prio / CPU_WORD_SZ;
6      u32 bit_num = prio & (CPU_WORD_SZ - 1);
7      u32 bit = (1 << (CPU_WORD_SZ - 1 - bit_num));
8      mos.prio_bm[pos] |= bit;
9  }
10 void prio_bm_reset(u32 prio)
11 {
12     u32 pos = prio / CPU_WORD_SZ;
13     u32 bit_num = prio & (CPU_WORD_SZ - 1);
14     u32 bit = (1 << (CPU_WORD_SZ - 1 - bit_num));
15     mos.prio_bm[pos] &= ~bit;
16 }
```

优先级的查找操作初步完成，下一步就是实现就绪列表的操作。就绪列表的操作代码也比较简单，我们直接利用 Linux 的 list_head 链表操作函数，如代码片段 10-5 所示，使用了 4 个 list_head 的操作函数：list_add、list_del、list_add_tail 以及 list_move_tail。

代码片段 10-5　就绪列表的操作

```
1  // os_prio.c
2  //
3  static void ready_list_add_head(tcb_t *tcb)
```

续表

```
4   {
5       list_add(&tcb->head, &mos.ready[tcb->prio]);
6   }
7
8   static void ready_list_add_tail(tcb_t *tcb)
9   {
10      list_add_tail(&tcb->head, &mos.ready[tcb->prio]);
11  }
12
13  void ready_list_add(tcb_t *tcb)
14  {
15      prio_bm_set(tcb->prio);
16      if (tcb->prio == OSPrioCur)
17          ready_list_add_tail(tcb);
18      else
19          ready_list_add_head(tcb);
20  }
21
22  void ready_list_del(tcb_t *tcb)
23  {
24      list_del(&tcb->head);
25  }
26
27  void ready_list_move_head_to_tail(u32 prio)
28  {
29      if (mos.tasks[prio] < 2)
30          return;
31
32      list_move_tail(mos.ready[prio].next, &mos.ready[prio]);
33  }
```

至此，我们完成了就绪列表的相关定义，包括数据成员（头结点数组），及其操作函数。下一步就是与等待列表的交互，以及调度算法的实现。

MOS 中还未支持 I/O 操作的等待列表，下面一节主要介绍睡眠等待列表（Sleeping），另外，第十二章会讲述时间片轮转调度算法及其调度队列。

10.4　等待列表

等待列表，即睡眠延时等待列表（简称延时列表），本节我们添加延时列表的实现，需要添加一些数据变量，及其操作函数。

首先，在任务控制块 TCB 中添加需要的延时变量，如代码片段 10-6 所示，代表延时的到期时间 slp_ticks，还剩下的时间 slp_left，都以系统节拍（SysTick）为基本时间单位。

代码片段 10-6　任务 TCB 中添加的延时变量

```
1    // os.h
2    //
3    typedef struct list_head list_head;
4    typedef struct os_tcb_t {
5        u32 *stack;
6        u32 *stk_org;
7        u32 stk_size;
8        list_head head;
9    
10       u32 tid;
11       u32 prio;
12       u32 tick_slice;
13       u32 tick_left;
14       u32 slp_ticks;
15       u32 slp_left;
16   } tcb_t;
```

其次，需定义延时列表的数据结构，这里我们使用与就绪列表类似的方法。先定义链表的头结点数组，这里数组的大小需要考虑一下，建议为质数，因为任务会根据延时的时间，对此质数取模，然后链接到相应的头结点链表中。

暂时取质数 11，和其他宏常量定义一起放在 os.h 头文件中，然后在 os_tick.c 源文件中定义延时列表的结构体。

如代码片段 10-7 所示，链表的头结点定义为静态数组，其成员结构类型比较简单，一个整型变量 num，一个双向链表节点 head，前者代表链表中的任务数目，后者即链表中的节点。

代码片段 10-7　延时列表的数据结构

```
1    // os_tick.c
2    //
3    #include "os.h"
4    
5    typedef struct tick_list_entry_t {
6        u32 num;
7        list_head head;
8    } tl_entry_t;
9    static tl_entry_t tick_list[OS_TICK_LS_SZ];
```

下一步，变更 sleep 函数，将任务从就绪列表放入延时列表，延时到期之后再把任务从延时列表放回就绪列表，这部分代码涉及延时列表的一些操作细节，实现上会有一点复杂。

如代码片段 10-8 所示，我们先看一下就绪列表的初始化函数 tick_list_init，接着从整体实现上，来观察一下变更后的函数 tsleep：

代码片段 10-8　函数 tick_list_init 与 tsleep

```
1   void tick_list_init(void)
2   {
3       int i;
4       for (i = 0;i < OS_TICK_LS_SZ;++i) {
5           tick_list[i].num = 0;
6           tick_list[i].head.next = tick_list[i].head.prev
7               = &tick_list[i].head;
8       }
9   }
10
1   void tsleep(u32 ticks)
2   {
3       CPU_SR_ALLOC();
4       CPU_CRITICAL_ENTER();
5       OSTCBCurPtr->slp_ticks = OSTCBCurPtr->slp_left = ticks;
6       ready_list_del(OSTCBCurPtr);
7       tick_list_add(OSTCBCurPtr);
8       CPU_CRITICAL_EXIT();
9       schedule();
10  }
```

函数 tsleep，会使任务睡眠指定的系统节拍数（输入参数为 ticks）。

首先更新当前任务 TCB 中的 slp_ticks 与 slp_left，都设置为 ticks，然后调用 ready_list_del 将任务从就绪列表删除，接着调用 tick_list_add 将删除的任务添加到延时列表。最后调用 schedule，将 CPU 让给其他任务使用。

函数 ready_list_del 放在 os_prio.c 源文件中实现，如代码片段 10-9 所示，删除并初始化列表节点，就绪任务的数目减 1，然后检查是否需要将优先级位图映射中对应优先级位清除（一个优先级可能会有多个任务）。

代码片段 10-9　函数 ready_list_del

```
1   // os_prio.c
2   //
3   void ready_list_del(tcb_t *tcb)
4   {
5       list_del_init(&tcb->head);
6       mos.tasks[tcb->prio]--;
7
8       // No task has priority as 'prio'
9       // if (list_empty(&mos.ready[tcb->prio]))
10      if (mos.tasks[tcb->prio] == 0)
11          prio_bm_reset(tcb->prio);
12  }
```

这里最初使用了第 9 条语句来检查优先级 prio 的任务个数，后面改成了第 10 条语句，看上去简单一点，速度应该相差不大。

下一步，就是实现函数 tick_list_add，将任务 TCB 从就绪队列删除后，需放入延时队列，如代码片段 10-10 所示，其中有几个细节需要注意：

① 更新 TCB 中的 slp_ticks 为到期的 jiffies。
② 获取 TCB 对应的延时列表头结点。
③ 判断延时列表是否为空。
④ 尝试插入头部或尾部。
⑤ 插入延时列表的中间。
⑥ 和列表中成员比较时，需要更新其 slp_left 变量。

代码片段 10-10　函数 tick_list_add

```
1    // os_tick.c
2    //
3    static void tick_list_add(tcb_t *tcb)
4    {
5        tl_entry_t *pt;
6        list_head *list, *pos;
7        tcb_t *tmp, *first, *last;
8    
9        // add jiffies and put into tick list
10       tcb->slp_ticks += jiffies();
11       pt = &tick_list[tcb->slp_ticks % OS_TICK_LS_SZ];
12       list = &pt->head;
13       pt->num++;
14   
15       if (list_empty(list)) {
16           list_add(&tcb->head, list);
17           return;
18       }
19   
20       first = list_entry(list->next, tcb_t, head);
21       adjust_slp_left(first);
22       if (first->slp_left > tcb->slp_left) {
23           list_add(&tcb->head, list);
24           return;
25       }
26   
27       last = list_entry(list->prev, tcb_t, head);
28       adjust_slp_left(last);
29       if (last->slp_left <= tcb->slp_left) {
30           list_add_tail(&tcb->head, list);
31           return;
```

续表

32	`    }`
33	
34	`    list_for_each(pos, list) {`
35	`        tmp = list_entry(pos, tcb_t, head);`
36	`        adjust_slp_left(tmp);`
37	`        if (tmp->slp_left > tcb->slp_left)`
38	`            break;`
39	`    }// insert before pos`
40	`    list_add_tail(&tcb->head, pos);`
41	`}`

10.5 调度实现

再下一步，需要考虑如何更新延时列表中任务 TCB 的延时计数，这一部分的实现代码，很明显应该放在系统时钟节拍的中断服务程序中完成。

如代码片段 10-11 所示，使用预处理宏注释掉了第 7 章的实现方式，接着调用了函数 tick_list_update，然后再调用函数 schedule。

代码片段 10-11   变更后的函数 systicks

```
1   // interrupt handler:call schedule here periodically //
2   void systicks(void)
3   {
4   #if 0
5       int i = 0;
6       list_head *list, *pos;
7       for (;i < OS_MAX_PRIO;++i) {
8           list = &mos.ready[i];
9           if (list_empty(list))
10              continue;
11          list_for_each(pos, list) {
12              tcb_t *tcb = list_entry(pos, tcb_t, head);
13              if (tcb->slp_ticks > 0) {
14                  tcb->slp_ticks--;
15              }
16          }
17      }
18  #endif
19      tick_list_update();
20      schedule();
21  }
```

函数 tick_list_update，主要就是遍历延时列表，更新 TCB 中的 slp_left，以及判断当前的 jiffies 是否大于等于 TCB 的 slp_ticks，如果判断成立，说明延时到期了，需要将 TCB 从延时列表放回就绪列表。放回操作调用了函数 tick_list_del 以及 ready_list_add。

具体实现，如代码片段 10-12 所示，遍历链接的时候，涉及节点的删除操作，需要使用函数 list_for_each_safe 来保存下一个操作的节点。另外，延时列表的删除函数，也在代码片段 10-12 中给出。

代码片段 10-12　函数 tick_list_update

```
1   static void tick_list_update(void)
2   {
3       CPU_SR_ALLOC();
4       tl_entry_t *pt;
5       list_head *list, *pos, *tmp;
6
7       CPU_CRITICAL_ENTER();
8       jiffies_inc();
9       pt = &tick_list[jiffies() % OS_TICK_LS_SZ];
10      list = &pt->head;
11      if (list_empty(list))
12          goto Done;
13
14      list_for_each_safe(pos, tmp, list) {
15          tcb_t *tcb = list_entry(pos, tcb_t, head);
16          tcb->slp_left = tcb->slp_ticks-jiffies();
17          if (tcb->slp_ticks <= jiffies()) {
18              tick_list_del(tcb);
19              ready_list_add(tcb);
20          } else {
21              goto Done;
22          }
23      }
24
25  Done:
26      CPU_CRITICAL_EXIT();
27  }
28
29  static void tick_list_del(tcb_t *tcb)
30  {
31      // decrease poke number
32      tl_entry_t *pt =
33          &tick_list[tcb->slp_ticks % OS_TICK_LS_SZ];
34      pt->num--;
35
36      // delete the tcb(will be moved to ready list)
37      list_del_init(&tcb->head);
38      tcb->slp_ticks = tcb->slp_left = 0;
39  }
```

节点从延时列表删除了，需要放回就绪列表，我们来看一下就绪列表的添加操作及其代码实现。如代码片段 10-13 所示，节点可以添加到列表头部或尾部，如果新添加的任务优先级与当前任务相同，就添加到列表尾部，否则添加列表头部。另外，创建的新任务都添加到队列尾，使用函数 ready_list_new 来实现，读者需要区分一下。

代码片段 10-13　就绪列表的节点添加函数

```
1   // os_prio.c
2   //
3   static void ready_list_add_head(tcb_t *tcb)
4   {
5       list_add(&tcb->head, &mos.ready[tcb->prio]);
6       mos.tasks[tcb->prio]++;
7   }
8   static void ready_list_add_tail(tcb_t *tcb)
9   {
10      list_add_tail(&tcb->head, &mos.ready[tcb->prio]);
11      mos.tasks[tcb->prio]++;
12  }
13
14  void ready_list_new(tcb_t *tcb)
15  {
16      // No task has priority as 'prio'
17      if (list_empty(&mos.ready[tcb->prio]))
18          prio_bm_set(tcb->prio);
19      // Add to tail
20      ready_list_add_tail(tcb);
21  }
22
23  void ready_list_add(tcb_t *tcb)
24  {
25      // No task has priority as 'prio'
26      if (list_empty(&mos.ready[tcb->prio]))
27          prio_bm_set(tcb->prio);
28
29      if (tcb->prio == OSPrioCur)
30          ready_list_add_tail(tcb);
31      else
32          ready_list_add_head(tcb);
33  }
```

最后一步，需要变更 schedule 函数，使用优先级（priority）相关的函数来实现，代码放入 os_sched.c 源文件中。

如代码片段 10-14 所示，调用了 prio_highest 函数。

代码片段 10-14　变更 schedule 函数

```
1   // os_sched.c
2   //
3   #include "os.h"
4   #include "os_cpu.h"
5
6   void schedule(void)
7   {
8       CPU_SR_ALLOC();
9       CPU_CRITICAL_ENTER();
10
11      if (mos.preempt_count) {
12          CPU_CRITICAL_EXIT();
13          return;
14      }
15
16      // blocking tcbs(already removed)
17      OSPrioHighRdy = prio_highest();
18      OSTCBHighRdyPtr = list_entry(
19          mos.ready[OSPrioHighRdy].next, tcb_t, head);
20      if (OSTCBHighRdyPtr == OSTCBCurPtr) {
21          CPU_CRITICAL_EXIT();
22          return;
23      }
24
25      CPU_CRITICAL_EXIT();
26      OS_TASK_SW();
27  }
```

至此，整个延时列表的实现就结束了，就绪列表和延时列表可以来回交互，真正较好地实现了任务的睡眠（sleep 系列函数）。

目前 MOS 支持的任务状态主要就是就绪态、睡眠态。

10.6　测试代码

测试代码与前面章节差不多，主要是在 mos_init 函数中添加延时列表的初始化函数 tick_list_init，然后观察逻辑分析仪的波形图，检查新添加的代码是否正确。如代码片段 10-15 所示，我们给出了测试代码，创建了两个任务。

代码片段 10-15　测试代码

```
1   // app.c
2   //
3   int main()
4   {
```

续表

5	`systick_init(OS_PER_TICK);`
6	`os_init();`
7	`clone(routine_01);`
8	`clone(routine_02);`
9	`os_start();`
10	`}`
11	
12	`void routine_01(void *arg)`
13	`{`
14	`    while (1) {`
15	`        flag1 = 1;`
16	`        tsleep(1);`
17	`        flag1 = 0;`
18	`        tsleep(1);`
19	`    }`
20	`}`
21	
22	`void routine_02(void *arg)`
23	`{`
24	`    while (1) {`
25	`        flag2 = 1;`
26	`        tsleep(1);`
27	`        flag2 = 0;`
28	`        tsleep(1);`
29	`    }`
30	`}`

如图 10-3 所示，逻辑分析仪的波形图与第 7 章相同，时间上都是正确的，一个周期为 20ms（20.164ms），和预期的结果相符。

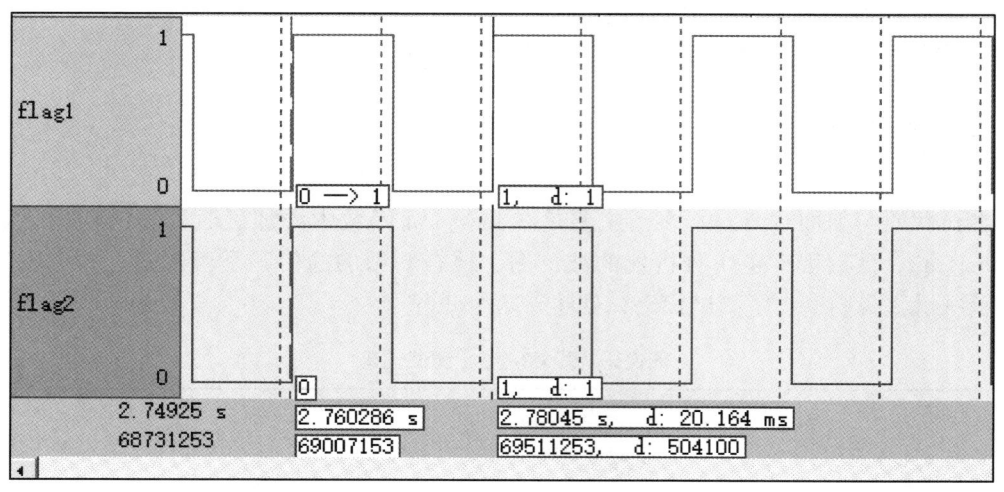

图 10-3　逻辑分析仪中波形图

10.7 小结

本章介绍了任务状态的概念，分析比较了 Linux 与 μC/OS-Ⅲ 中的任务状态。然后给出了 MOS 中就绪列表、等待列表（延时列表）、调度函数的实现，其中包含最高优先级的查找、就序列表的添加和删除操作、等待列表的添加/删除/更新操作以及调度函数的变更（调用 prio_highest），实现了真正的 sleep 系列函数。

最后观察了逻辑分析仪中的波形图，以作验证。

10.8 思维导图

思维导图，如图 10-4 所示，通过图形化的方式来帮助记忆知识点。

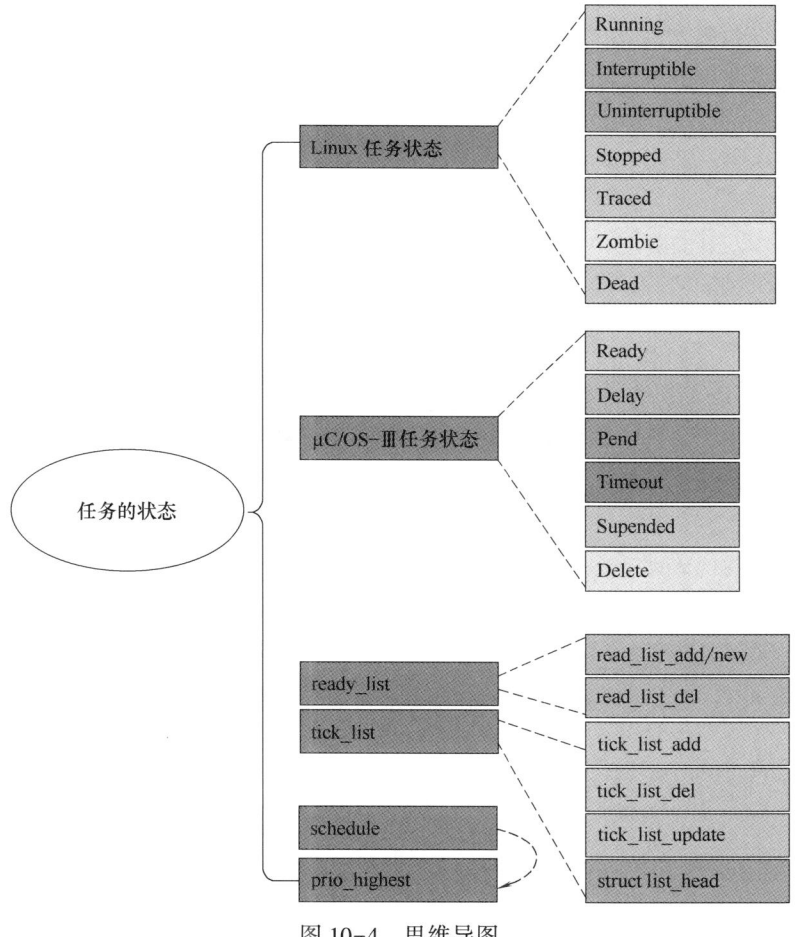

图 10-4　思维导图

第 11 章　优先级调度算法与实现

本章将实现对多优先级任务的支持，介绍任务优先级的概念，适当比较 Windows 与 Linux 的优先级定义。

其实我们在第 10 章已经部分的支持多优先级了，虽然只是两个任务的互相切换，但是调度函数里面会查找最高优先级的任务（prio_highest）。

11.1　本章目标

- ◇ 优先级的概念
- ◇ 优先级调度算法
- ◇ 优先级调度实现
- ◇ 测试代码

11.2　优先级的概念

什么是任务的优先级（priority），任务的优先级与操作系统的抢占式（preemptive）调度有什么关系，我们分几点来描述。

首先，RTOS 中通常会支持优先级调度，但是其中不少只使用静态优先级，配置了就不会改变，通常整个嵌入式项目产品中的任务数量比较少，比如 5 到 10 个任务，这种情况下要考虑好优先级的设置，如何分配到各个任务。

优先级是指计算机操作系统给任务指定的优先等级。它决定任务在使用资源时的优先次序。任务的调度优先级主要是任务被调度运行时的优先级，主要与任务本身的优先级和调度算法有关，一般存储在任务的 TCB 中。特别在实时系统中，任务调度优先级反映了一个任务重要性与紧迫性，优先级最高的任务可以一直执行，直到完成阶段性任务，转入阻塞或睡眠状态。

每个进程都有相应的优先级，优先级决定了它何时运行，以及运行多少 CPU 时间，即分配给任务的时间片。时间片一般会大于一个时钟节拍，为时钟节拍的倍数。我们来看一下传统操作系统 Windows 与 Linux 中的优先级定义。

11.2.1　Windows 的优先级

Windows 的优先级共 32 级，是从 0 到 31 的数值，称为基本优先级别（Base Priority Level）。系统按照不同的优先级调度进程的运行，0 到 15 级是普通优先级，进程的优先级可以动态变化，高优先级进程优先运行，只有高优先级进程不运行时，才调度低优先级进程运行，优先级相同的进程按照时间片轮转调度。16 到 31 级是实时优先级，实时优先级

第 11 章 优先级调度算法与实现

与普通优先级的最大区别在于相同优先级进程的运行不按照时间片轮转，而是先运行的进程就先控制 CPU，如果它不主动放弃控制，同级或低优先级的进程就无法运行。

如图 11-1 所示，Windows 的优先级被划分到 6 个类别（Priority Class）中，每个类别都有一个优先级基础值（Base Value），用户任务可以在此基础值上进行调整，比如通过调用 SetPriorityClass 可以改变任务的优先级类别。

	real-time	high	above normal	normal	below normal	idle priority
time - critical	31	15	15	15	15	15
highest	26	15	12	10	8	6
above normal	25	14	11	9	7	5
normal	24	13	10	8	6	4
below normal	23	12	9	7	5	3
lowest	22	11	8	6	4	2
idle	16	1	1	1	1	1

图 11-1 Windows 任务优先级划分

那么通常情况下，每个类别的基础优先级为中间值，即 NORMAL 那一行，所以默认情况下，新创建任务的优先级为：

- REALTIME_PRIORITY_CLASS： 24
- HIGH_PRIORITY_CLASS： 13
- ABOVE_NORMAL_PRIORITY_CLASS： 10
- NORMAL_PRIORITY_CLASS： 8
- BELOW_NORMAL_PRIORITY_CLASS： 6
- IDLE_PRIORITY_CLASS： 4

通过 SetThreadPriority 可以修改线程的相对优先级。比如，NORMAL 那一列普通任务可以修改的任务优先级为：

- NORMAL Time critical： 15
- NORMAL Highest： 10
- NORMAL Above normal： 9
- NORMAL Normal： 8
- NORMAL Below normal： 7
- NORMAL Lowest： 6
- NORMAL Idle： 1

从上面可以看出，普通任务的普通优先级为 8，这个应该就是 CreateThread 创建的线程的默认优先级。读者可以通过调用 GetPriorityClass、GetThreadPriority 来验证一下。

11.2.2 Linux 的优先级

Linux 的优先级共 140 级，从 0 到 139，0 到 99 表示实时任务，100 到 139 表示非实时任务（普通任务）。与 Windows 相反，Linux 优先级值越小，意味着优先级别越高，任务会优先被内核调度。

实际上，普通任务使用友好值（Niceness）来描述，-20 到 19，越 Nice 的任务优先级越低，比如 Niceness 达到 19 的任务，优先级为 139，系统最低优先级，占用的 CPU 运行时间越少，默认 Niceness 值为 0，即优先级等于 120。

Linux 现在对于普通任务（SCHED_OTHER），使用了完全公平调度器（CFS, Completely Fair Scheduler）。在一个 CFS 调度期内，采用虚拟运行时间来计算，每个任务都会运行一个物理时间片，只是物理时间片的大小不同，优先级高的任务时间片大，优先级低的任务时间片小，但是它们的虚拟运行时间都是一样的，在一个调度周期内，运行相同的虚拟时间。

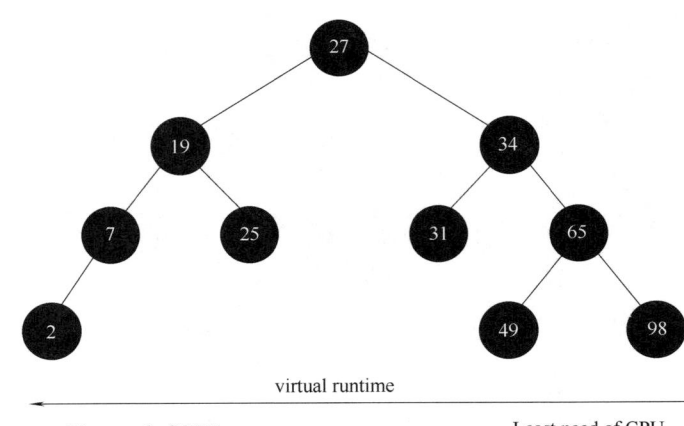

图 11-2 虚拟时间构建的红黑树

如图 11-2 所示，CFS 算法使用了基于虚拟时间键值的红黑树作为任务运行队列（Running Queue）。优先执行虚拟运行时间最小的任务，优先级越高的任务，虚拟运行时间增长得越慢。另外，红黑树的最小索引键值会被缓存（Cache），即虚拟运行时间最小的任务。

对 CFS 感兴趣的读者，可以进一步查阅参考资料与 Linux 源代码。我们在最后一章实验部分还会讨论（会给出一个简易版实现）。

11.3 优先级调度算法

本节实现的优先级调度算法，比较简明高效。

实现上通过 CPU 前导零（CLZ, Count Leading Zero）计算指令来确定优先级最高的任务，然后调度执行即可。最高优先级查找的实现在 10.3 节已经讨论，此处不再重复。下面给出操作系统中比较常见的任务调度策略[2,9]，并对 MOS 中使用的调度算法命名，如表 11-1 所示。

表 11-1 任务调度策略

名称	全称	说明
FCFS	First Come First Served	先到先服务
SJF	Shortest Job First	最短任务优先
STCF	Shortest Time-to-Completion First	最短完成时间优先
RR	Round Robin	时间片轮转调度
MLQ	Multi-Level Queue	多级队列
DRR	Dynamic Time Slice RR	时间片可以不同

很明显，MOS 使用了 MLQ 与 DRR 调度策略，与 μC/OS-Ⅲ 相同，我们暂时命名为 MDR 调度策略。

DRR 调度放在下一章介绍，很多操作系统教科书只介绍了 RR 调度（每个任务执行相同的时间片），没有给出 DRR 的实现说明。

11.4 优先级调度实现

优先级调度算法的实现，首先定义了四个全局变量，如代码片段 11-1 所示，分别对应了上下文中的上文与下文：上文的优先级与 TCB 指针，下文的优先级与 TCB 指针。上文即当前任务，下文即下一个就绪的最高优先级任务。

代码片段 11-1 优先级相关全局变量

```
1    // os.h
2    //
3    EXT u32         OSPrioCur;
4    EXT u32         OSPrioHighRdy;
5    EXT tcb_t       *OSTCBCurPtr;
6    EXT tcb_t       *OSTCBHighRdyPtr;
```

MOS 启动的时候，会设置最高优先级的任务，然后调用函数 OSStartHighRdy，接着产生 PendSV 异常，在异常服务程序中进行任务的下文切换。此刻还是第一个任务，所以没有上文，只有下文，如代码片段 11-2 所示。

代码片段 11-2 支持 MLQ 的 os_start 函数

```
7    // os.c
8    //
9    int os_start(void)
10   {
11       OSPrioHighRdy = prio_highest();
12       OSPrioCur = OSPrioHighRdy;
13       OSTCBHighRdyPtr = list_entry(
14           mos.ready[OSPrioCur].next, tcb_t, head);
15       OSTCBCurPtr = OSTCBHighRdyPtr;
16       OSStartHighRdy();      // never return back
17       return ERR_SUCCESS;    // never get here
18   }
```

MOS 启动之后，最高优先级的任务开始执行。每次系统节拍中断的发生，都会转入中断服务程序，然后调用 schedule，它会再次设置下文（最高优先级 OSPrioHighRdy 和最高优先级任务的 TCB 指针 OSTCBHighRdyPtr），最后调用宏函数 OS_TASK_SW，触发 PendSV，真正执行上下文切换（见 10.5 节调度实现）。

11.5 测试代码

为了测试 MLQ 调度算法，我们需要添加一个优先级较高的任务，高于默认优先级即可。这里我们先把系统堆（Heap）的大小改为 0x00001000，4KB 大小，如代码片段 11-3 所示，系统栈（Stack）保持不变，1KB 大小。

代码片段 11-3　修改系统堆（Heap）的大小

```
1    ;startup_stm32f40xx.s
2    ;
3    Stack_Size      EQU     0x00000400
4
5                    AREA    STACK, NOINIT, READWRITE, ALIGN = 3
6    Stack_Mem       SPACE   Stack_Size
7    __initial_sp
8
9
10   ;<h> Heap Configuration
11   ;  <o>  Heap Size(in Bytes)<0x0-0xFFFFFFFF:8>
12   ;</h>
13
14   Heap_Size       EQU     0x00001000
15
16                   AREA    HEAP, NOINIT, READWRITE, ALIGN = 3
17   __heap_base
18   Heap_Mem        SPACE   Heap_Size
19   __heap_limit
```

测试代码的编写，如代码片段 11-4 所示，新增了一个优先级为 10 的任务，此时会发现 task_create 不够灵活，有些参数没有默认值，我们会在下一个版本，支持默认值的设置，只需传递任务的入口函数和优先级，其他参数可以写 0。

任务 2 的入口函数（routine_02）中调用了 delay 函数，它是一个 for 空循环函数，仅为测试目的而使用。相对于任务 1，任务 2 会一直运行，导致任务 1 只会在系统启动的时候运行一次，之后再也得不到运行的机会，因为我们还没有添加时间片轮转调度。

代码片段 11-4　测试 MLQ 优先级调度算法

```
1    // app.c
2    //
3    int flag1, flag2, flag3;
4
5    int main()
6    {
7        systick_init(OS_PER_TICK);
```

续表

8	os_init();
9	clone(routine_01);
10	clone(routine_02);
11	task_create(routine_03, 0,
12	OS_DEF_STK_SZ, 10, OS_DEF_TIM_SL);
13	os_start();
14	}
15	void routine_01(void *p_arg)
16	{
17	while (1) {
18	flag1 = 1;
19	tsleep(1);
20	flag1 = 0;
21	tsleep(1);
22	}
23	}
24	void routine_02(void *p_arg)
25	{
26	while (1) {
27	flag2 = 1;
28	delay(100);
29	flag2 = 0;
30	delay(100);
31	}
32	}
33	void routine_03(void *p_arg)
34	{
35	while (1) {
36	flag3 = 1;
37	tsleep(3);
38	flag3 = 0;
39	tsleep(3);
40	}
41	}

使用 Simulator，通过逻辑分析仪观察变量的波形图。

如图 11-3 所示，会发现如下现象：

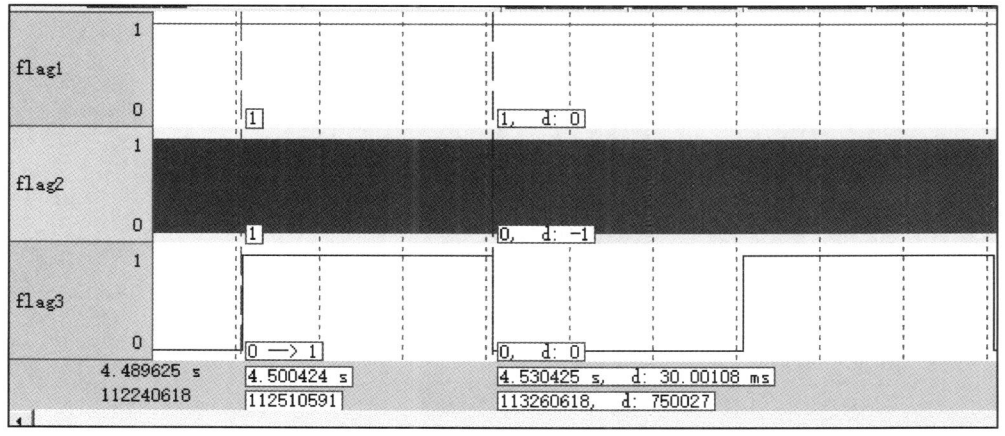

图 11-3　逻辑分析仪中波形图

变量 flag3 的周期为 60ms，高低电平各 30ms。任务 2 几乎一直在执行，只有任务 3 醒来的时候抢占一下 CPU，接着任务 3 就去睡眠了。任务 1 由于某些原因几乎处于未执行状态，flag1 等于 1，读者可以分析一下为什么（查阅 10.3 节就绪列表）。

下一章会实现动态时间片轮转调度算法 DRR。

11.6 小结

本章介绍了任务优先级的概念，分析了 Windows 与 Linux 中的优先级实现。然后给出了操作系统中的常见调度策略，并明确了 MOS 中使用的调度算法。

调度算法的实现上，需要定义好任务上下文相关的优先级，以及任务 TCB 指针。CPU 前导零（CLZ，Count Leading Zero）计算指令在 10.3 节有描述，我们使用它来查找下一个就绪的最高优先级任务。

最后我们观察了逻辑分析仪中的波形图，和预期的结果相符。

11.7 思维导图

思维导图，如图 11-4 所示，通过图形化的方式来帮助记忆知识点。

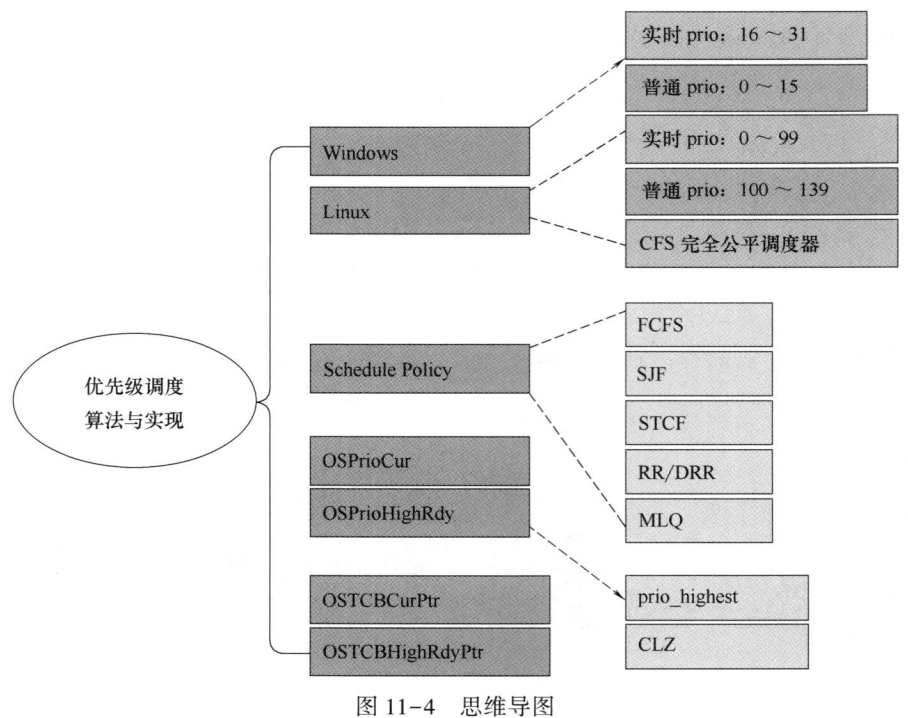

图 11-4 思维导图

第 12 章　时间片调度算法与实现

本章将实现动态时间片轮转调度算法（DRR，Dynamic Time Slice Round Robin），相同优先级的任务共享 CPU 资源，这些任务的时间片 Slice 可以不相同，大小为时钟节拍的倍数。

在前面一章我们已经实现了多优先级调度算法，但是相同优先级的任务还未支持，所以 Scheduler（调度器）只会调度相同优先级队列的队首任务，导致测试程序中的 task1 几乎没有运行。

12.1　本章目标

- ◇　时间片的概念
- ◇　时间片调度算法
- ◇　时间片调度实现
- ◇　测试代码

12.2　时间片的概念

时间片（Time Slice）：抢占式多任务系统中允许进程运行的时间段（Period），有时候也称为量子（Quantum）或处理器片（Processor Slice）。

每个任务分配的时间片，即该任务允许运行的时间，时间到了就会切换到其他任务执行。从宏观上观察各个任务都在运行，准确来说这里的任务指代线程，因为线程才是最小执行单位，拥有独立的堆栈和寄存器，进程中会有一个或多个线程（见 3.8 节多任务相关概念）。

如果在时间片结束时，线程还在运行，则 CPU 资源将被抢占，并分配给下一个优先级最高的线程。如果线程在时间片结束前进入睡眠态、阻塞态或者退出了，任务调度子系统立刻进行上下文切换。

打开笔记本电脑，我们可以同时启动多个应用程序，每个程序并发执行。

① 现代操作系统（如 Windows、Linux、Mac OS 等）都支持多任务多优先级抢占式调度，你可以在玩原神的时候，开着音乐播放器，同时还可以用微信聊天。

② 现代计算机通常都使用 Multi-Core CPU，多个任务会真正的并行运行，但是单核 CPU 情况下，多个任务共享一个 CPU，会以时间片的方式，轮转调度，并发运行，一般时间片在 10ms 到 100ms。

在 MOS 中，每个任务的时间片大小可以不相同，为时钟节拍的倍数，时钟节拍可以设置为 1~10ms。

上一章讲到，Linux 系统中非实时任务也是以时间片运行，每个任务的时间片可能不相同，和 Niceness 值成反比，越不 Nice 的任务，越占 CPU 资源，但是一个调度周期内，每个任务都可以得到机会运行。

一般为了获得较快的响应速度，交互性强的进程（即趋向于 IO-Bound 型）被分配到的时间片要长于交互性弱的进程（趋向于 CPU-Bound 型）。

12.3 时间片调度算法

本章的时间片调度算法比较简单，每个任务创建的时候都可以设置一个时间片参数，如果不设置，就使用默认的时间片，一般为系统时钟节拍的倍数。

MOS 中默认的时间片为 5 个时钟节拍，也就是说相同优先级的任务，如果使用默认值，就会轮转调度，每个任务执行 5 个时钟节拍，公平调度。

12.4 时间片调度实现

本节给出动态时间片轮转调度算法（DRR，Dynamic Time Slice Round Robin）的实现。首先在任务 TCB 中添加时间片相关成员变量，如代码片段 12-1 所示，我们添加 tick_slice 与 tick_left 两个 u32 类型的数据成员。

代码片段 12-1　任务 TCB 中的时间片变量

```
1    // os.h
2    //
3    typedef struct list_head list_head;
4    typedef struct os_tcb_t {
5        u32 *stack;
6        u32 *stk_org;
7        u32 stk_size;
8        list_head head;
9        u32 tid;
10       u32 prio;
11       u32 tick_slice;
12       u32 tick_left;
13       u32 slp_ticks;
14       u32 slp_left;
15   } tcb_t;
```

下一步，需要改写时钟节拍的中断服务程序，添加时间片调度的相关处理。另外我们还需要变更任务创建函数，添加时间片的初值。这里先给出 systicks 函数的变更，如代码片段 12-2 所示，新增 rr_schedule 函数的调用。

再下一步，我们来实现函数 rr_schedule（时间片轮转调度），代码放在 os_sched.c 源文件中，如代码片段 12-3 所示。

代码片段 12-2　支持 RR 调度的时钟节拍服务程序

```c
// os_tick.c
//
// interrupt handler:call schedule here periodically //
void systicks(void)
{
    tick_list_update();
    rr_schedule();
    schedule();
}
```

代码片段 12-3　时间片轮转调度函数

```c
// Dynamic Round Robin
void rr_schedule(void)
{
    tcb_t *tcb;
    CPU_SR_ALLOC();
    CPU_CRITICAL_ENTER();
    tcb = OSTCBCurPtr;

    if (list_empty(&tcb->head)) {
        CPU_CRITICAL_EXIT();
        return;
    }

    if (tcb == mos.idle) {
        CPU_CRITICAL_EXIT();
        return;
    }

    if (tcb->tick_left > 0)
        tcb->tick_left--;

    if (tcb->tick_left > 0) {
        CPU_CRITICAL_EXIT();
        return;
    }

    if (mos.tasks[tcb->prio] < 2) { // 可以改成宏常量
        CPU_CRITICAL_EXIT();
        return;
    }

    // tick_left equals 0 and reload
    ready_list_move_head_to_tail(tcb->prio);
    tcb->tick_left = tcb->tick_slice;
    CPU_CRITICAL_EXIT();
    OS_TASK_SW();
}
```

先获取当前任务的 TCB 指针 OSTCBCurPtr，然后判断 tick_left 的值是否大于 0，如果大于 0，则将当前任务的时间片 tick_left 减 1，然后检查是否等于 0。

如果等于 0，判断当前优先级的任务是否小于 2，如果小于 2，直接返回，否则调用函数 ready_list_move_head_to_tail，将当前任务放入就绪队列的尾部，重置 tick_left 为 tick_slice。

最后，调用 OS_TASK_SW 进行上下文切换。

如代码片段 12-4 所示，我们给出了函数 ready_list_move_head_to_tail 的实现，比较简单，直接调用 list_move_tail。

代码片段 12-4　函数 ready_list_move_head_to_tail 的实现

```
1   // os_prio.c
2   //
3   void ready_list_move_head_to_tail(u32 prio)
4   {
5       if (mos.tasks[prio] < 2)
6           return;
7
8       list_move_tail(mos.ready[prio].next, &mos.ready[prio]);
9   }
```

到这一步，剩下的就是变更任务创建函数 task_create，添加默认的时间片初值即可，如代码片段 12-5 所示。

代码片段 12-5　任务创建函数的实现

```
1   // os_task.c
2   //
3   u32 task_create(task_routine routine, void *arg,
4       u32 stk_size, u32 prio, u32 tick_slice)
5   {
6       CPU_SR_ALLOC();
7       u32 *sp = 0, *stack = 0;
8       tcb_t *tcb = 0;
9
10      if (! stk_size)
11          stk_size = OS_DEF_STK_SZ;
12      if (! prio)
13          prio = OS_DEF_PRIO;
14      if (! tick_slice)
15          tick_slice = OS_DEF_TIM_SL;
16
17      stack = (u32*)malloc(sizeof(u32)*stk_size);
18      memset(stack, 0, sizeof(u32)*stk_size);
19      sp = stack_init(routine, arg, stack, stk_size);
20
21      tcb = (tcb_t *)malloc(sizeof(tcb_t));
22      memset(tcb, 0, sizeof(*tcb));
23      tcb->prio = prio;
```

续表

24	tcb->stack = sp;
25	tcb->stk_org = stack;
26	tcb->stk_size = stk_size;
27	tcb->tick_slice = tcb->tick_left = tick_slice;
28	
29	
30	CPU_CRITICAL_ENTER(); // enter critical section
31	tcb->tid = ++mos.tid_count; // get new TID
32	ready_list_new(tcb); // put into task ready list
33	CPU_CRITICAL_EXIT(); // leave critical section
34	
35	return tcb->tid;
36	}

12.5 测试代码

为了测试时间片轮转调度算法，我们编写两个一直运行的任务，另外添加一个高优先级的任务，如代码片段12-6所示，创建了三个任务。

代码片段12-6　测试代码的实现

```
1   int main()
2   {
3       systick_init(OS_PER_TICK);
4       os_init();
5       clone(routine_01);
6       clone(routine_02);
7       clone_prio(routine_03, 10);
8       os_start();
9   }
10
11  void routine_01(void *p_arg)
12  {
13      while (1) {
14          flag1 = 1;
15          delay(0xFF);
16          flag1 = 0;
17          delay(0xFF);
18      }
19  }
20  void routine_02(void *p_arg)
21  {
22      // 除了改变flag2，
```

续表

23	// 其他和 routine_01 相同
24	}
25	void routine_03(void *p_arg)
26	{
27	while (1) {
28	flag3 = 1;
29	tsleep(OS_DEF_TIM_SL * 2);
30	flag3 = 0;
31	tsleep(OS_DEF_TIM_SL * 2);
32	}
33	}

上面实现中添加了一个新函数 clone_prio，因为实际工程中，简单场景下，可能最需要的就是 routine 与 priority 两个参数，其他参数使用默认值就好。如代码片段 12-7 所示，clone_prio 内部也是调用 task_create。

代码片段 12-7　函数 clone_prio

1	// os_task.c
2	//
3	u32 clone_prio(task_routine routine, u32 prio)
4	{
5	return task_create(routine, 0, OS_DEF_STK_SZ,
6	prio, OS_DEF_TIM_SL);
7	}

通过 Simulator 的逻辑分析仪观察现象，如图 12-1 所示，全局变量 flag1 与 flag2 的周期为 100ms，使用默认的时间片 50ms，轮转调度执行。全局变量 flag3 的周期是 200ms，与设置的时间片相符（10 个时钟节拍）。

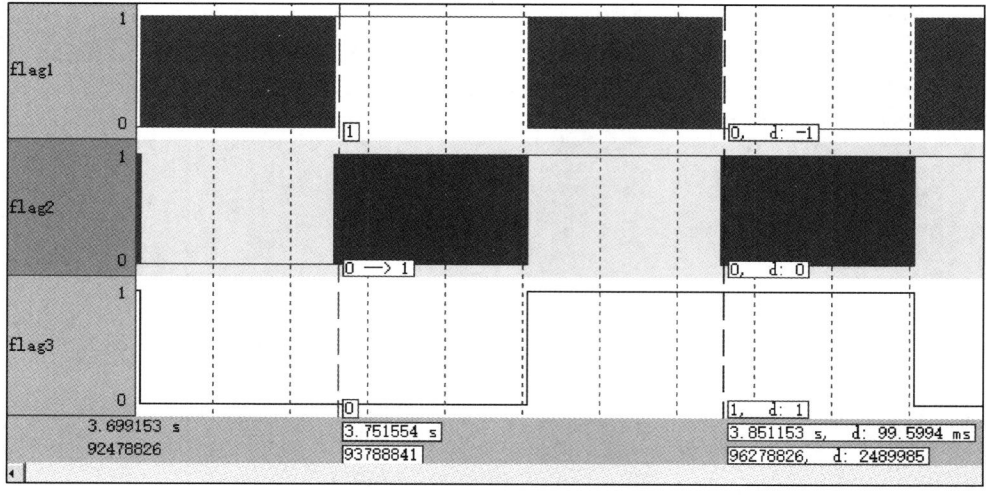

图 12-1　逻辑分析仪中波形图

12.6 小结

本章介绍了操作系统中任务时间片的概念，分析了 Linux 中的时间片设计，然后给出了时间片调度算法（Dynamic Time Slice Round Robin）的描述与实现。

时间片调度算法的实现上，需要：

① 添加调度函数 rr_schedule。
② 变更时钟节拍中断服务程序 systicks，调用函数 rr_schedule。
③ 变更任务创建函数 task_create，设置任务控制块的默认时间片。
④ 添加 clone_prio 函数，方便任务优先级的设置。

最后我们观察了逻辑分析仪中的波形图，和预期的结果相符。

12.7 思维导图

思维导图，如图 12-2 所示，通过图形化的方式来帮助记忆知识点。

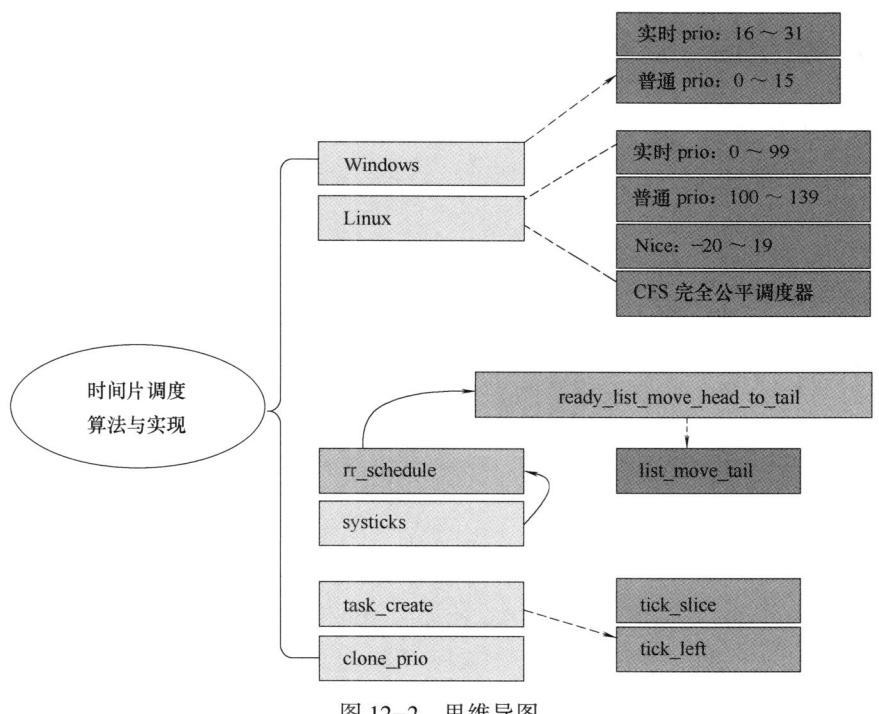

图 12-2 思维导图

第 13 章　任务管理的实现

在前面章节我们讲解了多任务的定义、上下文切换、优先级调度、时间片调度，本章将添加任务管理的三个接口：
- 任务删除（Delete）
- 任务挂起（Suspend）
- 任务恢复（Resume）

操作系统第一个要研究的主题（Topic）就是任务管理（Task Management），也就是如何分配 CPU 资源的问题，以及任务间通信。

CPU 调度哪个任务先执行，执行多长时间，能不能先暂停一下，休息一会，接着再跑，本章来简单分析一下。

13.1　本章目标

◇　任务的管理
◇　任务的删除
◇　任务的挂起
◇　任务的恢复
◇　测试代码

13.2　任务的管理

操作系统的任务管理是一个复杂的主题，和内存管理、输入/输出系统并列为操作系统的三大主题。

任务管理涉及：任务的定义、任务调度算法、任务间通信技术、状态迁移。

① 任务的定义：本书在第 3 章已经介绍，比如进程、线程以及纤程。

② 任务调度算法：前面多章有描述，比如多级队列 MLQ、时间片轮转 RR。

③ 任务间通信技术：我们这里稍微拓展一下进程间通信（IPC，Inter-Process Communication），即多个进程间的通信。

④ 状态迁移：任务的创建、删除、挂起、恢复。

前文没有讲解 IPC，因为本书主要是多任务（多线程）的编程场景，读者朋友可以阅读参考书籍来学习，比如《Unix 环境高级编程（第三版）》。宏内核一般包含如下 IPC 机制：
- 管道（Pipe）
- 命名管道（Named Pipe）

- 消息队列（Message Queue）
- 信号量（Semaphore）
- 共享内存（Shared Memory）
- 信号（Asynchronous Signal）
- 套接字（TCP/UDP Socket）
- 域套接字（Unix Domain Socket）

微内核一般以消息接口来进行多个服务间的通信，消息分为短消息与长消息，短消息或许可以通过寄存器来直接传递，从而提高性能，但是这带来了硬件依赖的问题；长消息可以采用共享内存的方式来提高性能。

任务间通信技术（多线程编程），还有一个就是同步原语，本书在第9章有介绍，比如原子变量、互斥访问、开关中断、开关抢占等，主要用于多任务程序的设计，对共享数据的访问进行保护。

某种角度上，这种保护是一种多方协商的数据访问的串行化操作，在频繁访问的时候会导致性能的下降，所以设计中可以考虑使用一份代码，多份数据（Same Code，Diff Data），或者读操作多一点，还是写操作多一点，通过选择更合适的同步原语来提高性能。

后面内容，我们开始讲述任务的删除、挂起、恢复。

13.3 任务的删除

首先，任务是可以被删除的，甚至任务自己可以删除自己。MOS 的实现与 μC/OS-Ⅲ 很类似，不同之处在于 MOS 使用了系统空间 Heap 来分配任务的相关数据结构：任务 TCB、任务 Stack。

删除了的任务，不会再被调度，μC/OS-Ⅲ 中由于采用了全局数据结构，被删除任务的数据结构可以较容易地被再次使用。MOS 中需要更加小心。当然实际应用中一般都是长期执行的任务，不需要删除，就像测试代码中的 while 循环。如果有业务场景需要线程执行完业务操作后就退出，一定要小心设计，思考一下这种处理是否会太频繁，是否会带来线程创建与内存分配的隐患。

Linux 中创建短期线程，可以使用线程的 PTHREAD_CREATE_DETACHED 属性来创建，调用 pthread_create 的时候传递；这样处理后，线程结束时操作系统会自动回收内存，不再需要主线程去管理，否则就会造成内存泄漏。当然你也可以调用函数 pthread_join 来等待线程的结束，但这样会限制多任务设计的灵活性，主线程要一直在那里等待。

其次，我们给出 MOS 中任务的状态图，如图 13-1 所示，细心的读者会发现，还有很多状态没给出，尤其处于睡眠态的任务可以被挂起，Timeout 附加态，以及其他 4 种组合态。

最后，我们根据设计来实现 task_delete。如代码片段 13-1 所示，我们需要先添加 9 个任务的状态宏定义，后面实现 CFS 简易算法的时候，还需要添加一种状态 OS_TASK_STATE_CFS_FINISH。另外，内核对象的 PEND 操作接口还未在 MOS 中支持。

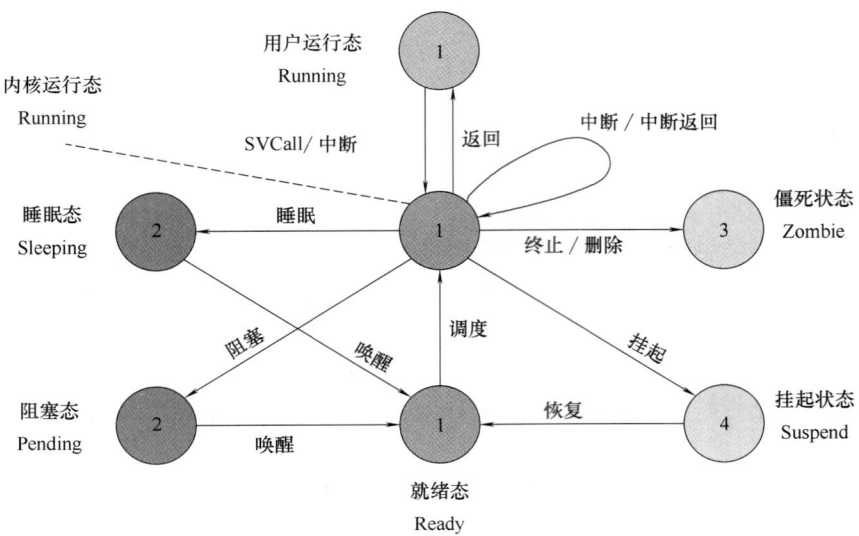

图 13-1 MOS 中任务的状态图

代码片段 13-1 任务的状态宏定义

```
1   // os_task.h
2   //
3   #ifndef __OS_TASK_H__
4   #define __OS_TASK_H__
5
6   #define OS_TASK_STATE_BIT_DLY              (0x01u)
7   #define OS_TASK_STATE_BIT_PEND             (0x02u)
8   #define OS_TASK_STATE_BIT_SUSPENDED        (0x04u)
9
10  // 9 task states
11  #define OS_TASK_STATE_RDY                  (0u)
12  #define OS_TASK_STATE_DLY                  (1u)
13  #define OS_TASK_STATE_PEND                 (2u)
14  #define OS_TASK_STATE_PEND_TIMEOUT         (3u)
15  #define OS_TASK_STATE_SUSPENDED            (4u)
16  #define OS_TASK_STATE_DLY_SUSPENDED        (5u)
17  #define OS_TASK_STATE_PEND_SUSPENDED       (6u)
18  #define OS_TASK_STATE_PEND_TIMEOUT_SUSPENDED (7u)
19  #define OS_TASK_STATE_DEL                  (255u)
20
21  // Pending on some objects
22  #define  OS_TASK_PEND_ON_NOTHING           (0u)
23  #define  OS_TASK_PEND_ON_FLAG              (1u)
24  #define  OS_TASK_PEND_ON_TASK_Q            (2u)
25  #define  OS_TASK_PEND_ON_MULTI             (3u)
```

续表

26	#define	OS_TASK_PEND_ON_MUTEX	(4u)
27	#define	OS_TASK_PEND_ON_Q	(5u)
28	#define	OS_TASK_PEND_ON_SEM	(6u)
29	#define	OS_TASK_PEND_ON_TASK_SEM	(7u)
30	#endif		

下面我们给出了 MOS 中任务删除的实现，如代码片段 13-2 所示。

代码片段 13-2　任务删除的实现

```
1   int task_delete(u32 tid)
2   {
3       int res;
4       tcb_t *tcb;
5       CPU_SR_ALLOC();
6       CPU_CRITICAL_ENTER();
7       if (tid == 0) // self delete
8           tcb = OSTCBCurPtr;
9       else
10          tcb = mos.tcbs[tid];
11      if (tcb == mos.idle)
12          goto Done;
13      switch (tcb->state)
14      {
15          case OS_TASK_STATE_RDY:
16              ready_list_del(tcb);
17              break;
18          case OS_TASK_STATE_SUSPENDED:
19              break;
20          case OS_TASK_STATE_DLY:
21          case OS_TASK_STATE_DLY_SUSPENDED:
22              tick_list_del(tcb);
23              break;
24          case OS_TASK_STATE_PEND:
25          case OS_TASK_STATE_PEND_SUSPENDED:
26          case OS_TASK_STATE_PEND_TIMEOUT:
27          case OS_TASK_STATE_PEND_TIMEOUT_SUSPENDED:
28              break; // TODO:should delete from pending list
29          default:
30              res = ERR_INVALID;
31              goto Done;
32      }
33      tcb->state = OS_TASK_STATE_DEL;
34  Done: // TODO:should recycle memory for zombie task
```

35	CPU_CRITICAL_EXIT();
36	schedule();
37	return res;
38	}

本节内容，只讲解了就绪态的删除，睡眠态还未添加代码，具体留着读者去实现，或者请直接参考 MOS 的源代码。

下面我们给出了任务删除的测试，如代码片段 13-3 所示。

代码片段 13-3　任务删除的测试

```
1   int main()
2   {
3       systick_init(OS_PER_TICK);
4       os_init();
5       tid = clone(routine_01);
6       clone(routine_02);
7       clone(routine_03);
8       os_start();
9   }
10  void routine_01(void *p_arg)
11  {
12      while (1) {
13          flag1 = 1;  tsleep(2);
14          flag1 = 0;  tsleep(2);
15      }
16  }
17  void routine_02(void *p_arg)
18  {
19      while (1) {
20          flag2 = 1;  tsleep(1);
21          flag2 = 0;  tsleep(1);
22      }
23  }
24  void routine_03(void *p_arg)
25  {
26      task_delete(tid);
27      while (1) {
28          flag3 = 1;  tsleep(4);
29          flag3 = 0;  tsleep(4);
30      }
31  }
```

上述测试代码，创建了三个任务，使用默认参数，优先级相同，使用时间片轮转调度，任务 3 会删除任务 1。

观察逻辑分析仪的现象，如图 13-2 所示，flag3 的周期的确是 flag2 的四倍，另外 flag1 没有变化，因为任务 1 被删除了，和预期的结果相符。

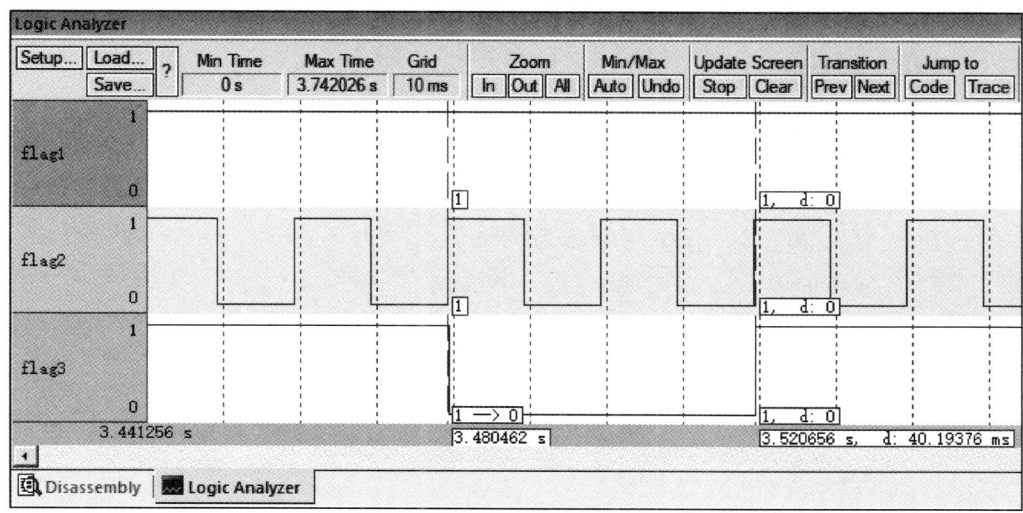

图 13-2　逻辑分析仪中波形图

13.4　任务的挂起

本节直接给出任务挂起的实现，如代码片段 13-4 所示。

代码片段 13-4　任务挂起的实现

```
1   // os_task.c
2   //
3   int task_suspend(u32 tid)
4   {
5       int res;
6       tcb_t *tcb;
7       CPU_SR_ALLOC();
8       CPU_CRITICAL_ENTER();
9
10      if (tid == 0) // self suspend
11          tcb = OSTCBCurPtr;
12      else
13          tcb = mos.tcbs[tid];
14      if (tcb == OSTCBCurPtr)
15      { // preemptible disabled
16          if (mos.preempt_count > 0) {
17              CPU_CRITICAL_EXIT();
18              return ERR_SCHED_LOCK;
```

续表

```
19              }
20          }
21
22          res = ERR_SUCCESS;
23          switch (tcb->state)
24          {
25              case OS_TASK_STATE_RDY:
26                  tcb->state = OS_TASK_STATE_SUSPENDED;
27                  tcb->suspend_count = 1;
28                  ready_list_del(tcb);
29                  goto Done;
30
31              case OS_TASK_STATE_DLY:
32                  tcb->state = OS_TASK_STATE_DLY_SUSPENDED;
33                  tcb->suspend_count = 1;
34                  goto Done;
35
36
37              case OS_TASK_STATE_PEND:
38                  tcb->state = OS_TASK_STATE_PEND_SUSPENDED;
39                  tcb->suspend_count = 1;
40                  goto Done;
41
42              case OS_TASK_STATE_PEND_TIMEOUT:
43                  tcb->state =
44                  OS_TASK_STATE_PEND_TIMEOUT_SUSPENDED;
45                  tcb->suspend_count = 1;
46                  goto Done;
47
48              case OS_TASK_STATE_SUSPENDED:
49              case OS_TASK_STATE_DLY_SUSPENDED:
50              case OS_TASK_STATE_PEND_SUSPENDED:
51              case OS_TASK_STATE_PEND_TIMEOUT_SUSPENDED:
52                  tcb->suspend_count++;
53                  goto Done;
54
55              default:
56                  res = ERR_INVALID;
57                  break;
58          }
59
60      Done:
61          CPU_CRITICAL_EXIT();
```

```
62        schedule();
63        return res;
64   }
```

上面代码需要注意 suspend_count 的更新，各种任务状态间的转换，另外任务可以挂起自己，代码都在关中断的条件下完成，属于粗粒度临界区操作。

13.5 任务的恢复

本节直接给出任务恢复的实现，如代码片段 13-5 所示。

代码片段 13-5 任务恢复的实现

```
1    // os_task.c
2    // resume other suspended tasks //
3    int task_resume(u32 tid)
4    {
5        int res;
6        tcb_t *tcb;
7        CPU_SR_ALLOC();
8        CPU_CRITICAL_ENTER();
9
10       if (tid == 0)
11           goto Done;
12       else
13           tcb = mos.tcbs[tid];
14
15       if (tcb == OSTCBCurPtr)
16           goto Done;
17
18       res = ERR_SUCCESS;
19       switch (tcb->state)
20       {
21           case OS_TASK_STATE_RDY:
22           case OS_TASK_STATE_DLY:
23           case OS_TASK_STATE_PEND:
24           case OS_TASK_STATE_PEND_TIMEOUT:
25               goto Done;
26
27           case OS_TASK_STATE_SUSPENDED:
28               tcb->suspend_count--;
29               if (! tcb->suspend_count) {
30                   tcb->state = OS_TASK_STATE_RDY;
31                   ready_list_add(tcb);
```

续表

```
32              }
33              goto Done;
34
35          case OS_TASK_STATE_DLY_SUSPENDED:
36              tcb->suspend_count--;
37              if (! tcb->suspend_count) {
38                  tcb->state = OS_TASK_STATE_DLY;
39              }
40              goto Done;
41
42          case OS_TASK_STATE_PEND_SUSPENDED:
43              tcb->suspend_count--;
44              if (! tcb->suspend_count) {
45                  tcb->state = OS_TASK_STATE_PEND;
46                  // TODO:should put into PEND list
47                  ready_list_add(tcb);
48              }
49              goto Done;
50
51          case OS_TASK_STATE_PEND_TIMEOUT_SUSPENDED:
52              tcb->suspend_count--;
53              if (! tcb->suspend_count) {
54                  tcb->state = OS_TASK_STATE_PEND_TIMEOUT;
55                  // TODO:should put into PEND_TIMEOUT list
56                  ready_list_add(tcb);
57              }
58              goto Done;
59
60          default:
61              res = ERR_INVALID;
62              break;
63      }
64
65  Done:
66      CPU_CRITICAL_EXIT();
67      schedule();
68      return res;
69  }
```

上面代码需要注意 suspend_count 的更新操作，如果任务不再处于挂起态，也不再处于阻塞态，需要重新添加任务到就绪队列。

另外，各种任务状态间的转换需要小心，任务不可以恢复自己，代码都在关中断的条件下完成，属于粗粒度临界区操作。

13.6 测试代码

本节给出任务挂起与任务恢复的测试代码，如代码片段 13-6 所示，main 函数创建了 3 个任务，预处理宏 UniTest01 未定义。

任务 3 优先级最高，会优先执行，flag3 处于高电平时，挂起任务 1 与任务 2，flag3 处于低电平时，恢复任务 1 与任务 2，因此任务 1 与任务 2 只在任务 3 的后半周期，低电平的时候运行。

代码片段 13-6　任务挂起与恢复的测试代码

```
1   // app.c
2   // #define UniTest01
3   //
4   int main()
5   {
6       systick_init(OS_PER_TICK);
7       os_init();
8   
9       tid1 = clone(routine_01);
10      tid2 = clone(routine_02);
11  
12  #ifdef UniTest01
13      tid3 = clone(routine_03);
14  #else
15      clone_prio(routine_03, 10);
16  #endif
17  
18      os_start();
19  }
20  
21  void routine_01(void *p_arg)
22  {
23      while (1) {
24          flag1 = 1;
25          tsleep(2);
26          flag1 = 0;
27          tsleep(2);
28      }
29  }
30  
31  void routine_02(void *p_arg)
32  {
33      while (1) {
```

续表

```
34          flag2 = 1;
35          tsleep(1);
36          flag2 = 0;
37          tsleep(1);
38      }
39  }
40
41  void routine_03(void *p_arg)
42  {
43      while (1) {
44          flag3 = 1;
45  #ifndef UniTest01
46          task_suspend(tid1);
47          task_suspend(tid2);
48  #endif
49          tsleep(4);
50          flag3 = 0;
51
52  #ifndef UniTest01
53          task_resume(tid1);
54          task_resume(tid2);
55  #endif
56          tsleep(4);
57      }
58  }
```

通过 MDK ARM 的模拟器 Simulator，观察逻辑分析仪的波形图。

如图 13-3 所示，flag1、flag2、flag3 分别代表了 3 个任务的运行情况。

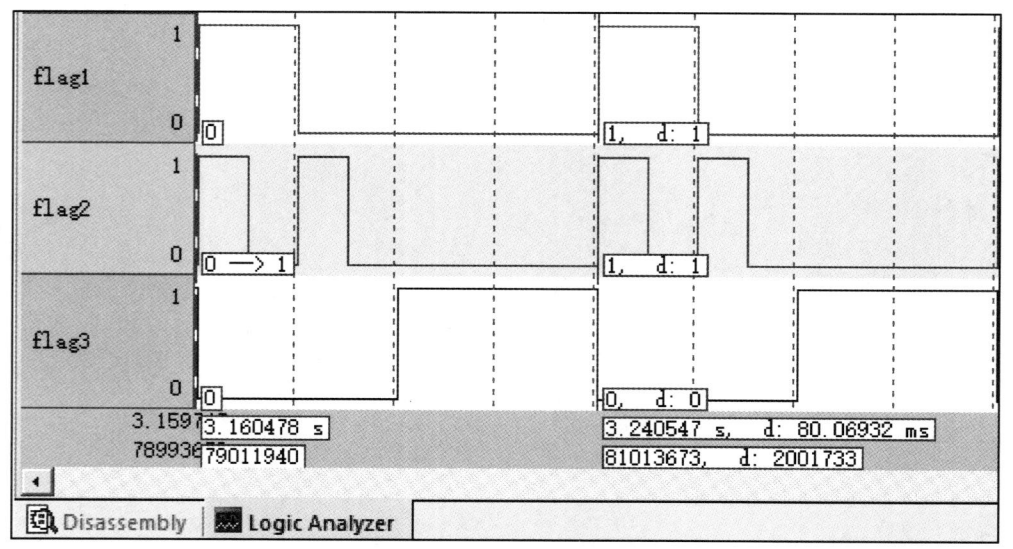

图 13-3　逻辑分析仪中波形图

① 任务 3 处于高电平时期，任务 1 与任务 2 进入挂起态，flag1 与 flag2 为低电平。
② 任务 3 处于低电平时期，任务 1 与任务 2 恢复运行。
它们的周期分别为 40ms，20ms，80ms，和预期的结果相符。

13.7 小结

本章简明介绍了操作系统中任务管理的概念。

首先，总体说明了几个相关的任务概念，如任务的定义、任务调度算法、进程间通信以及同步原语。

然后，给出了任务的删除、任务的挂起以及任务的恢复的实现代码。

最后，编写了测试代码，并结合逻辑分析仪中全局变量的波形图，来分析 3 个任务的执行状况。观察到的现象和预期的结果相符。

读者可以参照 μC/OS-Ⅲ 与 Linux 的源代码，比较学习，加深理解。

13.8 思维导图

思维导图，如图 13-4 所示，通过图形化的方式来帮助记忆知识点。

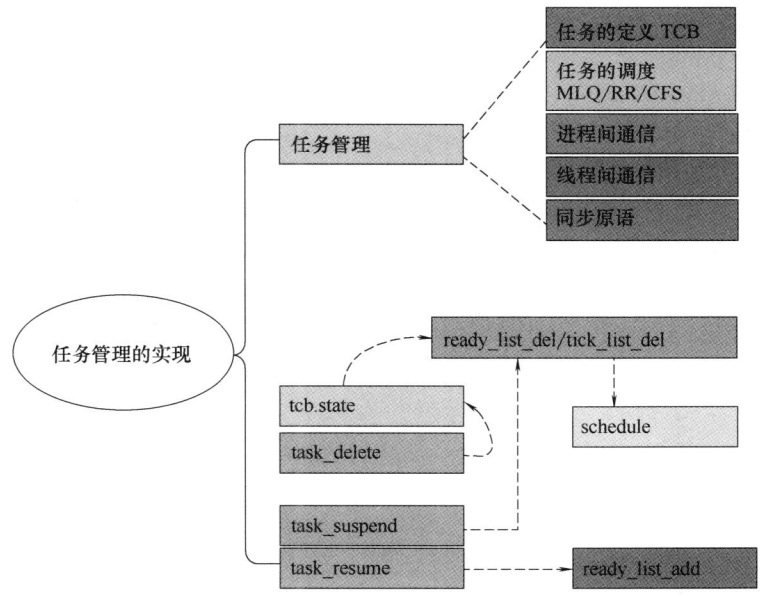

图 13-4　思维导图

第 14 章 内 核 对 象

我们在第 9 章讲解了同步原语,但还未讨论 MOS 中如何实现常见的多任务同步操作,比如信号量、互斥锁、消息队列等。本章我们就添加这一部分内容,在 MOS 内核中实现一套简易版本的同步原语,有时也称之为内核对象或内核服务,其底层实现依赖处理器的原子指令,重点分析设计思路与代码实现。

14.1 本章目标

- ◇ 信号量的实现
- ◇ 互斥量的实现
- ◇ 消息队列的实现
- ◇ 任务信号量的实现
- ◇ 任务消息队列
- ◇ 测试代码

14.2 信号量的实现

我们在第二章有介绍 μC/OS-Ⅲ 的信号量(Semaphore),有时候也称为信号灯,在软件上用来实现互斥访问,最早是由荷兰计算机科学家 Edgser Dijkstra 于 1959 年提出来的。

信号量主要应用于多任务环境,通过对共享资源计数,从而实现共享资源的互斥访问,避免数据混乱。它本身的实现依赖于原子操作,或者硬件架构提供的更底层同步原语。本节我们使用开关中断的方式来实现信号量的同步操作。

如代码片段 14-1 所示,先编写信号量的头文件,数据结构定义主要包含一个等待队列,以及一个代表共享资源数量的整数。操作函数有四个:

- sem_init
- sem_pend
- sem_post
- sem_destroy

代码片段 14-1 信号量的头文件

```
1    // os_sem.h
2    //
3    #ifndef __OS_SEM_H__
4    #define __OS_SEM_H__
5
```

第14章 内核对象

续表

6	#include "list.h"
7	#include "cpu.h"
8	
9	typedef struct {
10	struct list_head wait_queue;
11	u32 value;
12	} sem_t;
13	
14	int sem_init(sem_t *sem, u32 value);
15	int sem_pend(sem_t *sem);
16	int sem_post(sem_t *sem);
17	int sem_destroy(sem_t *sem);
18	
19	#endif

这里我们先简单实现，不用考虑太多的细节或者效率，后面的版本再尝试迭代优化，如代码片段14-2所示，我们先给出sem_init和sem_destroy。

代码片段14-2　信号量的初始化和销毁函数

1	// os_sem.c
2	//
3	#include "os_sem.h"
4	#include "os_task.h"
5	#include "os.h"
6	#include <stdio.h>
7	
8	int sem_init(sem_t *sem, u32 value)
9	{
10	sem->value = value;
11	INIT_LIST_HEAD(&sem->wait_queue);
12	return 0;
13	}
14	
15	int sem_destroy(sem_t *sem)
16	{
17	return 0;
18	}

初始化函数比较简单，销毁函数还未实现。我们来看一下pend和post这一对关键函数的实现，如代码片段14-3与代码片段14-4所示。

代码片段 14-3　信号量的等待函数

```
1    // os_sem.c
2    //
3    int sem_pend(sem_t *sem)
4    {
5        u32 sw_flag = 0;
6        CPU_SR_ALLOC();
7        CPU_CRITICAL_ENTER();
8
9        if (sem->value == 0) {
10           tcb_t *tcb = OSTCBCurPtr;
11           ready_list_del(OSTCBCurPtr);
12           OSTCBCurPtr->state = OS_TASK_PEND_ON_SEM;
13           list_add_tail(&tcb->head, &sem->wait_queue);
14
15           sw_flag = 1;
16       } else {
17           sem->value--;
18       }
19       CPU_CRITICAL_EXIT();
20
21       if (sw_flag) {
22           schedule();
23           // wakeup by sem_post, get into ready list,
24           // continue running.
25       }
26       return 0;
27   }
```

等待函数 sem_pend 的实现，关键是需要注意当没有资源的时候，即数据成员 value 等于 0 的时候，需要把当前任务从就绪队列删除，放入信号量的等待队列中，并且发起任务调度请求（调用 schedule 函数）。

代码片段 14-4　信号量的释放函数

```
1    // os_sem.c
2    //
3    int sem_post(sem_t *sem)
4    {
5        u32 sw_flag = 0;
6        CPU_SR_ALLOC();
7        CPU_CRITICAL_ENTER();
8
9        if (sem->value) {
10           sem->value++;
```

11	`} else {`
12	`    if (list_empty(&sem->wait_queue)) {`
13	`        sem->value++;`
14	`    } else { // some tasks are waiting.`
15	`        tcb_t *tcb = list_entry(sem->wait_queue.next,`
16	`            tcb_t, head);`
17	`        list_del_init(sem->wait_queue.next);`
18	`        tcb->state = OS_TASK_STATE_RDY;`
19	`        ready_list_add(tcb);`
20	`        sw_flag = 1;`
21	`    }`
22	`}`
23	`CPU_CRITICAL_EXIT();`
24	
25	`if (sw_flag) {`
26	`    schedule();`
27	`}`
28	`return 0;`
29	`}`

释放函数 sem_post 的实现，关键是需要注意当没有资源的时候，即数据成员 value 等于 0 的时候，需要检查是否有任务 pending 在信号量的等待队列中。

① 如果有，就不增加资源计数，直接将资源给到队列的第一个等待任务，并把此任务放回就绪队列，设置调度标志，触发任务调度。

② 如果没有，只需要递增 value，代表新添加一个可用资源，然后返回。

14.3 互斥量的实现

互斥量我们实现的比较简单，如代码片段 14-5 所示。

代码片段 14-5 互斥量的简单实现

1	`#ifndef __OS_MUT_H__`
2	`#define __OS_MUT_H__`
3	
4	`#include "os_sem.h"`
5	
6	`// binary semaphore`
7	`#define mut_t        sem_t`
8	`#define mut_init     sem_init`
9	`#define mut_pend     sem_pend`
10	`#define mut_post     sem_post`
11	
12	`#endif`

这里把互斥量作为二进制信号量来使用，但是需要注意，由于 sem_post 会增加共享资源的计数，如果没有约束好，很容易出现错误。

互斥量的进一步修正版本，留给读者去完成。

14.4　消息队列的实现

我们在第二章有介绍 μC/OS-Ⅲ 的消息队列，可以理解为一个指针数组，每个指针即代表一个消息。本节我们将消息队列实现为循环 FIFO，每个元素为一个 void 型的指针，如代码片段 14-6 所示，定义了消息队列的结构体，包含等待队列，数据指针，循环 FIFO 的大小，以及头尾指针。

操作函数有：que_init、que_pend、que_post、que_destroy。

① 如果 FIFO 中没有消息，消费消息（调用 que_pend）的任务将挂载到消息队列的等待队列中；如果有消息，直接获取消息指针，然后返回。

② 如果 FIFO 中的空间没有占满，生产消息（调用 que_post）的任务，直接将消息放入 FIFO。如果 FIFO 满了，返回错误码，不阻塞。

代码片段 14-6　消息队列的定义

```
1   // os_que.h
2   //
3   #ifndef __OS_QUE_H__
4   #define __OS_QUE_H__
5
6   #include "list.h"
7   #include "cpu.h"
8
9   typedef struct {
10      struct list_head wait_queue;
11      void **data;
12      u32 cap;
13      u32 head, tail;
14  } que_t;
15
16  int que_init(que_t *que, u32 cap);
17  void *que_pend(que_t *que);
18  int que_post(que_t *que, void *msg);
19  int que_destroy(que_t *que);
20
21  #endif
```

如代码片段 14-7 所示，我们给出了消息队列的部分实现。

代码片段 14-7　消息队列的部分实现

```
1   // os_que.c
2   //
3   #include "os_que.h"
4   #include "os_task.h"
5   #include "os.h"
6   #include <stdlib.h>
7
8   int que_init(que_t *que, u32 cap)
9   {
10      INIT_LIST_HEAD(&que->wait_queue);
11      que->data = (void **)malloc((cap+1) *
12          sizeof(void *));
13      que->cap = cap+1;
14      que->head = que->tail = 0;
15      return 0;
16  }
17
18  int que_empty(que_t *que)
19  {
20      if (que->head == que->tail)
21          return 1;
22      else
23          return 0;
24  }
25
26  int que_full(que_t *que)
27  {
28      if (((que->tail + 1) % que->cap) == que->head)
29          return 1;
30      else
31          return 0;
32  }
33
34  int que_destroy(que_t *que)
35  {
36      return 0;
37  }
```

如代码片段 14-8 所示，我们给出了消息队列的 pend 函数。

代码片段 14-8　消息队列的 pend 函数

```
1   // os_que.c
2   //
```

续表

```
3      // maybe blocking
4      void *que_pend(que_t *que)
5      {
6          void *entry = 0;
7
8          CPU_SR_ALLOC();
9          CPU_CRITICAL_ENTER();
10
11         while (que_empty(que)) {
12             tcb_t *tcb = OSTCBCurPtr;
13             ready_list_del(OSTCBCurPtr);
14             OSTCBCurPtr->state = OS_TASK_PEND_ON_Q;
15             list_add_tail(&tcb->head, &que->wait_queue);
16             CPU_CRITICAL_EXIT();
17             schedule();
18             CPU_CRITICAL_ENTER();
19         }
20
21         entry = que->data[que->head];
22         que->head = (que->head+1) % que->cap;
23         CPU_CRITICAL_EXIT();
24         return entry;
25     }
```

消息队列的 que_pend 函数会获取一个消息，这里使用了一个 while 循环，来检查消息队列中是否有消息：如果有消息，直接从头指针获取消息即可。如果没有消息，任务会进入消息队列的等待队列，当有新的消息时，会唤醒等待队列的第一个任务，将其重新放入就绪队列。

如代码片段 14-9 所示，我们给出了消息队列的 post 函数。

代码片段 14-9　消息队列的 post 函数

```
1      // os_que.c
2      //
3      // never blocking
4      int que_post(que_t *que, void *msg)
5      {
6          int res = 0;
7          u32 sw_flag = 0;
8          CPU_SR_ALLOC();
9          CPU_CRITICAL_ENTER();
10
11         if (que_full(que)) {
12             res = -1;
```

续表

13	`} else {`
14	`    que->data[que->tail] = msg;`
15	`    que->tail = (que->tail+1) % que->cap;`
16	`    if (! list_empty(&que->wait_queue)) {`
17	`        tcb_t *tcb = list_entry(que->wait_queue.next,`
18	`            tcb_t, head);`
19	`        list_del_init(que->wait_queue.next);`
20	`        tcb->state = OS_TASK_STATE_RDY;`
21	`        ready_list_add(tcb);`
22	`        sw_flag = 1;`
23	`    }`
24	`}`
25	`CPU_CRITICAL_EXIT();`
26	
27	`if (sw_flag) {`
28	`    schedule();`
29	`}`
30	`return res;`
31	`}`

前面已经描述了，消息队列的 que_post 函数，会检查是否有任务挂载在等待队列中，如果有，则唤醒第一个任务，将其放入就绪队列。

14.5 任务信号量的实现

需要在任务的 TCB 中添加代表信号量的数据成员，以及任务信号量操作函数，具体留给读者去完成。

14.6 任务消息队列

需要在任务的 TCB 中添加代表消息队列的数据成员，以及任务消息队列操作函数，具体留给读者去完成。

14.7 测试代码

我们在 MOS-Lab10 的基础上编写 MOS-14 工程来测试本章实现的内核对象，读者可以阅读 README 文件来大致了解变更内容。

其中多个执行流的同步，由轮询变更为使用信号量与消息队列，这是多任务编程设计中常用的同步技术。如代码片段 14-10 所示，串口任务入口函数改为等待信号量（semaphore）。

代码片段 14-10　串口任务中等待信号量

```
1   // uart_task.c
2   void uart_routine(void *p_arg)
3   {
4       fifo_pt pt = (fifo_pt)actx.uart_databuf;
5       int recv_bytes = 0;
6       sem_init(&sem, 0);
7   
8       while (1) {
9       sem_pend(&sem);
10  
11      recv_bytes = pt->size(pt);
12      pt->read(pt, rx_buff, recv_bytes);
13      rx_buff[recv_bytes-1] = 0; // modify # to 0
14      dump_bytes("<<< ", (char*)rx_buff);
15      msg_handling();
16      }
17  }
```

如代码片段 14-11 所示，send 命令的处理函数会转发其发送来的消息，放入队列 actx.que 中，消费队列消息的任务会被唤醒。

代码片段 14-11　消息处理函数转发串口助手的消息

```
1   // uart_task.c
2   static void send_func(void *arg)
3   {
4       static char buff[64] = {0};
5       strncpy(buff, (char*)arg+5, 64);
6       que_post(&actx.que, buff);
}
```

如代码片段 14-12 所示，中断服务程序使用信号量来通知串口任务函数，有新的命令消息收到了。

代码片段 14-12　中断服务程序发送信号量

```
1   // uart_task.c
2   void USART1_IRQHandler(void)
3   {
4       u8 ch;
5       if (USART_GetITStatus(USART1, USART_IT_RXNE)!= RESET)
6       {
7           fifo_pt pt = (fifo_pt)actx.uart_databuf;
8           ch = USART_ReceiveData(USART1);
9           if (pt->size(pt)< pt->capacity-1) {
```

10	`    pt->write(pt, (char*)&ch, 1);`
11	
12	`    // NOTE:we use '#' as tail`
13	`    if (ch == MSG_TAIL) {`
14	`        sem_post(&sem);`
15	`    }`
16	`} else {`
17	`    // TODO:just discarded`
18	`    pt->reset(pt);`
19	`}`
20	`}`
21	`}`

如代码片段 14-13 所示，我们编写了两个任务来测试信号量与消息队列。

代码片段 14-13　主函数创建两个任务

```
1   // app.c
2   int main()
3   {
4       bsp_init();         // level 0
5       os_init();          // level 1
6       app_init();         // level 2
7       clone(queue_routine);
8       task_create(uart_routine, 0, OS_DEF_STK_SZ* 4, 0, 0);
9       os_start();
10  }
11  // consume message
12  void queue_routine(void*arg)
13  {
14      void*msg = 0;
15      while (1) {
16          msg = que_pend(&actx.que);
17          dlog("received message: % s\r\n", (char*)msg);
18      }
19  }
```

如图 14-1 所示，通过串口调试助手发送命令：send 123456#，然后观察接收窗口的内容，可以发现和预期的结果一致：中断服务程序通过信号量唤醒串口任务，串口任务接收并打印消息命令，然后将接收到的 send 命令放入消息队列，间接唤醒等待消息的任务，此任务会进一步打印消息。

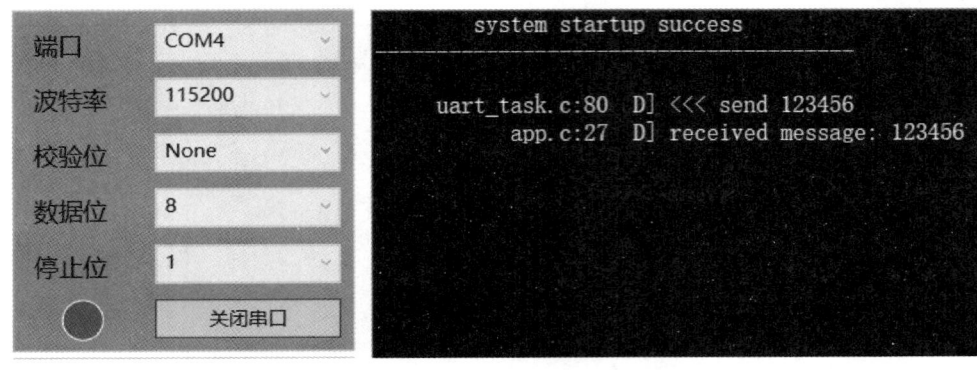

图 14-1　串口调试助手发送 send 命令后的接收窗口

14.8　小结

本章通过一种简明的设计方法实现了 MOS 的内核对象，包括信号量、互斥量、消息队列、任务信号量、任务消息队列等。

内核对象是操作系统提供的编写多任务程序设计的基础编程接口，涉及临界区的同步问题，感兴趣的读者可以结合 μC/OS 的内核对象一起比较学习。

14.9　思维导图

思维导图，如图 14-2 所示，通过图形化的方式来帮助记忆知识点。

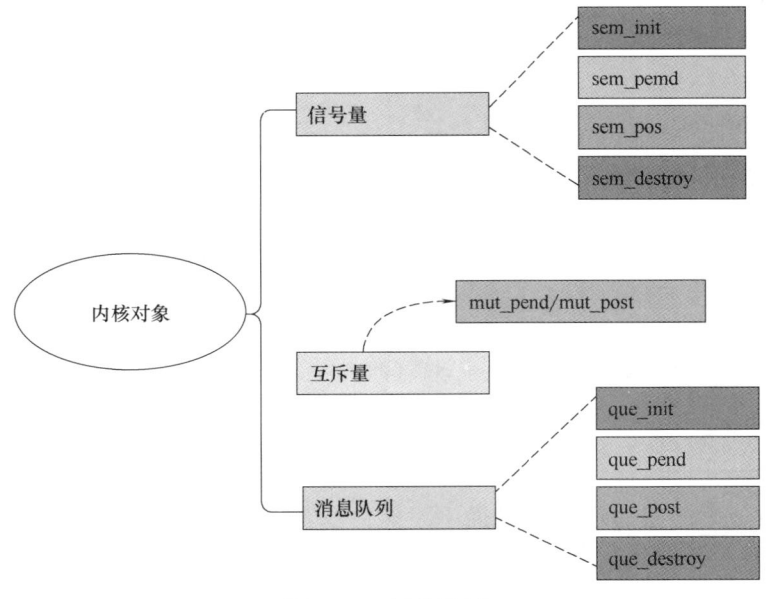

图 14-2　思维导图

第 15 章　实 验 部 分

本章设计了多个需要动手编程的实验，难度适中，使读者在理解本书知识点的基础上，通过适当修改 MOS 的代码，增进理解，加深记忆。实际教学中，可能会根据学生的接受情况，上下幅度调整难度。

计算机专业课需要通过一定量的实战来积累经验，比如片上系统 SoC，包含许多硬件接口，有的时序要求会比较复杂，只有在工程实践中，编写驱动程序，解决实际问题，并实现了产品需求，才能够真正地理解与掌握。

当然，如果能从一定量的样本中，总结出规律，抓住操作系统的框架，理解各个子系统的联系，触类旁通，的确有事半功倍的效果。

注重思考的同时，一定要下功夫。笔者的一位老师曾说过，在科学与技术的道路上，一分耕耘一分收获，若只靠运气，或想走捷径，可能会成为空中楼阁，一时的好看，长久不了。

15.1　本章目标

- ◇ 观察函数参数的传入
- ◇ 使用 MOS 点亮 LED
- ◇ 观察任务上下文切换
- ◇ 实现任务调度算法 CFS
- ◇ 实现任务调度算法 RR 的变形
- ◇ 编写软件定时器模块
- ◇ 多任务程序设计
- ◇ 文件系统与 Shell

15.2　函数参数

本节讲述的实验使用的工程版本为 MOS-Lab01，作为实验部分的第一个实验，我们计划在本节添加 MDK ARM Debugger 的细节性内容，讲述几个常用的调试技巧：如断点、单步调试、观察变量的值以及调试窗口的使用。

基础调试窗口有：

- Registers Window
- Disassembly Window
- Call Stack Window
- Watch Windows

- Memory Windows
- System Analyzer Window

首先，我们再来讨论一下本书 1.4 节讲述的系统调用，在那节我们实现了 mos_gcd 最大公约数函数接口，提供给上层应用使用。

实际底层调用了 SVCall03 函数，最后通过 SVC 异常指令内陷到操作系统内部，完成需要的系统服务（返回参数 1 与参数 2 的最大公约数）。

上层应用的编写，如代码片段 15-1 所示，相对简单，就是创建一个任务，在任务的入口函数里面调用了 API 函数 mos_gcd，结果保存到全局变量 result，方便观察。

代码片段 15-1　测试 mos_gcd 的应用代码

```
1   // app.c
2   //
3   #include "app.h"
4
5   void routine(void *arg);
6   int result;
7
8   int main()
9   {
10      systick_init(OS_PER_TICK);
11      os_init();
12      clone(routine);
13      os_start();
14  }
15
16  void routine(void *arg)
17  {
18      // call syscall_gcd
19      result = mos_gcd(4, 6);
20
21      while (1) {
22          sleep(2);
23      }
24  }
```

接下来打开工程 MOS-Lab01，点击小魔法棒，检查 Debug 选项页，是否已设置为 Use Simulator，并且时钟已设置为 25MHz，和代码里面的 SystemCoreClock 保持一致。

点击放大镜 Debug 按钮，会打开调试界面，此时提示符应处于 main 函数的第一行代码位置。然后在代码片段 15-1 中的第 19 条语句，第 21 条语句的左侧单击一下，设置两个断点。

如图 15-1 所示，我们再打开 Register Windows，然后单击左上角的 Run 图标（全速运行），程序会停留在第 19 条语句那个断点位置，再单击 Step 图表（进入函数），会进入 SVC_Handler 异常服务程序。

从图中可以看出，SVCall03 的四个参数已经传递完成，分别为：

- R0：0x00000004
- R1：0x00000006
- R2：0x00000000

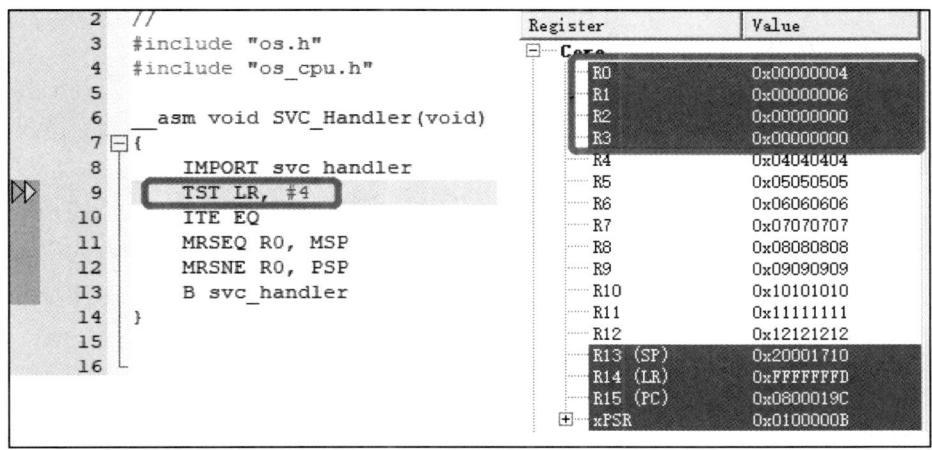

图 15-1 系统调用与寄存器窗口

- R3：0x00000000

和预期的结果相符，继续单击一下图标 Run，全速运行，让程序停留在第 20 条语句那个断点位置，我们来观察一下 result 的值是否为 2，即 4 与 6 的最大公约数。

如图 15-2 所示，将鼠标移到 result 的上面，可以看到它的值为 0x00000002，也和预期的结果相符。

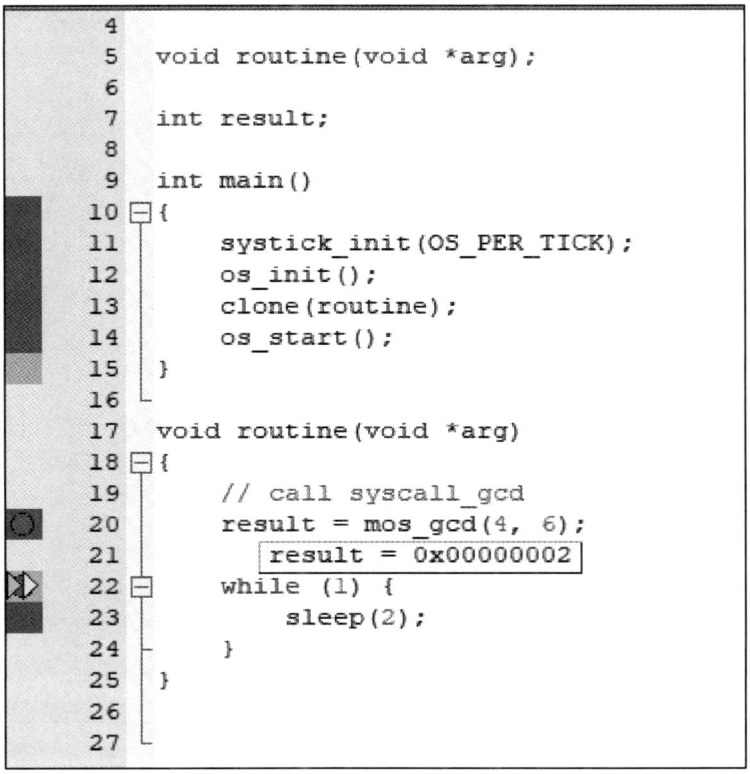

图 15-2 观察 result 变量的值

到这里，我们继续添加一点测试代码：一个具有 5 个输入参数的函数 sum，实现 5 个整数的累加和，观察一下任务堆栈 stack 与任务寄存器组的内容。

如代码片段 15-2 所示，main 函数在 mos_gcd 之后调用了 sum。使用同样的方法，在第 23 条语句，函数 sum 调用处设置断点，点击放大镜调试图标，并通过 Step 进入 sum 函数，开始观察 Register Window 与 Disassembly Window。

可以发现只有前面 4 个参数放入寄存器 R0 到 R3，第 5 个参数，放入堆栈 SP［8］，这是因为 ARM32 架构过程调用规范 AAPCS 里面有要求，最多前面 4 个参数放入寄存器，其他的参数应放入任务的堆栈中，编译器在编译 sum 的时候会按照这个规范来生成 Callee 代码，同样 Caller 调用的时候，也要按照这个规范来传递参数。

代码片段 15-2　测试函数参数与堆栈内容

```
1   // app.c
2   //
3   int main()
4   {
5       systick_init(OS_PER_TICK);
6       os_init();
7       clone(routine);
8       os_start();
9   }
10
11  int sum(int a, int b, int c, int d, int e)
12  {
13      return(a+b+c+d+e);
14  }
15
16  void routine(void *arg)
17  {
18      int tmp = 0;
19      int a = 0x10, b = 0x20, c = 0x30, d = 0x40, e = 0x50;
20
21      // call syscall_gcd
22      result = mos_gcd(4, 6);
23      tmp = sum(a, b, c, d, e);
24
25      (void)tmp;
26      while (1) {
27          sleep(2);
28      }
29  }
```

下面我们来分析一下实验的结果。

如图 15-3 所示，标注了关键寄存器值与反汇编代码，和预期结果基本相符。并且在

图 15-4 中,我们通过 Memory Window 来查找一下第 5 个参数的值。这里需要在图 15-3 中,先确定 SP 的地址,发现指向 0x2000680,下一条指令会 Push R4 和 LR,这样 SP 变成了 0x2000678。再下一条指令就是获取第 5 个参数的值,即 SP [8] 位置,从内存窗口可以发现,第 8 个字节的确是 0x50。

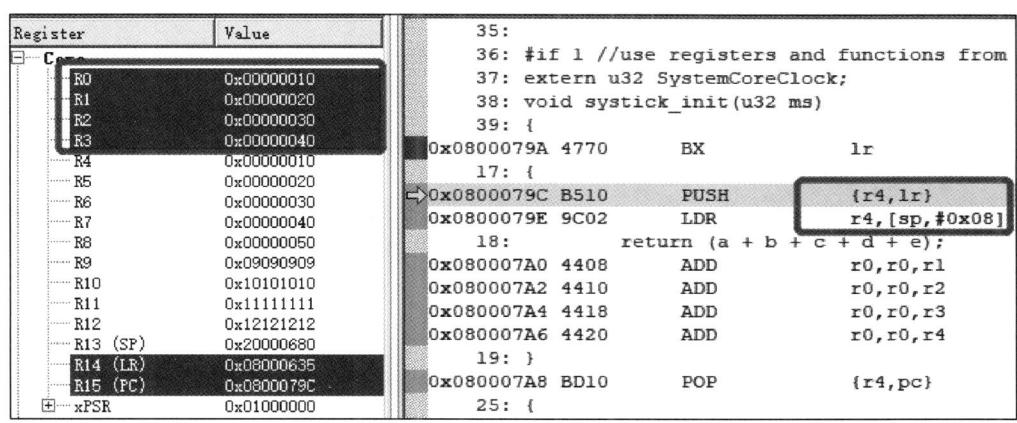

图 15-3　观察传递的 5 个参数与反汇编代码

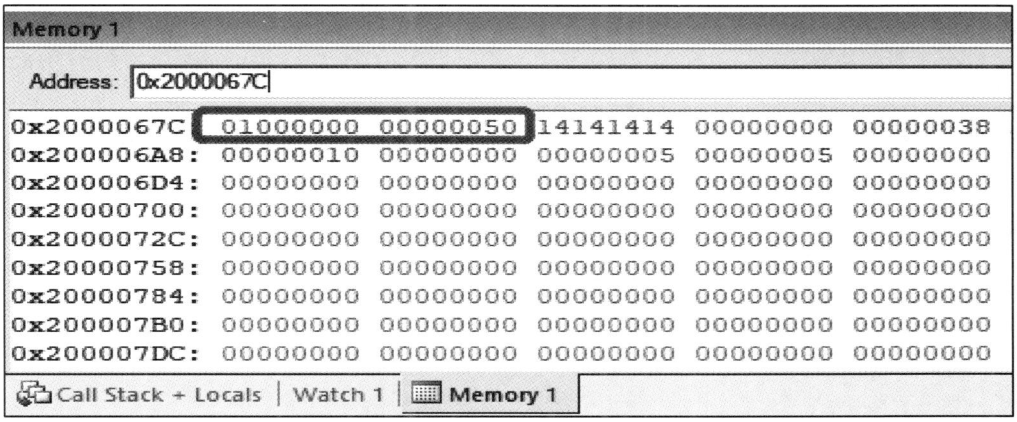

图 15-4　观察第 5 个参数的值

总结:读者在使用 MDK ARM 的时候,除了 Register 窗口,可以结合 Call Stack Window、Watch Window 一起调试,对于学习 CPU 的编程模型,以及理解函数调用的底层知识,会有很大的帮助。

15.3　点亮 LED

本次实验的目标是运行 MOS 系统在 STM32F407 实验板上面点亮 RGB LED。

首先,需要添加 STM32F407 相关的标准固件库 Drivers,以及更换新的启动文件 startup_stm32f40xx.s,还有初始化系统代码 system_stm32f4xx.c。如图 15-5 所示,我们给出添加好相关文件之后的工程文件层级结构图。

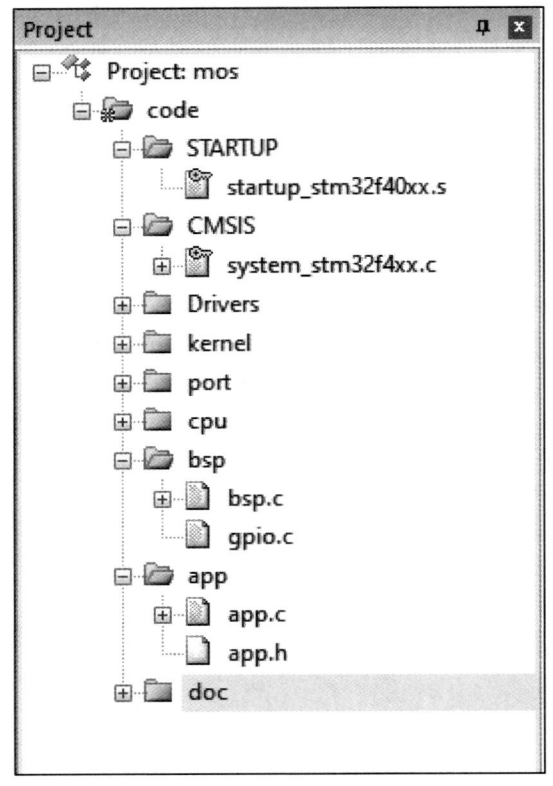

图 15-5　STM32 与 MOS 工程文件层级结构

从图中可以发现，已经添加了 gpio.c 源文件，还需要在里面封装访问 GPIO 外设与控制 RGB LED 发光二极管的代码。

另外，我们还添加了两个头文件 hwutils.h 与 gpio.h，更改了一些头文件的包含关系，所有硬件接口的头文件都放入 bsp.h 中，bsp.h 再被 app.h 包含，这样应用程序可以访问 BSP（Board Support Package）封装的底层接口，相当于硬件抽象层（HAL，Hardware Abstraction Layer）。

下面我们介绍 hwutils.h、gpio.h、gpio.c、bsp.c 以及 app.c 的部分实现。

如代码片段 15-3 所示，给出了直接配置某一位引脚的宏函数定义，可以直接置位或复位 GPIO 外设的某一个引脚，一个引脚对应一位，一个 GPIO 外设有 16 个引脚，这些引脚都是可以复用的。

如代码片段 15-4 所示，我们先给出 bsp_init 函数的实现，它比较简单，负责初始化三个外设，如系统时钟节拍计数器 SysTick、时间戳外设 DWT 以及 LED GPIO 外设。

代码片段 15-3　hwutils 头文件

```
1   #ifndef __HWUTILS_H__
2   #define __HWUTILS_H__
3
4   #include "os.h"
5
6   // Common Definitions
7
8   #define digitalHi(p, i)       {p->BSRRL = i;}
9   #define digitalLo(p, i)       {p->BSRRH = i;}
10  #define digitalToggle(p, i)   {p->ODR  ^= i;}
11
12  #endif
```

代码片段 15-4　bsp_init 函数的实现

```
1   // bsp.c
2   // hardware interfaces
```

续表

3	`void bsp_init(void)`
4	`{`
5	`    systick_init(OS_PER_TICK);`
6	`    timestamp_init();`
7	`    led_gpio_init();`
8	
9	`}`

下一步，我们给出 gpio.h 头文件的定义，如代码片段 15-5 所示，读者一定要理解这些宏函数的定义。

代码片段 15-5　gpio 头文件

```
1   #ifndef __GPIO_H__
2   #define __GPIO_H__
3   #include "os.h"
4   #include "hwutils.h"
5   
6   #define LED1_PIN            GPIO_Pin_6
7   #define LED1_GPIO_PORT      GPIOF
8   #define LED1_GPIO_CLK       RCC_AHB1Periph_GPIOF
9   
10  #define LED2_PIN            GPIO_Pin_7
11  #define LED2_GPIO_PORT      GPIOF
12  #define LED2_GPIO_CLK       RCC_AHB1Periph_GPIOF
13  
14  #define LED3_PIN            GPIO_Pin_8
15  #define LED3_GPIO_PORT      GPIOF
16  #define LED3_GPIO_CLK       RCC_AHB1Periph_GPIOF
17  
18  enum {
19      LED_ON,
20      LED_OFF
21  };
22  
23  #define LED1(a) \
24      do { \
25        if (a) \
26          GPIO_SetBits(LED1_GPIO_PORT, LED1_PIN); \
27        else \
28          GPIO_ResetBits(LED1_GPIO_PORT, LED1_PIN); \
29      } while (0)
30  
31  #define LED2(a) \
```

续表

32	do { \
33	if (a)\
34	GPIO_SetBits(LED2_GPIO_PORT, LED2_PIN); \
35	else\
36	GPIO_ResetBits(LED2_GPIO_PORT, LED2_PIN); \
37	} while (0)
38	#define LED3(a) \
39	do { \
40	if (a)\
41	GPIO_SetBits(LED3_GPIO_PORT, LED3_PIN); \
42	else\
43	GPIO_ResetBits(LED3_GPIO_PORT, LED3_PIN); \
44	} while (0)
45	
46	#defineLED1_TOGGLE() digitalToggle(LED1_GPIO_PORT,
47	LED1_PIN)
48	#define LED1_OFF() digitalHi(LED1_GPIO_PORT, LED1_PIN)
49	#define LED1_ON() digitalLo(LED1_GPIO_PORT, LED1_PIN)
50	
51	#define LED2_TOGGLE() digitalToggle(LED2_GPIO_PORT,
52	LED2_PIN)
53	#define LED2_OFF() digitalHi(LED2_GPIO_PORT, LED2_PIN)
54	#define LED2_ON() digitalLo(LED2_GPIO_PORT, LED2_PIN)
55	
56	#define LED3_TOGGLE() digitalToggle(LED3_GPIO_PORT,
57	LED3_PIN)
58	#define LED3_OFF() digitalHi(LED3_GPIO_PORT, LED3_PIN)
59	#define LED3_ON() digitalLo(LED3_GPIO_PORT, LED3_PIN)
60	
61	#define LED_RED() LED1_ON();LED2_OFF();LED3_OFF()
62	#define LED_GREEN() LED1_OFF();LED2_ON();LED3_OFF()
63	#define LED_BLUE() LED1_OFF();LED2_OFF();LED3_ON()
64	#define LED_YELLOW() LED1_ON();LED2_ON();LED3_OFF()
65	#define LED_WHITE() LED1_ON();LED2_ON();LED3_ON()
66	#define LED_RGBOFF() LED1_OFF();LED2_OFF();LED3_OFF()
67	
68	void led_gpio_init(void);
69	#endif

这里涉及 5 个简单函数的调用，读者需阅读其实现代码。

- GPIO_SetBits
- GPIO_ResetBits
- digitalToggle

- digitalHi
- digitalLo

下一步，我们给出 gpio.c 的代码实现，里面需要使能时钟，初始化 LED 对应的 3 个 GPIO 引脚，然后通过引脚输出高低电平来控制 LED 亮灭，RGB LED 相当于 3 个 LED，有 3 种颜色。

如代码片段 15-6 所示，函数 led_gpio_init 完成了 3 个引脚的相关配置，调用了 3 次 GPIO_INIT，默认先关闭 RGB LED。

代码片段 15-6　gpio 源文件

```
1   // gpio.c
2   //
3   #include "gpio.h"
4   #include "stm32f4xx.h"
5
6   void led_gpio_init(void)
7   {
8       GPIO_InitTypeDef arg;
9       RCC_AHB1PeriphClockCmd(LED1_GPIO_CLK |
10                              LED2_GPIO_CLK |
11                              LED3_GPIO_CLK,
12                              ENABLE);
13
14      arg.GPIO_Pin   = LED1_PIN;
15      arg.GPIO_Mode  = GPIO_Mode_OUT;
16      arg.GPIO_OType = GPIO_OType_PP;
17      arg.GPIO_PuPd  = GPIO_PuPd_UP;
18      arg.GPIO_Speed = GPIO_Speed_2MHz;
19      GPIO_Init(LED1_GPIO_PORT, &arg);
20
21      arg.GPIO_Pin = LED2_PIN;
22      GPIO_Init(LED2_GPIO_PORT, &arg);
23
24      arg.GPIO_Pin = LED3_PIN;
25      GPIO_Init(LED3_GPIO_PORT, &arg);
26
27      LED_RGBOFF();
28  }
```

读者可以右键点击引脚的宏定义，选择 Go To Definition，查看引脚的真正定义，分别是 GPIOF6、GPIOF7、GPIOF8 这三个引脚，对应到 RGB 的三个 LED。

最后一步，我们给出 app.c 中的测试代码，如代码片段 15-7 所示，使用 MOS 的 clone 函数创建一个任务，使用默认配置，在任务入口函数 routine 中，点亮 RGB 三种颜色的 LED，时间间隔分别为 2s、2s、1s。

代码片段 15-7　RGB LED 测试代码

```c
1   // app.c
2   //
3   #include "app.h"
4
5   void routine(void *arg);
6
7   int main()
8   {
9       bsp_init();
10      os_init();
11      clone(routine);
12      os_start();
13  }
14
15  void routine(void *arg)
16  {
17      while (1) {
18          LED_BLUE();
19          sleep(2);
20          LED_GREEN();
21          sleep(2);
22          LED_RED();
23          sleep(1);
24      }
25  }
```

点击 MDK ARM 的编译图标，生成 Hex 文件，使用 JTAG 调试器，烧写到实验板的 Nor Flash 存储芯片中，观察开发板的 RGB LED，可以看到的确 RGB 三种颜色轮流显示，时间间隔也和预期的结果相符。

15.4　上下文切换

本次实验需要画出任务切换的上下文内容，包括 CPU 物理寄存器组，以及两个任务的堆栈内容（尤其分析 SP 栈顶指针的位置），目标是进一步理解 CPU 编程模型以及硬件堆栈（Stack）的概念，包括 Push 与 Pop 操作。

本次实验的目标：本次实验使用的工程版本为 MOS-Lab03（若无硬件调试器请把代码放到 MOS-Lab01）。上层应用程序如代码片段 15-8 所示，创建了两个任务，每个任务通过使用 swap 函数来交换两个本地临时变量 a 与 b，通过这种方式临时变量可以不被编译器优化掉。

第 15 章 实 验 部 分

代码片段 15-8　上下文切换主函数

```
1   // app.c
2   //
3   #include "app.h"
4
5   void routine_01(void*arg);
6   void routine_02(void*arg);
7
8   int main()
9   {
10      bsp_init();
11      os_init();
12      clone(routine_01);
13      clone(routine_02);
14      os_start();
15  }
16
17  void swap(int*a, int*b)
18  {
19      int tmp = *a;
20      *a = *b;
21      *b = tmp;
22  }
23  void routine_01(void*arg)
24  {
25      int a = 1, b = 2;
26      while (1) {
27          swap(&a, &b);
28          sleep(1);
29          swap(&a, &b);
30      }
31  }
32
33  void routine_02(void*arg)
34  {
35      int a = 3, b = 4;
36      while (1) {
37          swap(&a, &b);
38          sleep(1);
39          swap(&a, &b);
40      }
41  }
```

本实验使用了 JTAG 硬件调试器来调试，在语句 27、29、37、39 处设置断点，进入调试模式，点击 Run 图标，分别观察 Register Window、Disassembly Window 以及 Memory Window 可以发现 SP 指针切换了，R1 与 R0 分别指向 SP 的第 1 个字与第 2 个字，即局部变量 a 与 b 的地址，然后通过读写来完成交换。

如图 15-6 至图 15-9 所示，我们通过比较来分析。

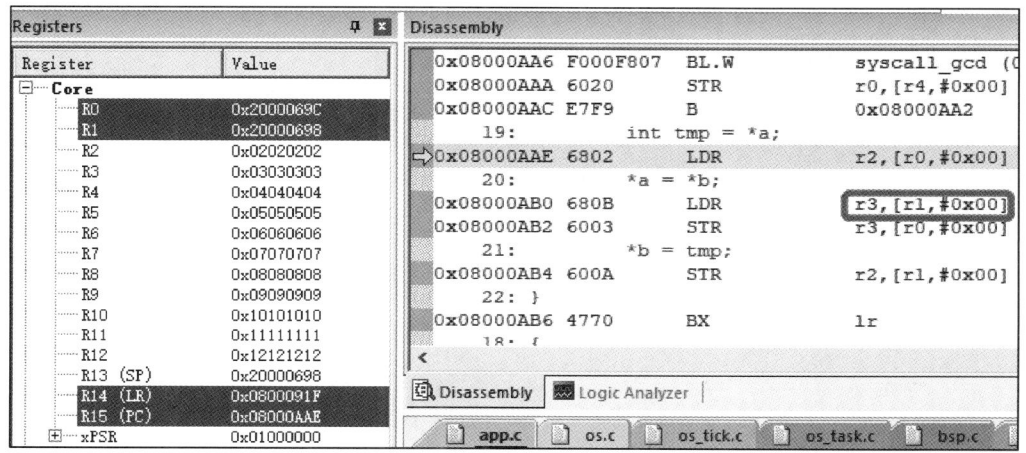

图 15-6　任务 1 的寄存器与反汇编窗口

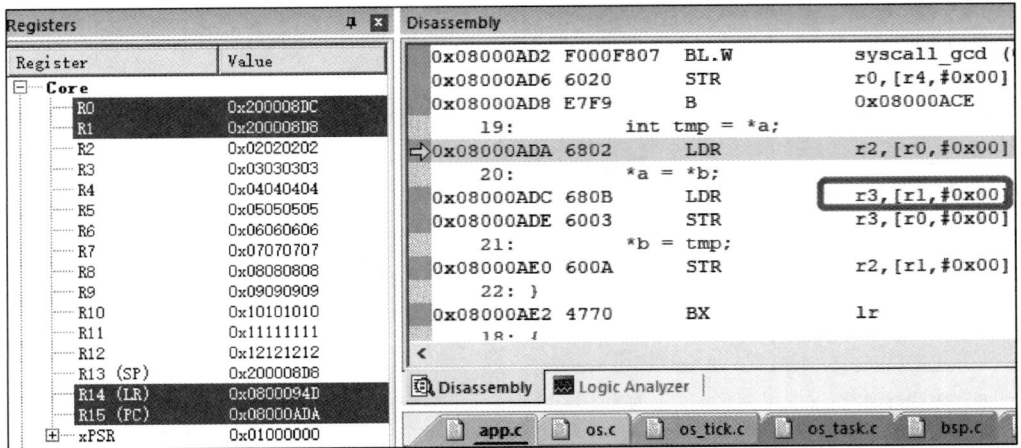

图 15-7　任务 2 的寄存器与反汇编窗口

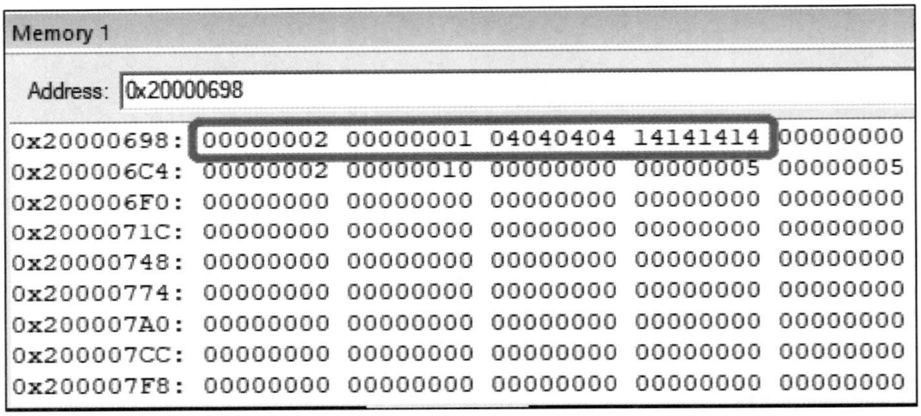

图 15-8　任务 1 的堆栈内容

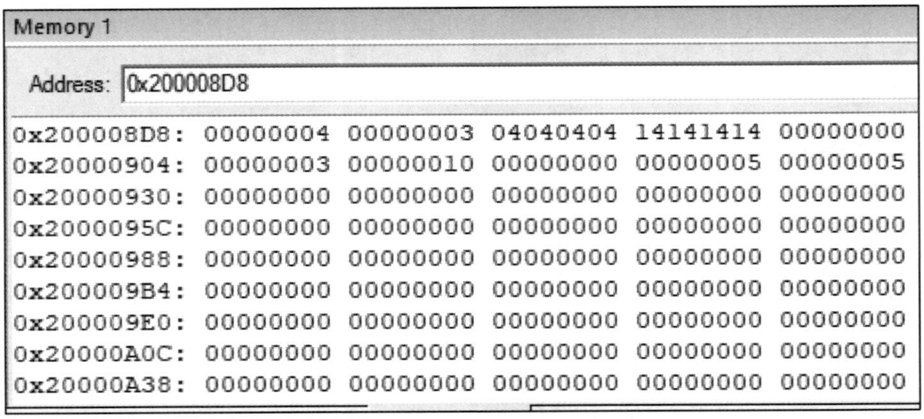

图 15-9　任务 2 的堆栈内容

任务 1 的堆栈 SP 指向 0x20000698，R1 与 R0 的值为 0x20000698 以及 0x2000069C，

的确指向 SP 的第 1 个字与第 2 个字，通过对这两个地址的读写来完成数据的交换。

任务 2 的堆栈 SP 指向 0x200008D8，R1 与 R0 的值为 0x200008D8 以及 0x200008DC，的确指向 SP 的第 1 个字与第 2 个字，通过对这两个地址的读写来完成数据的交换。

任务 1 的堆栈 SP 指向 0x20000698，通过 Memory Window 可以发现任务堆栈的 SP 栈顶位置前面两个字的确为 1 与 2，和预期的结果相符。

任务 2 的堆栈 SP 指向 0x200008D8，通过 Memory Window 可以发现任务堆栈的 SP 栈顶位置前面两个字的确为 3 与 4，和预期的结果相符。

```
Memory 1
Address: 0x20000648
0x20000648: 04040404 20000048 06060606 07070707 08080808 09090909 10101010 11111111
0x20000668: 10000000 E000ED04 00000009 200006BC 12121212 08000A2F 08000A36 21005000
0x20000688: 04040404 05050505 06060606 08000931 00000001 04040404 14141414
0x200006A8: 04040404 00000038 20000648 200004A8 00000080 200002EC 200002EC 00000002
0x200006C8: 00000010 00000000 00000005 00000005 00000064 00000064 00000000 00000208
0x200006E8: 00000000 00000000 00000000 00000000 00000000 00000000 00000000 00000000
0x20000708: 00000000 00000000 00000000 00000000 00000000 00000000 00000000 00000000
0x20000728: 00000000 00000000 00000000 00000000 00000000 00000000 00000000 00000000
0x20000748: 00000000 00000000 00000000 00000000 00000000 00000000 00000000 00000000
```

图 15-10　任务 1 执行时任务 2 的堆栈内容

另外，任务上下文切换，也会导致除了 R0、R1 之外的其他寄存器的变化，即整个寄存器组：R0~R12、SP、LR、PC 都会变化。读者可以思考一下，当任务 2 在执行的时候，任务 1 的堆栈上会有什么内容。

如图 15-10 所示，我们给出了在任务 1 执行时，任务 2 的堆栈内容，可以分析一下里面的数据，看看从入口函数 routine，到 swap，再到 sleep，各个栈帧（stack frame）都在任务 Stack 上面产生了哪些临时变量。

通过 mos.tcbs 我们可以查到任务 2 的栈顶（Stack Top）地址为 0x20000648，经过分析图 15-10 可以发现，routine 在 Stack 上使用了 2 个整数大小空间的栈帧，分别对应了 a 与 b。然后 sleep 调用 tsleep，再到 schedule，整个过程在 Stack 上

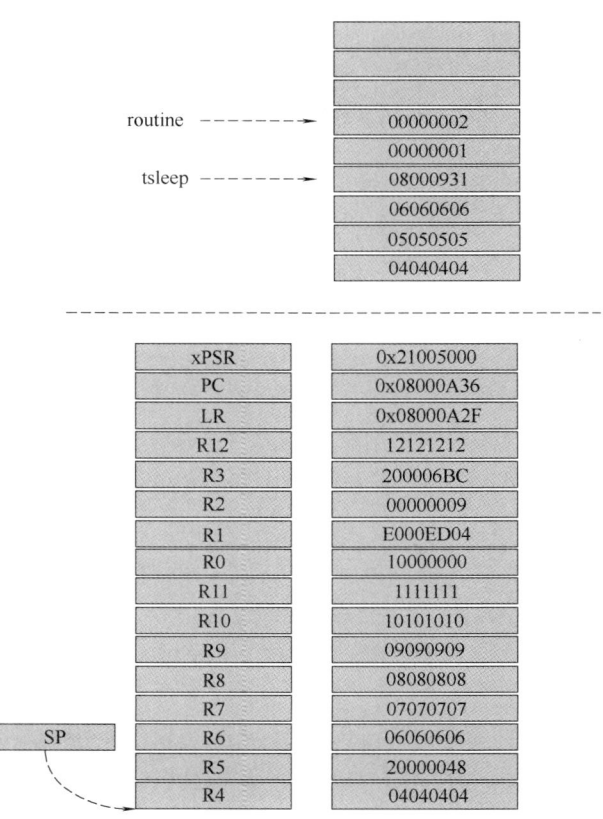

图 15-11　任务 2 的堆栈内容

使用了 4 个整数大小的空间。

具体如图 15-11 所示，我们一并给出了对应的寄存器组描述，方便对照。

15.5 任务调度算法

本节实验在 MOS-Lab01 的基础上复制一份 MOS-Lab04 来开发，所以不涉及实验板的具体硬件，使用 MDK ARM 的 Simulator 来调试。

本次实验的目标是任务调度算法的实现，通过修改代码来帮助理解 MOS 操作系统以及对应的任务调度算法。我们知道 MOS 中已经实现了 MLQ 与 DRR 任务调度策略（合称 MDR 算法），但读者可以自己尝试去实现一个不一样的调度算法，或者以学习为目的，查阅相关论文，做适当的修改并验证。

本书在 10.2 节描述了 Linux 的 7 种任务状态，并给出了简易的任务状态图，这里再次给出，突出显示调度部分，如图 15-12 所示，读者可以参考一下，通过比较分析来完成本次实验的内容。

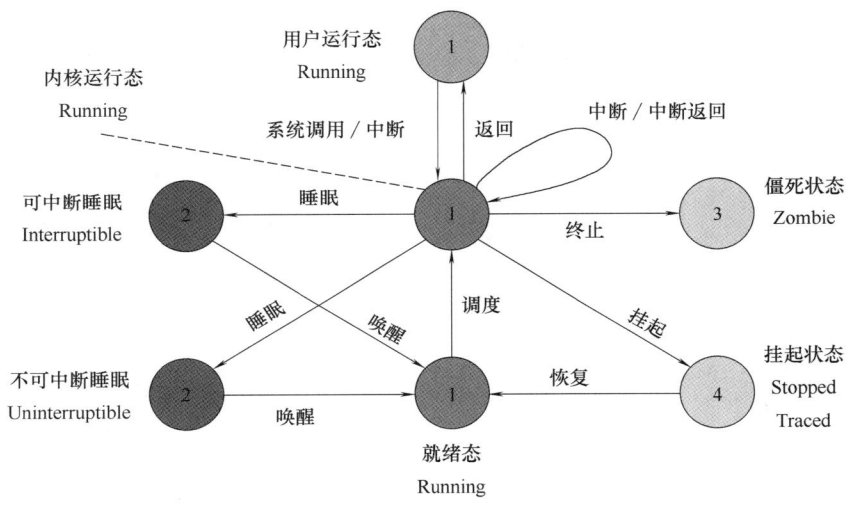

图 15-12 Linux 任务状态转换图

我们在 11.2.2 节描述了 Linux 的 CFS 调度算法，本节继续讨论一下。

如图 15-13 所示，我们给出了一张 Linux 中 CFS 调度算法实现中数据结构的关系图以及红黑树，CFS 会选择红黑树最左边的进程执行。

随着系统时间的推移，原来左边运行过的进程慢慢地会移动到红黑树的右边，原来右边的进程也会最终跑到最左边。因此红黑树中的每个进程在一个调度周期内都有机会执行。

CFS 使用 sched_entity 跟踪调度信息，使用 cfs_rq 跟踪就绪队列信息，以及管理就绪态调度实体，并维护一棵按照虚拟时间排序的红黑树。缓存的 tasks_timeline 中 rb_root 是红黑树的根，rb_leftmost 是红黑树最左边的调度实体，即虚拟时间最小的调度实体。每个就绪态的调度实体 sched_entity 包含插入红黑树中使用的节点 run_node，同时 vruntime 成员记录已经运行的虚拟时间。

CFS 设计理念：在真实硬件上实现理想的、公平的多任务 CPU 资源分配。那么 CFS 的优先级调度如何实现呢？我们引入权重（weight）的概念，权重代表着进程的优先级，各个进程之间按照权重的比例分配 CPU 时间。例如一个 Niceness 为 0 的任务 A，其权重约为 Niceness 为 5 的任务 B 的 3 倍，那么在一个调度周期内，任务 A 的动态时间片会是任务 B 的 3 倍，而在两个任务都执行完自己的时间片后，它们的 vruntime 增长量是一样。CFS 默认调度周期 sched_latency 为 6 毫秒，平均时间片最小值 sched_min_granularity 为 0.75 毫秒。默认情况下最多支持 8 个就绪任务，否则就要按比例提高调度周期（0.75 毫秒的倍数）。

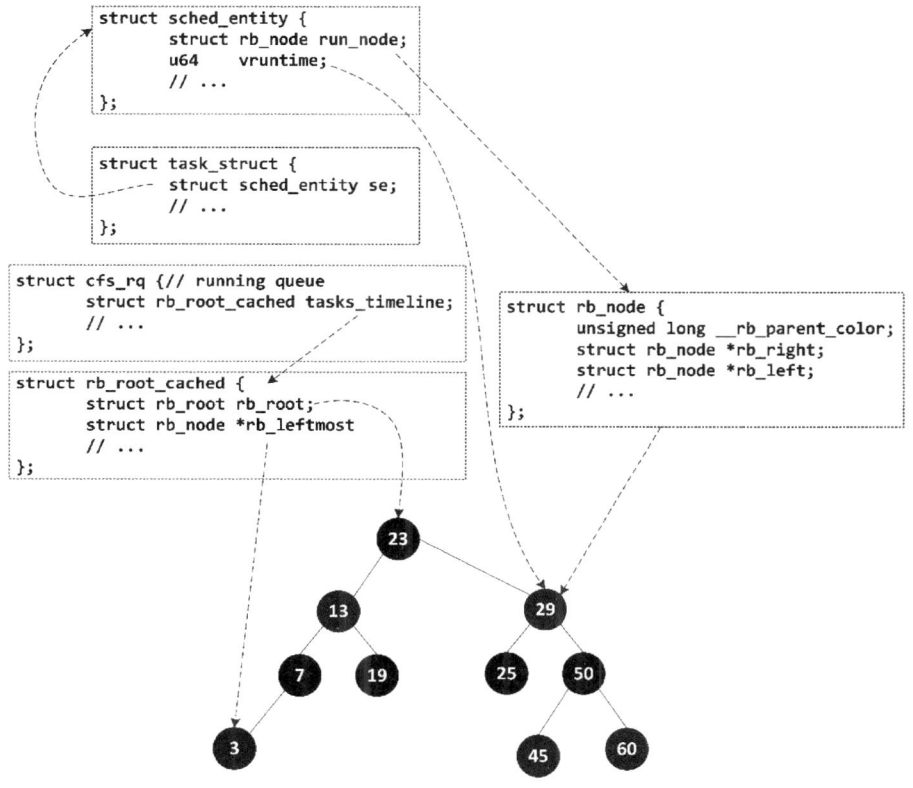

图 15-13　CFS 数据结构关系图

15.5.1　实现 CFS 简易调度算法

本节我们实现简易的完全公平调度算法 CFS，涉及三个概念：调度周期、物理时间、虚拟时间。一个调度周期内，所有就绪的任务都能够得到执行，优先级较高的任务执行的物理时间片长一点，但是虚拟时间片所有任务可以相同。

CFS 简易调度算法的实现，我们不做太详细的说明，仅仅介绍一下需要注意的细节，留给读者去修改 MOS 系统的代码，并完成功能测试。

关键细节如下：

- 如何确定总的调度周期
- 如何实现任务的虚拟时间（物理时间与权重）
- 系统时钟节拍产生时，需要更新调度周期与虚拟时间
- 任务的虚拟时间片用完了，需要移出任务就绪列表

如代码片段 15-9 所示，我们添加了 OS_USE_CFS 宏以及 TCB 的 cfs_slice 数据成员，用于开关 CFS 调度策略，以及实现任务的虚拟时间片。

代码片段 15-9　变更后的 TCB 结构体

```
1    // SCHEDULE POLICY
2    #define OS_USE_CFS
3    // #define OS_USE_RR
4    
5    // TCB
6    typedef struct list_head list_head;
7    typedef struct os_tcb_t {
8        u32 *stack;
9        u32 *stk_org;
10       u32 stk_size;
11       list_head head;
12       u32 tid;
13       u32 prio;
14       u32 state;
15       u32 cfs_slice;
16       u32 tick_slice;
17       u32 tick_left;
18       u32 slp_ticks;
19       u32 slp_left;
20       u32 suspend_count;
21   } tcb_t;
```

如代码片段 15-10 所示，给出了 CFS 调度函数的实现，实际代码中把 cfs_slice 实现成了物理时间片，这个时间片代表了优先级。每次任务执行了一个系统时钟节拍，时间片就递减，最后所有任务的优先级会趋于相同，完成一个周期调度。这个调度周期也可以称为调度延迟（schedule latency）。

代码片段 15-10　CFS 调度函数

```
1    static int ps_saved, ps;
2    void cfs_sched(void)
3    {
4        tcb_t *tcb;
5        CPU_SR_ALLOC();
6        CPU_CRITICAL_ENTER();
7        tcb = OSTCBCurPtr;
```

续表

```
8
9       if (ps <= 0) {
10          for (int i = 0;i < OS_TCB_MAX_SZ;++i) {
11              if (mos.tcbs[i]) { // add into ready list again
12                  if (mos.tcbs[i]->state ==
13                      OS_TASK_STATE_CFS_FINISH) {
14                      mos.tcbs[i]->state = OS_TASK_STATE_RDY;
15                      ready_list_add(mos.tcbs[i]);
16                  }
17              }
18          }
19          ps_saved = ps = cfs_period();
20       } else {
21          ps--;
22          tcb->cfs_slice--;
23       }
24       // del from ready list and mark it
25       if (! tcb->cfs_slice) {
26          tcb->state = OS_TASK_STATE_CFS_FINISH;
27          ready_list_del(tcb);
28       }
29
30       CPU_CRITICAL_EXIT();
31       OS_TASK_SW();
32   }
```

如代码片段15-11所示，我们给出了应用层测试代码，创建了3个任务，任务1的优先级为11，任务2与任务3的优先级为默认值16。所有任务都不会睡眠，一直处于就绪态，我们来观察一下全局变量的波形图。

代码片段15-11　CFS应用层测试代码

```
1   // app.c                              13      systick_init(OS_PER_TICK);
2   //                                    14      os_init();
3   #include "app.h"                      15      clone_prio(routine, 11);
4                                         16      clone(routine_02);
5   void routine(void *arg);              17      clone(routine_03);
6   void routine_02(void *arg);           18      os_start();
7   void routine_03(void *arg);           19   }
8                                         20
9   int flag, flag1, flag2;               21   void delay(u32 count)
10                                        22   {
11  int main()                            23      for (;count != 0;count--);
12  {                                     24   }
```

续表

25	
26	void routine(void *arg)
27	{
28	while (1) {
29	flag = 1;
30	delay(0xFF);
31	flag = 0;
32	delay(0xFF);
33	}
34	}
35	void routine_02(void *arg)
36	{
37	while (1) {
38	flag1 = 1;
39	delay(0xFF);
40	flag1 = 0;
41	delay(0xFF);
42	}
43	}
44	
45	void routine_03(void *arg)
46	{
47	while (1) {
48	flag2 = 1;
49	delay(0xFF);
50	flag2 = 0;
51	delay(0xFF);
52	}
53	}

如图 15-14 所示，任务 1 的优先级较高，它的物理时间片比较大，优先执行。当执行到一定时间后（70ms 后），任务 1 的优先级基本就下降到与任务 2、任务 3 相同水平，然后彼此轮流执行一个时钟节拍。换句话说我们实现的 CFS 算法，首先高优先级任务会执行完多出的那部分物理时间片，但在一个调度周期内，每个任务都能得到一定量的时间片，不会出现饿死的任务。

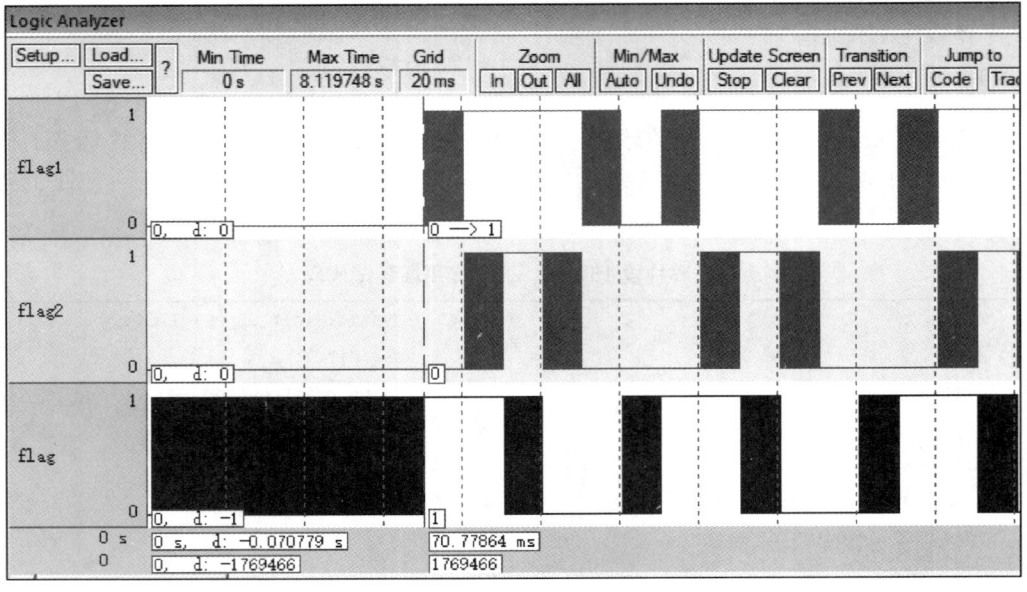

图 15-14 CFS 调度算法产生的波形图

观察逻辑分析仪中的波形图，和预期的结果基本相符，但是和 Linux 的 CFS 还有较大区别，我们可以在下个版本的迭代开发中完善。

15.5.2 实现 Linux CFS 调度算法

本节我们进一步实现完全公平调度算法 CFS，还是涉及三个概念：调度周期、物理时间、虚拟时间。实现上会比较接近 Linux，我们在上一节的基础上来实现。

通常，实际项目开发中，也基本如此，先实现一个可以运行的版本，做一个初步评估，然后通过几轮迭代开发，按照产品指标，逐步完善。

同样，我们只给出核心代码，目的是为读者提供一个参考，最好还是留给读者自己去实现，通过修改代码来理解相应章节的内容。

另外，预留内容也可作为学生的大作业实践。通常一门专业课可能会有两次大作业，四次实验报告。教师会设计好大概六个实践主题，既要符合课程大纲的重难点要求、也要符合社会就业的实际需求。

本次实验，我们在工程 MOS-Lab04 的基础上面，创建了工程 MOS-Lab05，需要添加二叉树结构体，以及实现虚拟时间片。这里我们进一步简化，不打算使用平衡二叉树，或者红黑树，而是直接使用普通的二叉（有序）树，代码优化留给读者去完成。首先，针对默认 32 个优先级的情况下，我们怎样去构造虚拟时间片，一个调度周期下来，所有任务的虚拟时间片应该相同。这里我们打算将任务优先级进行分组，就像 Windows 那样，暂时先分成 8 组，每组的时间片相同，分配给每组任务的物理时间片分别是：$4*N$（$1 \leqslant N \leqslant 8$）。

优先级高的任务，物理时间片（$slice$）多，相应的权重（$weight$）就少，这样才能保证虚拟时间片（$vtime$，$slice \times weight = vtime$）所有任务都相同。为了不产生浮点计算，我们暂时按照分组来设计，每组权重为 $21 \times 8/N$（$1 \leqslant N \leqslant 8$）。默认情况下，每个调度周期下来，所有任务的虚拟时间片都等于 21×32。

虚拟时间片从 0 开始递增，那么刚开始的时候，所有任务都会获取一次公平的调度，和优先级无关，之后才会开始"虚假完全公平"，优先级高的任务会获取更多的调度机会，但是虚拟时间片会趋于相同。

接着我们来设计一下需要添加的数据结构，上面已经提及了二叉树，为了尽量和 Linux 的 CFS 接近，我们也是用树形（Tree）结构来对任务的虚拟时间片排序，每次优先调度虚拟时间片最小的任务（最左边的叶子结点）。同时需要分别在 TCB 和 MOS 的结构体中添加新的变量。如代码片段 15-12 所示，我们先在 TCB 中添加两个变量，分别代表权重、虚拟时间片。另外我们还添加了二叉树结构体类型的别名，以及根节点。

代码片段 15-12 权重与虚拟时间片

```
1   // os.h
2   // TCB
3   typedef struct list_head list_head;
4   typedef struct tree_head tree_head;
5   typedef struct os_tcb_t {
6       u32 *stack;
7       u32 *stk_org;
8       u32 stk_size;
```

续表

9	list_head head;		
10	tree_head tree;		
11			
12	u32 tid;		
13	u32 prio;		
14	u32 state;		
15			
16	u32 cfs_slice;		
17	u32 cfs_vtime;		
18	u32 cfs_weight;		
19			
20	u32 tick_slice;		
21	u32 tick_left;		
22	u32 slp_ticks;		
23	u32 slp_left;		
24	u32 suspend_count;		
25	} tcb_t;		
26			
27	// MOS		
28	typedef struct mos_t {		
29	u32	tid_count;	
30	u32	preempt_count;	
31	u32	jiffies;	// ticks
32	u32	tasks[OS_MAX_PRIO];	// number
33	list_head	ready[OS_MAX_PRIO];	// ready list
34	tree_head	root;	// root node
35	tcb_t	*idle;	// idle task
36	tcb_t	*tcbs[OS_TCB_MAX_SZ];	// (tid, tcb)
37	u32	prio_bm[OS_PRIO_BM_SZ];	// bitmap
38	} mos_t;		

承上，先实现二叉树节点的添加、删除函数。这些代码都是初步版本，没有查阅任何资料，也没有优化，我们先跑起来再说。

如代码片段 15-13 所示，这里编码的时候发现需要一个比较的键值（Key），也就是任务的虚拟时间片。另外，需要添加左右孩子*的指针。

代码片段 15-13　二叉树结构体的定义

1	// tree.h
2	//
3	#ifndef __TREE_H__

---

* 左右孩子：在计算机科学中，二叉树是一种"树"数据结构，它的每个节点最多有两个子结点，也称左孩子和右孩子。

续表

```
4   #define __TREE_H__
5
6   struct tree_head {
7       struct tree_head*left, *right, *parent;
8       int key;
9   };
10
11  static inline void tree_head_init(struct tree_head*new)
12  {
13      new->left = 0;
14      new->right = 0;
15      new->parent = 0;
16  }
17
18  void tree_head_add(struct tree_head*new,
19                     struct tree_head*head);
20
21  // tree is the node to be deleted.
22  void tree_head_del(struct tree_head*tree);
23
24  #endif
```

从上面代码可以看出，新添了二叉树的头文件 tree.h，定义了 tree_head 结构体类型，以及三个函数：

- tree_head_init
- tree_head_add
- tree_head_del

如代码片段 15-14 所示，new 为新添加的树节点，head 为根节点，放在 MOS 的全局结构体中。这里实现上，从根节点开始比较，把新节点添加到叶子节点位置上。

我们来补充一下二叉树的特点，假设一个根节点为 Root，它具有左右子树：左子树（Left Child）的所有节点的键值都小于 Root，右子树（Right Child）的所有节点的键值都大于等于 Root。

另外，为了便于删除，我们添加了 parent 指针，指向父节点。

代码片段 15-14　二叉树的节点添加

```
1   // tree.c
2   //
3   #include "tree.h"
4
5   void tree_head_add(struct tree_head *new,
6                      struct tree_head *head)
7   {
```

续表

8	struct tree_head *parent = 0;
9	while (head) { // add as leaf node
10	parent = head;
11	if (new->key < head->key)
12	head = head->left;
13	else
14	head = head->right;
15	}
16	
17	if (new->key < parent->key) {
18	parent->left = new;
19	new->parent = parent;
20	} else {
21	parent->right = new;
22	new->parent = parent;
23	}
24	}

如代码片段 15-15 所示，我们给出了二叉树的删除函数。本次实验，是可以不需要删除函数的，因为还没有支持 sleep 睡眠函数的处理，测试代码中的任务都是一直运行，最多需要的就是调整节点在二叉树中的位置，比如优先级高的节点，它的虚拟时间片增加的慢，且优先执行，但是执行次数多了，虚拟时间片上来后，它可能会从二叉树的左边，移动到右边。这里为了测试删除函数，每次任务用完一个物理时间片之后，修改虚拟时间片，将任务从二叉树删除，再插入，效率上肯定不如直接和右孩子比较。

代码片段 15-15 二叉树的节点删除

1	// tree.c
2	//
3	#include "tree.h"
4	
5	// tree is the node to be deleted.
6	void tree_head_del(struct tree_head *tree)
7	{
8	struct tree_head *parent = tree->parent, **pp = 0;
9	if (parent->left == tree)
10	pp = &parent->left;
11	else
12	pp = &parent->right;
13	
14	if (tree->left) {
15	*pp = tree->left;
16	tree->left->parent = parent;
17	if (tree->right) {

续表

```
18              struct tree_head *most_right = *pp;
19              while (most_right->right)
20                  most_right = most_right->right;
21              most_right->right = tree->right;
22              tree->right->parent = most_right;
23          }
24      } else {
25          *pp = tree->right;
26          if (tree->right)
27              tree->right->parent = parent;
28      }
29      tree_head_init(tree);
30  }
```

下一步，我们给出 CFS 调度算法的变更，如代码片段 15-16 所示。每个调度周期开始时，会按照优先级重新构建一棵二叉树，节点的起始虚拟时间片都为 0，物理时间片最小为 4，最大为 32。

代码片段 15-16　CFS 调度算法的变更

```
31  // os_sched.c
32  //
33  void cfs_sched(void)
34  {
35      tcb_t *tcb;
36      CPU_SR_ALLOC();
37      CPU_CRITICAL_ENTER();
38      tcb = OSTCBCurPtr;
39      if (period <= 0) {
40          list_head *list, *pos;
41          tcb_t *tmp;
42          period = cfs_period();
43          tree_head_init(&mos.root);
44          for (int i = 0;i < OS_MAX_PRIO;++i) {
45              list = &mos.ready[i];
46              if (list_empty(list))
47                  continue;
48              list_for_each(pos, list) {
49                  tmp = list_entry(pos, tcb_t, head);
50                  tmp->cfs_slice = cfs_slice_dft(tmp);
51                  tmp->tree.key = tmp->cfs_vtime = 0;
52                  tree_head_add(&tmp->tree, &mos.root);
53              };
54          }
```

55	`    } else {`
56	`        period--;`
57	`        tcb->cfs_slice--;`
58	`        tcb->cfs_vtime+= tcb->cfs_weight;`
59	`        tcb->tree.key = tcb->cfs_vtime;`
60	`        tree_head_del(&tcb->tree);`
61	`        tree_head_add(&tcb->tree, &mos.root);`
62	`    }`
63	`    CPU_CRITICAL_EXIT();`
64	`}`

最后我们来编写测试代码，观察现象。代码和上一节基本相同，还是在应用层测试代码中，创建了3个任务，任务1的优先级为11，时间片为24，任务2与任务3的优先级为默认值16，时间片为16。所有任务都不会睡眠，一直处于就绪态，我们来观察一下全局变量的波形图。

如图15-15所示，变更后的调度算法，的确更加公平，系统启动的时候，每个任务都得到了一次执行机会。总体来看，任务1的优先级最高，它获得CPU时间片的机会最大，但是所有任务，在一个调度周期内，都会按照预先分配的时间比例来执行，"谁都不会饿死，虚拟的完全公平。"

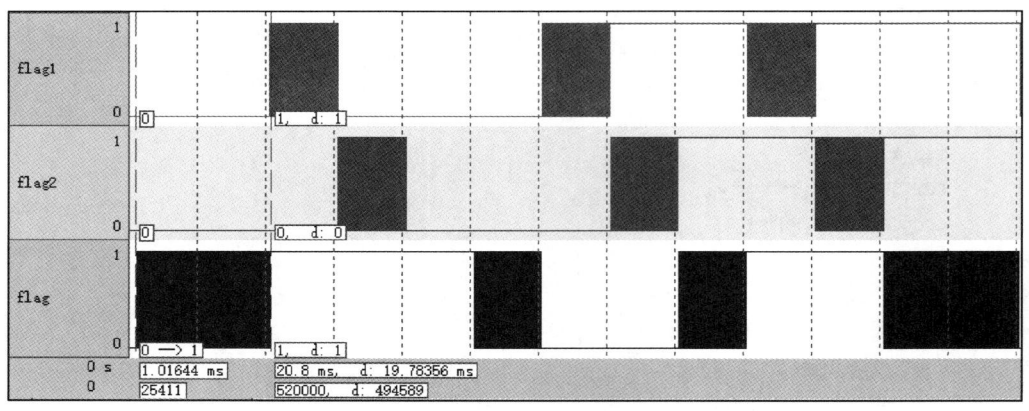

图 15-15　CFS 调度算法变更后产生的波形图

15.5.3 时间片轮转调度的变形

本次实验我们来实现一个简单的时间片变形调度算法，描述如下：

相同优先级任务的就绪列表不再按插入顺序来执行，而是以随机算法的形式执行，每次队首任务的时间片用完了，随机挑选后面队列中的成员，与队首任务交换，CPU优先调度它执行。在第14章的MOS-Lab05工程基础上编写代码，工程名称变更为MOS-Lab06。

本次实验的重点是修改时间片轮询调度函数rr_sched，不会太复杂，具体细节还是留给读者去完成。如代码片段15-17所示，应用层创建了3个任务，优先级默认，使用了新的RRR（Random Round Robin）调度算法。

代码片段 15-17　CFS 应用层测试代码

```c
// app.c
//
int main()
{
    systick_init(OS_PER_TICK);
    os_init();
    clone(routine);
    clone(routine_01);
    clone(routine_02);
    os_start();
}

void delay(u32 count)
{
    for (;count != 0;count--);
}

void routine(void *arg)
{
    while (1) {
        flag = 1;
        delay(0xFF);
        flag = 0;
        delay(0xFF);
    }
}
void routine_01(void *arg)
{
    while (1) {
        flag1 = 1;
        delay(0xFF);
        flag1 = 0;
        delay(0xFF);
    }
}

void routine_02(void *arg)
{
    while (1) {
        flag2 = 1;
        delay(0xFF);
        flag2 = 0;
        delay(0xFF);
    }
}
```

如图 15-16 所示，3 个任务的优先级相同，使用随机时间片轮转调度算法，这里随机指的是针对优先级相同的任务队列，每次队首任务到期之后，随机调度队列中的其他就绪

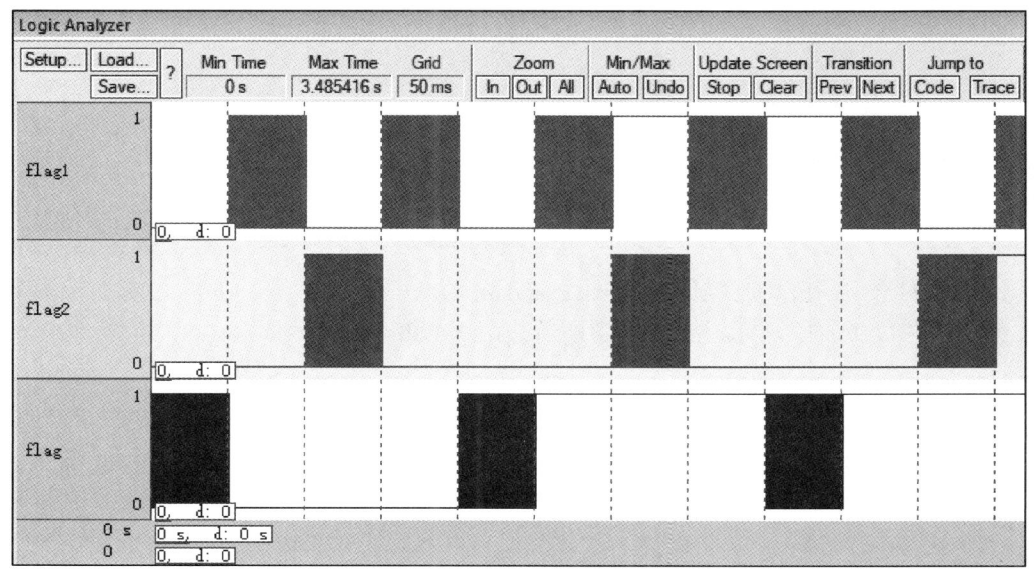

图 15-16　RRR 调度产生的波形图

任务。

逻辑分析仪中的波形图，和预期的结果相符。没有按任务插入的顺序轮转调度，而是显示出随机特性，每个任务都会被调度到。

15.6 软件定时器模块

本次实验也计划留给读者去完成，会用比较精简的方式来描述。

实验目标：实现一个新的功能模块：软件定时器。

Windows 与 Linux 中都有定时器 API，每个进程如何创建多个不同时间间隔的定时器？比如 Windows 中的 SetTimer 函数，Linux 中的 setitimer 函数，前者可以创建多个 Timer，后者却只能创建一个 Timer。

读者可以思考一下，并分别测试这两个定时器 API 函数。另外，如果 Linux 中的 setitimer 只能创建一个 Timer，那么如何实现多个定时器的创建呢？

本次实验在上一节的基础上创建工程 MOS-Lab07。如代码片段 15-18 所示，给出了软件定时器的 API 接口。定时器 Callback 有一个 void 型的指针参数，创建函数 create_timer 接受第一次的延迟时间，以及周期性时间，如果 period 为 0，说明是单次定时器，否则是周期定时器。函数 timer_update 每次更新 timer list，函数 timer_init 是软件定时器模块的初始化函数。

代码片段 15-18　软件定时器的 API 接口

```
1   #ifndef __OS_TIMER_H__
2   #define __OS_TIMER_H__
3
4   typedef void(*timer_func_t)(void *);
5   int create_timer(int ticks, int period,
6                    timer_func_t func, void *arg);
7
8   void timer_update(void);
9   void timer_init(void);
10
11  #endif
```

这里我们给出一段关键性代码，timer_update。

如代码片段 15-19 所示，定时器到期后，调用 Callback。

代码片段 15-19　软件定时器中的 timer_update

```
1   // os_timer.c
2   void timer_update(void)
3   {
4       CPU_SR_ALLOC();
5       list_head *list, *pos, *tmp;
```

续表

6	`timer_t *timer;`
7	
8	`CPU_CRITICAL_ENTER();`
9	`list = &timer_list[jiffies() % OS_TIMER_LS_SZ].head;`
10	`list_for_each_safe(pos, tmp, list) {`
11	`    timer = list_entry(pos, timer_t, head);`
12	`    timer->left = timer->expired-jiffies();`
13	`    if (timer->expired <= jiffies()) {`
14	`        timer->func(timer->arg);`
15	`        timer_list_del(timer);`
16	`        if (! timer->period) {`
17	`            set_used_flag(timer->num, 0);`
18	`        } else {`
19	`            timer->expired = timer->left = timer->period;`
20	`            timer->expired += jiffies();`
21	`            timer_list_add(timer);`
22	`        }`
23	`    } else {`
24	`        goto Done;`
25	`    }`
26	`}`
27	`Done:`
28	`    CPU_CRITICAL_EXIT();`
29	`}`

这里我们再给出应用测试代码，如代码片段 15-20 所示，创建了 3 个任务，任务 1 的入口函数在进入的时候初始化了一个周期定时器，然后一直 sleep，仅在回调函数中每 4 个系统节拍反转一下变量 flag；任务 2 与任务 3 是普通的任务，任务 2 睡眠 1 个系统节拍后反转变量 flag1，任务 3 睡眠 2 个系统节拍后反转变量 flag2。

代码片段 15-20　软件定时器测试代码

1	`// app.c`	13	`int main()`
2	`//`	14	`{`
3	`#include "app.h"`	15	`    systick_init(OS_PER_TICK);`
4		16	`    os_init();`
5	`void routine(void *arg);`	17	`    clone(routine);`
6	`void routine_02(void *arg);`	18	`    clone(routine_02);`
7	`void routine_03(void *arg);`	19	`    clone(routine_03);`
8	`void callback(void *arg);`	20	`    os_start();`
9		21	`}`
10	`volatile int flag;`	22	
11	`int flag1, flag2;`	23	`void routine(void *arg)`
12		24	`{`

续表

25	create_timer(1, 4,	41	void routine_03(void *arg)
26	callback, 0);	42	{
27	while (1) {	43	while (1) {
28	sleep(2);	44	flag2 = 1;
29	}	45	tsleep(2);
30	}	46	flag2 = 0;
31	void routine_02(void *arg)	47	tsleep(2);
32	{	48	}
33	while (1) {	49	}
34	flag1 = 1;	50	
35	tsleep(1);	51	// Toggle the flag
36	flag1 = 0;	52	void callback(void *arg)
37	tsleep(1);	53	{
38	}	54	flag = ! flag;
39	}	55	}
40		56	

最后使用逻辑分析仪，观察变量的波形图，如图 15-17 所示，创建的 3 个任务，分别反转了各自的变量，周期分别为 80ms、20ms、40ms，周期比例正确，和预期结果相符。

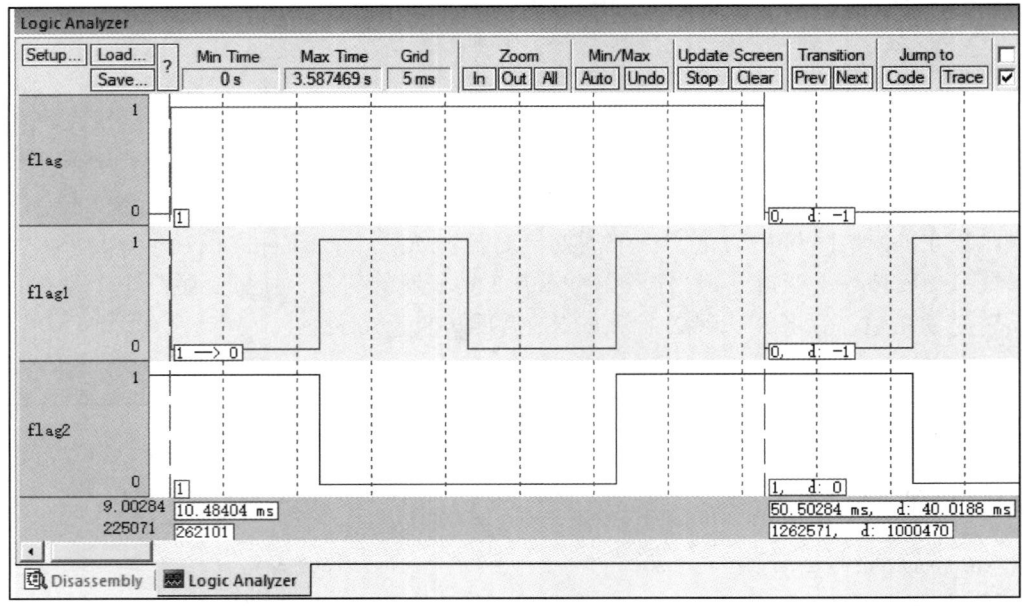

图 15-17　逻辑分析仪中波形图

15.7　多任务程序设计

本次实验，我们来设计一个基于 MOS 迷你操作系统的多任务应用程序，通过接收

UART 串口发送过来的消息包（控制命令），完成对应的操作：比如打开 RGB LED、监测电位器电压、采集温湿度值等。本次实验的目标是掌握多任务应用程序设计，以及实验板上面部分外设的驱动程序。

我们在第一章提到会在实验部分实现控制 LED 的系统调用，其实硬件的控制操作，都可以通过系统调用 SVCall 的方式来完成，比如 Unix 类操作系统，基本所有东西都是文件（除了网络 Socket），文件系统是统一的命名空间。本节我们就添加控制 LED 的系统调用。

UART 串口通信的消息包，一般有两种格式：字符串（String）的格式，或者十六进制（Hex）的格式。本次实验选择后者，十六进制格式的消息包。消息格式的定义，如图 15-18 所示，包含了 Head、Message ID、Length、Body、Check SUM 以及 Tail 六个部分。例如：我们使用了 ID（0x01）代表 LED 控制命令，Length 为 1，代表 Body 为 1 个字节，其中 Body 字节的范围是 0x00～0x03，分别代表了 4 种情况：关闭 RGB，分别点亮 R、G、B 三种颜色的 LED。

消息格式		
	Head	0x55
	Message ID	0x01
	Length	0x01
	Body	0x03
	Check SUM	0x00
	Tail	0xaa

图 15-18　串口消息格式定义

图 15-19　本节新的工程文件层级结构

MOS 中已经支持常用的任务间通信，比如信号量、互斥锁、消息队列等内核对象，不过本节实验我们采用 polling（轮询）的方式来实现等待，同步方式的例子请参考 MOS-14 工程。这里需要注意一下，我们在中断服务程序中不处理业务逻辑，只接收简单的数据，从而加快中断的响应和处理。

另外，除了在 UART 调试助手上面打印消息的交互，我们还在 OLED 显示屏上面显示消息的交互。本次实验的 UART 与 LCD 的驱动代码，主要来自开发板的配套资料，读者感兴趣的话，可以查阅参考资料，或者购买开发板。

15. 7. 1　UART 接收任务

本小节，实现了使用循环 FIFO 来接收串口的消息命令，在第一章多线程 API 示例中，我们给出了整数 FIFO 的实现，这里实现的是一个循环数据 Buffer，用于接收来自 UART 串口的消息数据。

工程示例的名称为 MOS-Lab08，如图

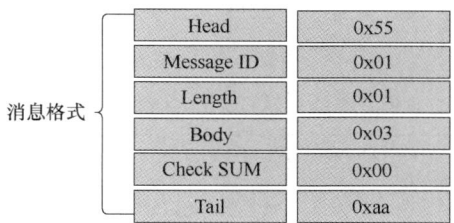

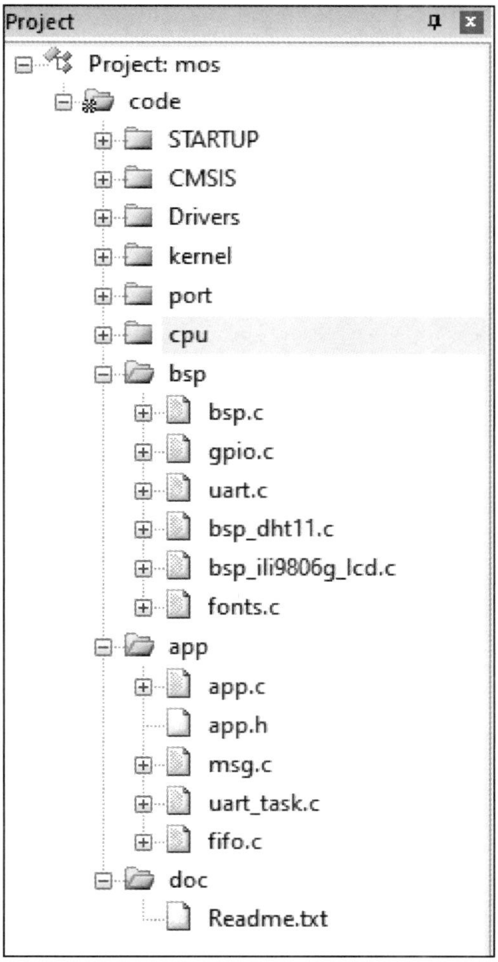

15-19 所示，我们添加了新功能需要的源文件，解释如下：

BSP 层有 gpio.c、uart.c、bsp_dht11.c、bsp_ili9806g_lcd.c，分别对应了 RGB LED 发光二极管、串口通信、温湿度传感器以及 OLED 液晶显示屏。

APP 层添加了 msg.c、fifo.c、uart_task.c，分别对应了消息定义、循环 FIFO 以及串口任务。

我们先给出 FIFO 的核心代码，如代码片段 15-21 所示，FIFO 的读写函数，以及创建函数，读者可以参考一下，自己动手实践，或查阅 MOS 的代码。

代码片段 15-21　数据 FIFO 的核心代码

```
1   // fifo.c
2   //
3   static void fifo_read(struct fifo_t *fifo,
4                        char *buff, int len)
5   {
6       fifo_peek(fifo, buff, len);
7       fifo->tail = (fifo->tail+len) % fifo->capacity;
8   }
9   static void fifo_write(struct fifo_t *fifo,
10                         const char *buff, int len)
11  {
12      int head = (fifo->head+len) % fifo->capacity;
13      if (head >= fifo->head) {
14          memcpy(fifo->data+fifo->head, buff, len);
15      } else {
16          int left, right;
17          right = (fifo->capacity-fifo->head);
18          left = len-right;
19          memcpy(fifo->data+fifo->head, buff, right);
20          memcpy(fifo->data, buff+right, left);
21      }
22      fifo->head = head;
23  }
24  // creation from heap
25  fifo_pt fifo_create(void)
26  {
27      fifo_pt pt = (fifo_pt)malloc(FIFO_DFT_SZ);
28      pt->capacity = FIFO_DFT_SZ-sizeof(*pt);
29      pt->head = pt->tail = 0;
30      pt->peek = fifo_peek;
31      pt->read = fifo_read;
32      pt->write = fifo_write;
33      pt->reset = fifo_reset;
34      pt->size = fifo_size;
```

续表

35	pt->data = (u8*)(pt+1);
36	return pt;
37	}

如代码片段 15-22 所示，我们给出了串口任务的入口函数 uart_routine，读者可以参考一下，自己动手实践，或查阅 MOS 的代码。

代码片段 15-22　串口任务的入口函数

```
1   // uart_task.c
2   //
3   void uart_routine(void *p_arg)
4   {
5       fifo_pt pt = (fifo_pt)actx.uart_databuf;
6       int recv_bytes = 0;
7
8       while (1) {
9           tsleep(5);// 50ms polling interval
10          if (! rx_flag)
11              continue;
12          else // received new message
13              rx_flag = 0;
14
15          recv_bytes = pt->size(pt);
16          pt->read(pt, rx_buff, recv_bytes);
17          dump_hex_bytes("<<< ", (char*)rx_buff, recv_bytes);
18
19          // TODO:refine the handling!!
20          msg_pt msg = (msg_pt)rx_buff;
21          if (msg->head != MSG_HEAD ||
22              msg->size > pt->capacity)
23            continue;
24          if (recv_bytes < sizeof(*msg)+2)
25            continue;
26          if (recv_bytes != sizeof(*msg)+msg->size+2)
27            continue;
28          if (rx_buff[recv_bytes-2] != 0 &&
29              rx_buff[recv_bytes-2] !=
30              check_sum((u8*)(rx_buff+1), recv_bytes-3)) {
31            continue;
32          }
33          msg_handling();
34      }
35  }
```

实验分析：结合串口助手、OLED 液晶显示屏，观察实验现象，和预期的结果相符。可以正确接收串口消息，控制 RGB LED，采集温湿度传感器的数据。

串口助手如图 15-20 所示，液晶显示的内容如图 15-21 所示。

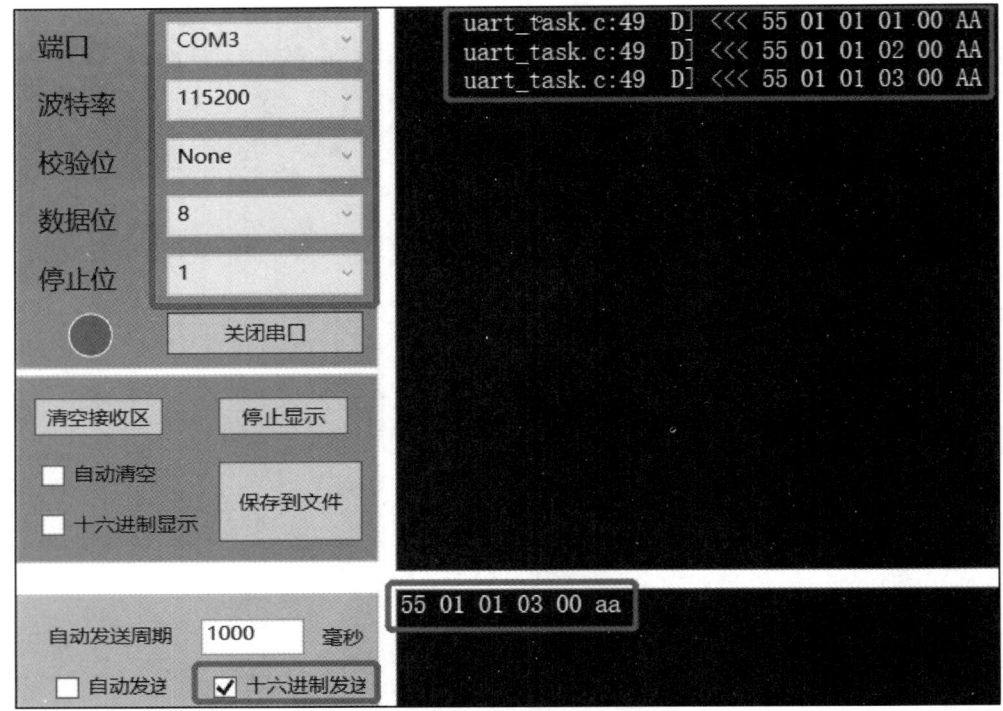

图 15-20　串口助手的界面内容

从串口助手的接收窗口可以看出，我们发送了 3 个消息命令给到开发板，开发板应用程序按要求控制了 RGB LED。另外我们对消息进行了回显，使用了格式化打印，且有 Debug 标签 D，实际工程开发中，日志 Log 的处理非常重要，可以很好地帮助开发者定位问题。

温湿度值的显示，我们放在了图 15-21 中，第一次显示的温湿度值不稳定，第二次就比较稳定了。

温湿度采集与 OLED 液晶屏显示，需要驱动 DHT11 温湿度传感器模块，以及 ILI9806G 液晶显示屏模块，读者可查阅相应的驱动源代码来理解。

- bsp_dht11.c
- bsp_ili9806g_lcd.c

15.7.2　LED 控制任务

上一小节，结合 UART 程序，我们已经实现了 RGB LED 的控制，本节给出部分 RGB LED 的操作代码。我们先直接调用 BSP 底层函数来操作，再使用系统调用来完成 RGB LED 的控制，添加 4 号系统调用。

如代码片段 15-23 所示，我们给出串口接收到消息后控制 RGB LED 的代码，先解析

图 15-21　OLED 液晶显示屏的界面内容

消息 ID，以及 Body 字节的内容，然后直接调用 RGB LED 的几个宏函数来实现，读者可以进一步修改完善。

代码片段 15-23　消息处理函数

```
1   // uart_task.c
2   //
3   static void msg_handling()
4   {
5       msg_pt msg = (msg_pt)rx_buff;
6       u8 led_ctrl = 0;
7       switch (msg->id) {
8       case LED_MSG_ID:
9           led_ctrl = rx_buff[sizeof(*msg)];
10          if (led_ctrl == LED_RGB_OFF) {
11              LED_RGBOFF();
12          } else if (led_ctrl == LED_RED_ON) {
13              LED_RED();
14          } else if (led_ctrl == LED_GREEN_ON) {
15              LED_GREEN();
16          } else if (led_ctrl == LED_BLUE_ON) {
17              LED_BLUE();
```

续表

18	`    }`
19	`    break;`
20	`case ADC_MSG_ID:`
21	`    break;`
22	`}`
23	`}`

下一步，我们尝试，添加 4 号系统调用，替换上面的直接调用 LED 接口，通过产生异常 SVC 内陷到 MOS 内部来完成 RGB LED 灯的控制。这样做的好处，就是应用工程师可以不需要了解硬件的细节，重心放在业务逻辑的实现上。

新的消息处理函数，如代码片段 15-24 所示，直接使用系统调用来控制 RGB LED。通过观察实验板中 RGB LCD 的显示，发现和预期的结果相符。

代码片段 15-24　使用系统调用后的消息处理函数

```
1   // uart_task.c
2   //
3   static void msg_handling()
4   {
5       msg_pt msg = (msg_pt)rx_buff;
6       u8 led_ctrl = 0;
7
8       switch (msg->id) {
9       case LED_MSG_ID:
10          led_ctrl = rx_buff[sizeof(*msg)];
11  #if 0
12          if (led_ctrl >= LED_RGB_OFF
13                  && led_ctrl <= LED_BLUE_ON) {
14              mos_led(LED_MSG_ID, led_ctrl);
15          } else {
16              // error handling and log
17          }
18  #else
19          switch (led_ctrl) {
20          case LED_RGB_OFF:
21          case LED_RED_ON:
22          case LED_GREEN_ON:
23          case LED_BLUE_ON:
24              mos_led(LED_MSG_ID, led_ctrl);
25              break;
26          default:
27              // error handling and log
28              break;
29          }
```

30	#endif
31	break;
32	case ADC_MSG_ID:
33	break;
34	}
35	}

15.8 文件系统与 Shell

TCP/IP 网络开发与 FileSystem 文件系统开发，我们选择了后者，作为一个实验内容来讲解，不过分地展开，因为本书主线还是讲解 MOS 操作系统的多任务设计与实现，以及底层 Cortex-M4 CPU 的编程模型。

TCP/IP 网络开发、GUI 编程等其他主题我们放在第二卷或在线资料再分享，主要还是觉得内容上不要太长，简明一点为好。

本次实验，在工程 MOS-Lab08 的基础上，创建工程 MOS-Lab09。需要添加 FAT 文件系统，以及 SD 存储卡（Secure Digital Memory Card）的驱动。SD 存储卡的访问接口通常会复用为两种使用方式：SPI 接口、SDIO 接口，这里我们使用 SDIO 接口。

当然实验板带有一个片外 FLASH（W25Q128），是华邦公司推出的一款 SPI 接口的 NOR Flash 存储芯片，其存储空间为 128Mbit，相当于 16MB。开发板有配套的驱动说明，读者可以查阅并选择使用。实际工程开发中，可能会选择 Nand Flash，或者 eMMC 作为非易失性存储设备，从而可以保存信息，以及使用文件系统操作。

本次实验的目标：实现文件系统的使用，以及一个类似 Linux 中 Bash 的 Shell 接口，可以通过串口输入命令来控制，还未支持直接使用 USB 键盘操作。文件系统使用的 SD 存储卡，如图 15-22 所示。

本次实验，使用的 SDIO 接口协议，我们简单描述一下：主要由 6 根信号线组成，分别是同步时钟信号 SDIO_CK、命令信号 SDIO_CMD、以及 4 根数据信号 SDIO_D [3:0]。实验板芯片和外部 SD 存储卡的接口电路，如图 15-23 所示。

下一步，就是移植 FATFS 文件系统的代码，以及 SDIO 接口的驱动：

首先，需要测试 SDIO 接口的功能函数，包括初始化，读写测试。

图 15-22 16GB 的 Micro SD 存储卡

其次，将 SDIO 的接口整合到 FATFS 的底层接口源文件 diskio.c。上层应用程序会调用源文件 ff.c 中的文件操作函数，它们会间接调用 SDIO 接口函数，实现底层文件系统的访问。

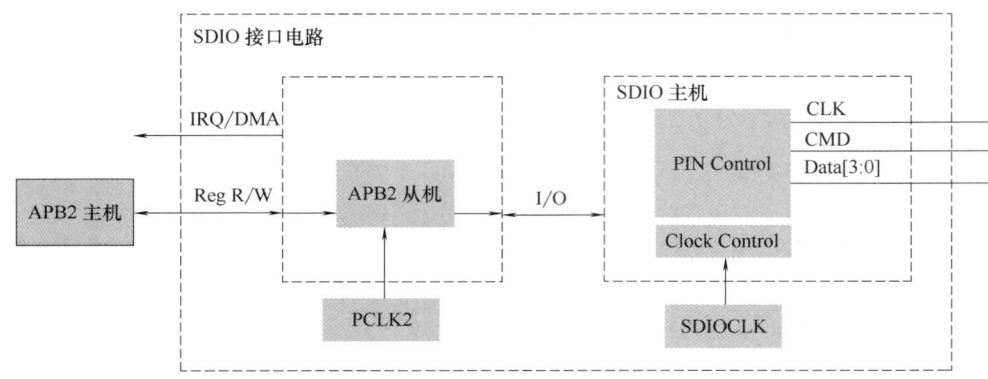

图 15-23　STM32 芯片 SDIO 接口电路

读者可以查阅 ST 官方固件库的示例代码，或者直接使用野火公司提供的示例代码，我们不展开描述，读者还可以通过网络查询到相关资料。

本次实验，我们计划简单实现 3 条 shell 命令：

- ps：查看任务的基本信息
- ls：显示当前文件系统的目录文件（实现成了 tree 命令）
- cat：显示指定文件的内容

它们的实现，涉及访问 MOS 的结构体内容，以及当前文件系统的内容。另外，需要了解的文件操作函数包括：

- f_mount
- f_open、f_write、f_read、f_close
- f_opendir、f_readdir、f_closedir

消息命令的解析上面，我们界定了一个结束字符 '#'，即任何命令都需要以字符 '#' 结尾，相当于 shell 命令行的回车符。如代码片段 15-25 所示，我们给出了串口的中断服务程序。

代码片段 15-25　UART 的中断服务程序

```
1   // uart_task.c
2   //
3   // handling very simple, just check the last tail byte
4   // for a complete message
5   void USART1_IRQHandler(void)
6   {
7       u8 ch;
8       if (USART_GetITStatus(USART1, USART_IT_RXNE) != RESET)
9       {
10          fifo_pt pt = (fifo_pt)actx.uart_databuf;
11          ch = USART_ReceiveData(USART1);
12          if (pt->size(pt)< pt->capacity-1) {
13              pt->write(pt, (char*)&ch, 1);
```

14	
15	// NOTE: we use '#' as tail
16	if (ch == MSG_TAIL)
17	rx_flag = 1;
18	
19	} else {
20	// TODO: just discarded
21	pt->reset(pt);
22	}
23	}
24	}

这里，我们针对循环数据 FIFO 空间满的异常情况，直接使用了 reset 函数来清空，读者可以进一步结合实际情况来优化。

消息命令的解析，如代码片段 15-26 所示，我们将支持的命令字符串统一放到了一个字符串数组中，然后匹配好对应的处理函数，有点类似于回调函数的响应机制。

代码片段 15-26　UART 的消息解析程序

```
1    // uart_task.c
2    static void msg_handling()
3    {
4        for (int i = 0;i < MSG_NUM;++i) {
5            if (strncmp(commands[i], rx_buff,
6                    strlen(commands[i])) == 0)
7                (funcs[i])(rx_buff);
8        }
9    }
10
11   static void dump_bytes(const char *prefix, const char *buff)
12   {
13       char sendbuf[64] = {0};
14       sprintf(sendbuf, "% s", prefix);
15       strcat(sendbuf, buff);
16       dlog("% s", sendbuf);
17       display_string(sendbuf);
18   }
19
20   void uart_routine(void *p_arg)
21   {
22       fifo_pt pt = (fifo_pt)actx.uart_databuf;
23       int recv_bytes = 0;
24       while (1) {
25           tsleep(5);// 50ms polling interval
26           if (! rx_flag)
27               continue;
```

续表

```
28              else // received new message
29                  rx_flag = 0;
30          recv_bytes = pt->size(pt);
31          pt->read(pt, rx_buff, recv_bytes);
32          rx_buff[recv_bytes-1] = 0;// modify # to 0
33          dump_bytes("<<< ", (char*)rx_buff);
34          msg_handling();
35      }
36  }
```

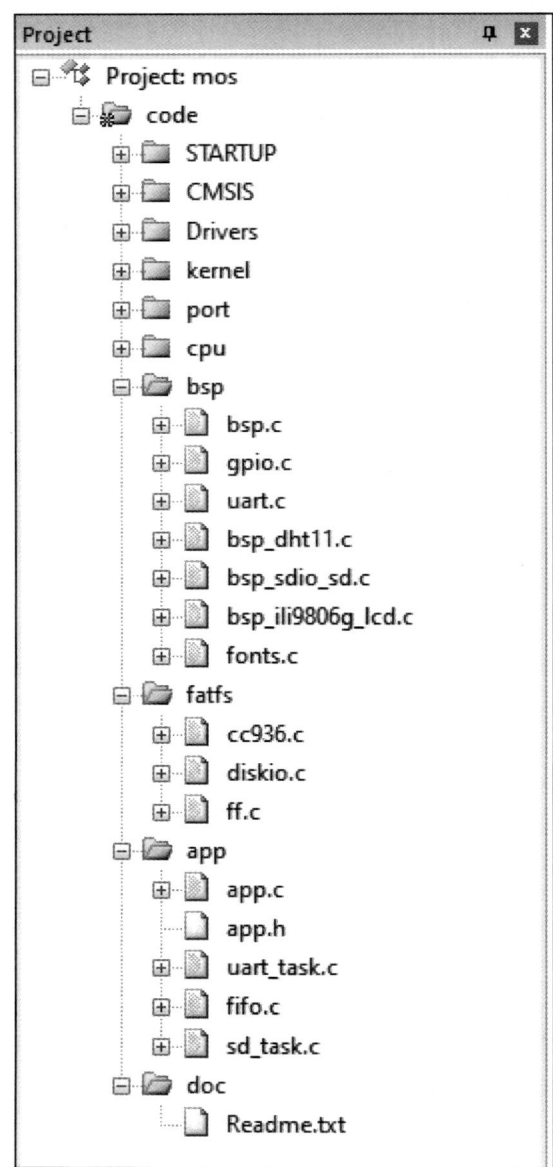

如图 15-24 所示，我们来看一下本次实验的工程代码层级结构，主要变更了如下几个功能模块：

① BSP：添加了 bsp_sdio_sd.c 来驱动 SDIO 接口以及 SD 存储卡。

② FATFS：添加了文件系统的支持。

③ APP：修改了 uart_task.c 来支持简单的 shell 串口命令。

另外，shell 命令对应的文件操作，我们放在文件 app/sd_task.c 中。

最后，我们编写测试程序，并观察实验现象，如代码片段 15-27 所示，main 函数创建了一个任务，这里没有使用默认的 clone 函数，因为编写代码实现时，发现程序运行到消息处理逻辑的时候，会出现崩溃，预估计是堆栈溢出了，于是将任务的堆栈从默认的 512 字节，变更为 4K 字节，一切正常了。

为了更好地观察现象，我们不但使用了串口调试助手来输出日志，还使用了 OLED 液晶屏来显示日志，如图 15-25 所示，先后通过串口调试助手输入了 4 条命令：

- ps
- ls
- cat 0:/faith/poem.txt
- ps

显示任务信息、显示根目录信息、打开文本文件、显示任务信息。

图 15-24 工程代码层级结构

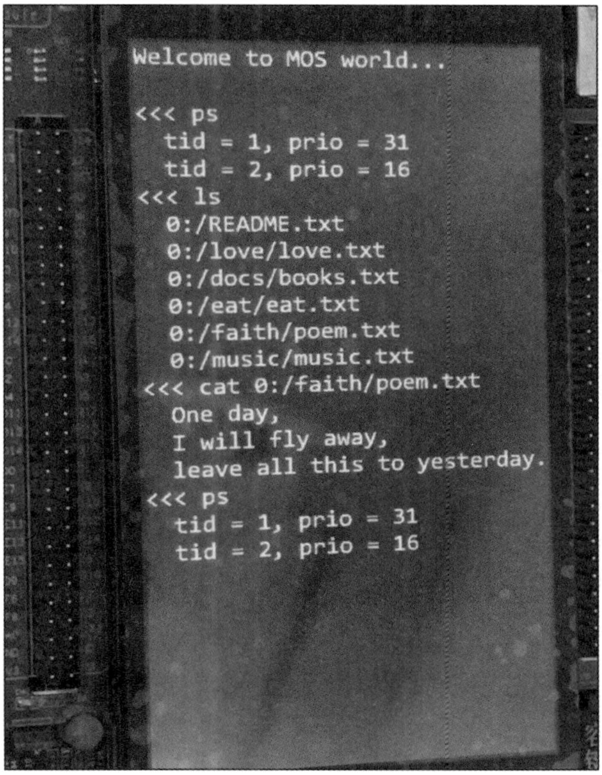

图 15-25 shell 命令的日志显示

代码片段 15-27　测试代码

```
1    // app.c
2    //
3    #include "app.h"
4
5    app_ctx_t actx;
6
7    int app_init(void);
8    void uart_routine(void *p_arg);
9
10   int main()
11   {
12       bsp_init();      // level 0
13       os_init();       // level 1
14       app_init();      // level 2
15
16       task_create(uart_routine, 0, OS_DEF_STK_SZ * 4, 0, 0);
17       os_start();
18   }
```

227

续表

19	
20	int app_init(void)
21	{
22	actx.uart_databuf = fifo_create();
23	actx.log_level = LOG_DEBUG;
24	
25	display_string("Welcome to MOS world...");
26	dislay_line_inc();
27	return 0;
28	}

15.9 小结

本章是实验部分，通过一定量的实践来加深重要知识点的理解，比如任务上下文切换的理解、多任务程序的设计与实现、任务调度算法以及测试程序的编写。内容上包含以下方面。

① ARM Cortex-M4 处理器的函数参数传递实现：继续观察在第一章实现的最大公约数函数 GCD。通过分析参数传递，CPU 的寄存器组，来进一步理解什么是系统调用。接着，我们给出了具有 5 个输入参数的函数调用分析，可以发现第 5 个参数放在了任务堆栈上，而其他 4 个分别放在了 R0~R3 寄存器。另外，这一节中重点介绍了 MDK ARM 的调试窗口，以及常用的调试技巧。

② 点亮 RGB LED：我们真正在实验板上运行了 MOS 操作系统，给出了工程文件的层级结构，分析了新添加的各个源文件，并且详细介绍了 GPIO 外设的操作，如配置它的电气特性，控制引脚的高低电平，并给出了极为简洁的测试代码，以及编译说明。

③ 上下文的切换：创建了两个任务，并且在任务中调用 Swap 函数，造成任务的堆栈 Stack 存有两个临时变量。接着，分别在任务 1、任务 2 运行时，分析了两个任务的堆栈，当前 CPU 的物理寄存器组，这对于理解任务堆栈，以及任务的上下文切换，具有很好的指导作用。

④ 任务的调度算法：实现了两种变形调度算法，Linux 的 CFS 完全公平调度算法，以及随机时间片轮转调度 RRR 算法，这两个算法肯定还有问题，任何调度算法都不是完美的，读者朋友可以结合自己的思考，来进一步修改与完善。

⑤ 软件定时器模块：Windows 与 Linux 上面都有定时器创建函数，那么如何同时创建多个定时器呢，本节给出了定时器模块的核心代码，并进行了简要的分析，最后创建了三个任务进行测试。

⑥ 多任务程序设计：实现了两个任务，一个负责处理串口消息，一个负责采集温湿度数据，并显示在 OLED 液晶屏上。另外我们在这一节还尝试完善了循环队列 FIFO，添加了新的 4 号系统调用来控制 RGB LED。

⑦ 文件系统与 Shell：FATFS 的基本操作、SD 存储卡的驱动，以及 Shell 命令。难点

是文件操作的封装、命令处理函数的设计以及日志显示。

实践是检验真理的唯一标准，请动手编写代码，实践书本上提到的知识点，增进理解。

另外，除了本书讲解的 MOS 操作系统，读者也可以参照 μC/OS-Ⅲ 与 Linux 的源代码，通过比较学习，适合自己的才是最好的。

15.10 思维导图

思维导图，如图 15-26 所示，通过图形化的方式来帮助记忆知识点。

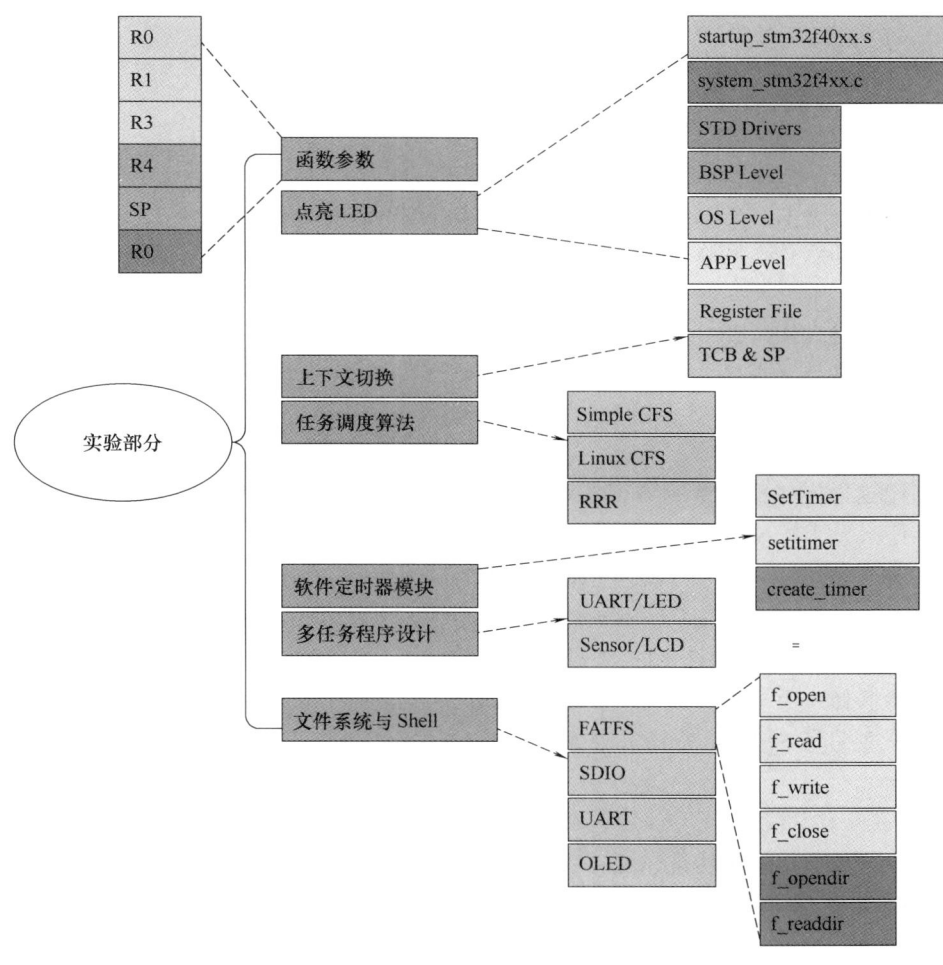

图 15-26 思维导图

附录 A　思　考　题

第 1 章

问：操作系统、嵌入式操作系统、实时操作系统以及嵌入式 Linux 的区别？

问：嵌入式系统的三种设计方法与四种经典程序设计方法？

第 2 章

问：μC/OS 三个版本的区别，逐步添加了哪些新特性（features）？

问：μC/OS 有哪些内核对象（或内核服务）？

第 3 章

问：Cortex-M CPU 编程模型主要包括哪些内容？

问：Cortex-M CPU 架构平台如何实现系统调用与任务切换？

问：进程和线程有哪些区别？

第 4 章

问：如何在 MDK ARM 集成开发环境中建立一个正规的项目工程？

问：什么是交叉编译？

问：MDK ARM 开发有哪些调试技巧？

第 5 章

问：什么是任务控制块（查阅 MOS、μC/OS-Ⅲ、Linux）？

问：什么是上下文切换？

问：上下文切换中使用了哪些 ARMASM 的助记符（汇编指令）？

第 6 章

问：请解释一下 SysTick 内核外设是什么？

问：请解释一下外设寄存器是什么？CPU 寄存器文件是什么？

问：怎么编写 SysTick 的异常服务程序？

第 7 章

问：Delay 和 Sleep 有什么区别，操作系统中怎么实现？

问：MOS 实现 sleep 功能之后，我们创建的三个任务 A、B、C 是如何调度执行的（其中 A、B 是普通任务，C 是空闲任务）？

第 8 章

问：请解释一下 DWT 外设是什么？

问：请解释一下 CoreSight 是什么？

问：怎么初始化 DWT 中的 CYCCNT 时间戳计数器？

第 9 章

问：什么是同步原语？

问：什么是临界区？

问:Cortex-M 处理器有哪些存储器互斥访问指令?
问:Cortex-M 处理器有哪两种开关中断的方式?

第 10 章

问:Linux 中有哪些任务状态?
问:MOS 中有哪些任务状态(和 μC/OS-Ⅲ 基本相同)?
问:请解释一下就绪列表和等待列表是什么?

第 11 章

问:请解释任务的优先级?
问:请描述常见的任务调度策略?
问:请描述 Windows 和 Linux 的优先级划分?
问:请描述 CPU 的前导零指令 CLZ?

第 12 章

问:什么是时间片?
问:MOS 和 Linux 的时间片有什么区别?
问:请描述一下时间片轮转调度算法?

第 13 章

问:任务管理包括哪些主题?
问:MOS 中任务的创建和删除有什么需要注意的地方(内存)?

第 14 章

问:请描述 MOS 中内核对象的实现方法?
问:Linux 中有哪些类似的内核对象(同步对象)?

第 15 章

问:MDK ARM 有哪些常用的调试技巧,以及基础调试窗口?
问:Windows 和 Linux 有哪些定时器 API?
问:请描述 CFS 调度算法?
问:请描述 MOS 中如何实现定时器模块?

附录 B 术 语 表

本部分给出了高频术语的解释，包含了缩略语与关键词。

Terms	Details
AAPCS	ARM Architecture Procedure Call Standard
Android	Google 公司开发的手机操作系统
APSR	Application Program Status Register
ARM	Advanced RISC Machine
ARMCC	ARM C Compiler
ASP	Application Support Platform
AST	Abstract Syntax Tree
Atomic Operation	原子操作，用于互斥访问
Buildroot	根文件系统制作工具
BusyBox	根文件系统制作工具
Callback	回调函数，一种程序设计方法
CMOS	Complementary Metal Oxide Semiconductor
Context	上下文，比如任务切换的上下文
Cortex-M	ARM Cortex Micro Controller CPU
CPU-Bound	CPU 密集计算
DLL	Dynamic Link Library
DMA	Direct Memory Access
DSP	Digital Signal Processing
DWT	Data Watchpoint and Trace, CPU 的跟踪系统组件
ETM	Embedded Trace Macrocell, 嵌入式跟踪宏单元
Fiber	纤程，一种用户空间线程实现方式
FIFO	First Input First Output
FSM	Finite State Machine
FSMC	Flexible Static Memory Controller
GPIO	General-purpose input/output
IO-Bound	IO 密集计算
IP	Intellectual Property
ISR	Interrupt Service Routine
ITM	Instruction Trace Macrocell, 指令跟踪宏单元
JTAG	Joint Test Action Group

附录 B 术 语 表

续表

Terms	Details
Linux	Linus 创立的开源操作系统内核
Mbed	ARM 公司的物联网操作系统
MDK ARM	ARM 与 Keil 公司开发的 IDE
MMU	Memory Management Unit
Nand Flash	与非 Flash 存储芯片
NMI	Non Maskable Interrupt
NMOS	Negative Channel Metal Oxide Semiconductor
Nor Flash	或非 Flash 存储芯片
NVIC	Nested vectored interrupt controller
OD	Open Drain,开漏输出
PENDSV	Cortex-M CPU 的可挂起异常
PMOS	Positive Channel Metal Oxide Semiconductor
PP	Push and Pull,推挽输出
Preempt	操作系统的抢占调度
Proteus	英国 Lab Center Electronics 公司出版的 EDA 工具软件
RCU	Read-Copy Update
RISC	Reduced Instruction Set Computing
ROM	Read Only Memory
RTOS	Real Time Operating System
SoC	System on Chip,片上系统
SVC	Cortex-M CPU 的系统调用异常 Supervisor Call
TCB	Task Control Block,任务控制块
Thumb-2	ARM 的 2 代 Thumb 指令集,包含 16 位和 32 位指令
Timestamp	时间戳,代表一个时间点
TLB	Translation Lookaside Buffer,用于虚拟地址转换
Token	编译器词法分析中的标记或符号,比如终结符
TPIU	Trace Port Interface Unit,跟踪端口接口单元
USB OTG	USB On-The-Go 的缩写,支持 Host 与 Device 模式
Zombie	Linux 进程结束但尚未回收的一种状态
μC/OS-Ⅲ	Labrosse 创立的嵌入式实时操作系统内核

参 考 文 献

[1] J. J. Labrosse. μC/OS-Ⅲ-The Real-time Kernel [M]. Florida：Micriμm，2011.
[2] A. Silberschatz. Operating System Concepts Essentials [M]. 2nd ed. Hoboken：John Wiley & Sons，Inc，2014.
[3] A. S. Tanenbaum. Modern Operating Systems [M]. 4th ed. Upper Saddle River：Prentice Hall，2015.
[4] H. M. Deitel. Operating Systems [M]. 3rd ed. Upper Saddle River：Prentice Hall，2004.
[5] R. Love. Linux Kernel Development [M]. 3rd ed. Massachusetts：Addison-Wesley Professional，2010.
[6] D. A. Patterson. Computer Organization and Design RISC-V edition [M]. Burlington：Morgan Kaufmann，2018.
[7] 姚文祥. ARM Cortex-M3 与 Cortex-M4 权威指南：第 3 版 [M]. 北京：清华大学出版社，2015.
[8] 刘火良，杨森. μC/OS-Ⅲ内核实现与应用开发实战指南 [M]. 北京：机械工业出版社，2019.
[9] 陈海波，夏虞斌. 现代操作系统：原理与实现 [M]. 北京：机械工业出版社，2020.